M. J. Higatsberger

Physikalische Problemstellungen und Übungsaufgaben mit Lösungen für Pharmazeuten, Chemiker und Biologen

Springer-Verlag Wien GmbH

Dr. Michael J. Higatsberger

o. Universitätsprofessor für Experimentalphysik
an der Universität Wien und
Honorarprofessor für Reaktorphysik
an der Technischen Universität Graz

Institut für Experimentalphysik der Universität Wien,
Boltzmanngasse 5, A-1090 Wien, Österreich

Mit 51 Abbildungen

CIP-Kurztitelaufnahme der Deutschen Bibliothek

Higatsberger, Michael J.:
Physikalische Problemstellungen und Übungsaufgaben
mit Lösungen für Pharmazeuten, Chemiker und Biologen /
von Michael J. Higatsberger. — Wien ; New York :
Springer, 1983.

ISBN 978-3-7091-4081-9

ISBN 978-3-7091-4081-9   ISBN 978-3-7091-4080-2 (eBook)
DOI 10.1007/978-3-7091-4080-2

Vorwort

Nach einem Vierteljahrhundert kontinuierlicher praktischer Erfahrung im Physikunterricht an verschiedenen Universitäten in den USA und in Österreich hat der Autor in den 7oer Jahren ein neues didaktisches System mit dem Titel "Physik in 7oo Experimenten" vorgestellt. Es handelt sich dabei um eine komprimierte Enzyklopädie der Physik in 713 farbigen Kurzfilmen, wobei im begleitenden Buch die wichtigsten Daten der Experimente festgehalten sind, es aber dem vortragenden Lehrer überlassen bleibt, die Erklärungen auf das Niveau seiner Hörer abzustimmen. Das in deutscher Sprache 1977 erschienene Buch ist mittlerweile ins Englische übersetzt worden, und neben den Büchern und Filmen wurde ein computerorientierter Projektor gebaut, der es dem Vortragenden gestattet, durch Eingabe bestimmter Codenummern jedes beliebige Experiment abzuberufen und gewisse interessante Phasen in Zeitlupe oder im Standbild vorzuführen. Inbesondere für die Studierenden mit Physik als Nebenfach hat sich dieses System bewährt.

Ein tieferes Eindringen in die physikalischen Zusammenhänge wurde immer schon durch Praktika und die Lösung von Übungsaufgaben bewerkstelligt. Die vorliegende Aufgabensammlung beinhaltet Rechenbeispiele, die in den "Physikalischen Übungen für Pharmazeuten" zwischen 1973 und 1982 an der Universität Wien behandelt wurden. Die Übungsbeispiele lehnen sich an das Buch "Physik in 7oo Experimenten" an und umfassen die Sachgebiete: Mechanik der Massenpunkte und der Festkörper, Mechanik der Flüssigkeiten und der Gase, Schwingungslehre und Akustik, Temperatur und Wärme, Elektrizität und Magnetismus, Elektrodynamik, Atom- und Kernphysik, Wellen und geometrische Optik sowie quantenphysikalische Effekte.

Alle Ableitungen und Ausrechnungen sind im SI-System (Système International d'Unités) vorgenommen. Aus didaktischen Gründen wurde jeder Aufgabe sofort die Lösung angeschlossen, wobei ein unterstützender Begleittext die den Lösungsvorgängen zugrunde liegenden Gedankengänge zu erläutern versucht. Bei den Literaturhinweisen habe ich mich auf eine knappe Auswahl beschränkt. Zum tieferen Eindringen in den Gegenstand wird auf die unterstützende Literatur, wie sie im Buch "Physik in 700 Experimenten" vom Autor aufgeführt ist, verwiesen, insbesondere aber auch auf die dort gegebenen Zitate über Tabellen, Aufgaben- und Formelsammlungen.

Die Reinschrift des Manuskriptes und die Herstellung der Zeichnungen und Tabellen besorgte die technisch-organisatorische Assistentin Frau Christl Langstadlinger; ihr gebührt der besondere Dank des Autors. Nur durch ihren intensiven Einsatz war die termingerechte Herstellung der druckfertigen Vorlage möglich.

Michael J. Higatsberger

Wien, im Juli 1983

Inhaltsverzeichnis

Einleitung

Von A. EINSTEIN wird erzählt, daß er physikalische Fragen, die an ihn gestellt wurden, meistens umgruppierte und neu formulierte. Die von dem großen Wissenschaftler vereinfachte und präziser gefaßte Frage ermöglichte es oft dem Fragesteller, die Antwort selbst zu finden.

In den folgenden Aufgaben wird versucht, der obigen generellen Aussage gerecht zu werden. Als hilfreich erweist sich, einige andere Grundsätze bei Problemlösungen mit zu berücksichtigen. Wichtig ist es, die Aufgabenstellung genau zu lesen und weder ein Wort wegzulassen noch eines hinzuzufügen. In vielen Fällen kann eine graphische Darstellung die Problemlösung wesentlich erleichtern. Vektorielle Größen sollen prinzipiell mit Richtungspfeilen versehen werden im Gegensatz zu skalaren Größen. Es ist empfehlenswert, die aus der Aufgabe her bekannten Größen aufzuführen und den gefragten gegenüberzustellen. Man stelle sich weiter die Frage, welche physikalischen Gesetzmäßigkeiten in der Problemstellung enthalten sind, und welche bekannten physikalischen Gesetzmäßigkeiten mit den gefragten Größen verknüpft sind. In diesem Stadium ist es besonders wichtig, die relevanten physikalischen Zusammenhänge für die Problemlösung von den irrelevanten zu trennen. Sind obige Fragen entschieden, empfiehlt es sich, eine Lösungsskizze zu erstellen. Sobald dieser Vorgang befriedigend abgeklärt ist, sollte eine grobe Abschätzung des voraussichtlichen Ergebnisses folgen, wobei es vorteilhaft ist, immer wieder durch Dimensionsbetrachtungen (im SI-System) die Richtigkeit der Vorgangsweise zu testen.

Schließlich werden nach Darstellung der Endgleichungen numerische Werte eingesetzt.

Diese Hinweise sollen nur Richtschnur sein. Es obliegt jedem Leser, seiner individuellen Neigung nach, die vorgeschlagenen Schritte zu erweitern und/oder umzugruppieren. Entscheidend ist der durchgehende rote Faden, der Verständnis an Verständnis reiht, bis der gesamte Komplex in der Lösung der Aufgabe kulminiert.

Mechanik der Festkörper, Flüssigkeiten und Gase

1. Aufgabe

Ein zylindrischer leitender Draht von 2 m Länge und 0,5 mm^2 Querschnitt hat einen Widerstand von 0,068 Ω. Die relative Streuung beträgt für die Längenmessung 0,1 %, für die Querschnittsmessung 2 % und für die Widerstandsmessung 3 %. Wie groß ist die Standardabweichung des spezifischen Widerstands?

Lösung

Der spezifische Widerstand ergibt sich aus

$$R = \frac{\rho\,\ell}{q} \qquad \text{mit} \qquad \rho = \frac{R\,q}{\ell}$$

R ist der Widerstand in Ohm
q bedeutet den Querschnitt in m^2 und
ℓ die Länge in m.

Bekannt sind neben Widerstand, Querschnitt und Länge die relativen Streuwerte dieser Größen. Gefragt ist die Standardabweichung von ρ. Zur Lösung der Aufgabe benötigt man einen Zusammenhang zwischen dem relativen Fehler und der Standardabweichung. Für die Standardabweichung der Längenmessung gilt

$$S_\ell = \pm\left(\frac{1}{n-1}\sum_{i=1}^{n}(\ell_i - \bar{\ell})^2\right)^{1/2}$$

wobei

$$\bar{\ell} = \frac{\sum\limits_{i=1}^{n} \ell_i}{n}$$

den Durchschnitts- oder Mittelwert darstellt.

Der relative Fehler für die Längenmessung ist $0,1\ \% = S_\ell / \bar{\ell}$.
Es folgt mit $\bar{\ell} = 2$ m

$$S_\ell = \pm\, 0,1\ \% \cdot 2\ m = \pm\, 0,002\ m$$

und

$$\ell = (2 \pm 0,002)\ m \ .$$

Analog erhält man für $\bar{q} = 0,5\ mm^2 = 5 \cdot 10^{-7}\ m^2$

$$2\ \% = \frac{S_q}{\bar{q}}$$

$$S_q = \pm\, 2\ \% \cdot 5 \cdot 10^{-7}\ m^2 = \pm\, 10^{-8}\ m^2$$

und

$$q = (50 \pm 1) \cdot 10^{-8}\ m^2 \ .$$

Letztlich wird S_R benötigt und man findet

$$S_R = \pm\, 3\ \% \cdot 0,068\ \Omega = \pm\, 2,04 \cdot 10^{-3}\ \Omega$$

und

$$R = (68 \pm 2,04) \cdot 10^{-3}\ \Omega \ .$$

Da ρ von drei Größen (ℓ, q, R) mit verschiedenen Fehlern abhängt, ist zur Ermittlung der Standardabweichung S_ρ das Gauß-
sche Fehlerfortpflanzungsgesetz heranzuziehen.

$$S_\rho = \pm\left[\left(\frac{\partial \rho}{\partial R}\right)^2 S_R^2 + \left(\frac{\partial \rho}{\partial q}\right)^2 S_q^2 + \left(\frac{\partial \rho}{\partial \ell}\right)^2 S_\ell^2\right]^{1/2}$$

mit $\rho = Rq/\ell$ und

$$\left(\frac{\partial \rho}{\partial R}\right)^2 = \frac{q^2}{\ell^2} \ , \qquad \left(\frac{\partial \rho}{\partial q}\right)^2 = \frac{R^2}{\ell^2} \ , \qquad \left(\frac{\partial \rho}{\partial \ell}\right)^2 = \frac{R^2 q^2}{\ell^4} \ .$$

Somit erhält man

$$S_\rho = \pm \left[\frac{q^2}{\ell^2} S_R^2 + \frac{R^2}{\ell^2} S_q^2 + \frac{R^2 q^2}{\ell^4} S_\ell^2 \right]^{1/2}$$

und die numerischen Werte eingesetzt

$$S_\rho = \pm \left[\frac{50^2 \cdot 10^{-16} m^4}{4\ m^2} (2,04)^2 \cdot 10^{-6} \Omega^2 + \frac{68^2 \cdot 10^{-6} \Omega^2}{4\ m^2} \cdot 10^{-16} m^4 + \right.$$

$$\left. + \frac{68^2 \cdot 10^{-6} \Omega^2 \cdot 50^2 \cdot 10^{-16} m^4}{16\ m^4} \cdot 4 \cdot 10^{-6} m^2 \right]^{1/2} =$$

$$= \pm \left[2,601 \cdot 10^{-19} \Omega^2 m^2 + 1,156 \cdot 10^{-19} \Omega^2 m^2 + 2,89 \cdot 10^{-22} \Omega^2 m^2 \right]^{1/2} =$$

$$= \pm \left[26,01 \cdot 10^{-20} \Omega^2 m^2 + 11,56 \cdot 10^{-20} \Omega^2 m^2 + 0,0289 \cdot 10^{-20} \Omega^2 m^2 \right]^{1/2} =$$

$$= \pm\ 6,13 \cdot 10^{-10} \Omega m .$$

$$\rho = \left(\frac{6,8 \cdot 10^{-2}\ \Omega \cdot 50 \cdot 10^{-8}\ m^2}{2\ m} \pm S_\rho \right) \Omega m =$$

$$= (1,7 \pm 0,06) \cdot 10^{-8}\ \Omega m .$$

In der Diskussion der Eregbnisse ergibt sich der relative Fehler von ρ mit

$$\frac{S_\rho}{\rho} = \pm \frac{6,13 \cdot 10^{-10}\ \Omega m}{1,7 \cdot 10^{-8}\ \Omega m} = \pm\ 3,6\ \% .$$

Die größte Standardabweichung des spezifischen Widerstands wird
durch die Widerstandsmessung verursacht, während die Längenmessung den kleinsten Betrag bewirkt. Da keine Angabe über die
Raumtemperatur, bei der die Messungen durchgeführt worden sind,
gemacht wurde, kommen für reine Metalle

Ag   mit $1,6 \cdot 10^{-8}\ \Omega m$ bei 0 $^\circ$C

oder

Cu   mit $1,7 \cdot 10^{-8}\ \Omega m$ bei 0 $^\circ$C

in Frage. Die dazugehörigen Temperaturkoeffizienten haben die

Werte

$$\alpha_{Cu} = 6,8 \cdot 10^{-3} \ K^{-1}$$
$$\underline{\underline{\qquad\qquad\qquad}}$$

und

$$\alpha_{Ag} = 4,1 \cdot 10^{-3} \ K^{-1}$$
$$\underline{\underline{\qquad\qquad\qquad}}$$

2. *Aufgabe*

Nach einem Unterschenkelbruch erhält der Patient einen Streck-
verband gemäß Zeichnung. Wie groß ist die auf den Fuß wirkende Zugkraft, und wie groß ist die Hebekraft auf Unterschenkel
und Fuß zusammen? Die Reibungskräfte der Rollen sind vernachlässigbar.

Lösung:

Die Masse des Gewichts ist gemäß Zeichnung 5,00 kg.

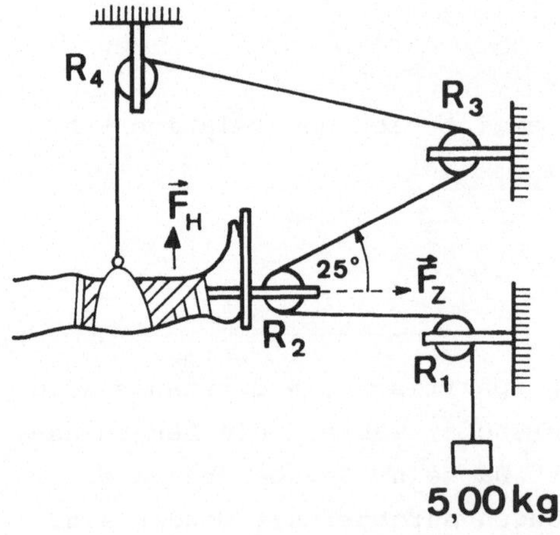

Die Zugkraft auf die über die Rollen wirkende Schnur ist überall

$$5,00 \ kp = 5,00 \ kg \cdot 9,81 \ ms^{-2} = 49,05 \ N.$$

Zwischen den Rollen R_1 Und R_2 wirken daher 49,05 N. Zwischen
den Rollen R_2 und R_3 wirken ebenfalls 49,05 N, wobei die waag-

rechte Komponente der Kraft 49,05N· cos 25° = 44,45 N ist. Wegen der Vektoraddition ist die Gesamtzugkraft

$$\vec{F}_Z = 49,05 \ \vec{N} + 44,45 \ \vec{N} = 93,50 \ \vec{N} \ .$$
$$=======$$

Die Hebekraft wird durch die Schnur zwischen der Rolle R_4 und dem Unterschenkel bestimmt; sie beträgt 49,05 N. Außerdem existiert eine Senkrecht-Aufwärtskomponente der Kraft, hervorgerufen durch die Schnur zwischen R_2 und R_3. Sie ergibt sich mit

$$49,05 \ N \cdot \sin 25^O = 20,73 \ N \ .$$
$$=======$$

Die Hebekraft auf Fuß und Unterschenkel ist

$$\vec{F}_H = 49,05 \ \vec{N} + 20,73 \ \vec{N} = 69,78 \ \vec{N} \ .$$
$$=======$$

Dieses Beispiel illustriert die Vektoraddition der Kräfte sowie das zweite und dritte Newtonsche Axiom.

3. Aufgabe

Eine Versuchsperson wiegt auf einer in Ruhe befindlichen Federwaage 95 kp. Wie ändert sich dieses Gewicht, wenn die Versuchsperson mit der Waage a) in einem Fahrstuhl mit 2 ms^{-2} nach unten beschleunigt wird und b) mit einer Rakete mit einer Beschleunigung von 21 ms^{-2} in den Weltraum geschossen wird?

Lösung

Für die Zug- und Druckbeanspruchung einer Feder gilt

$$\vec{K}_F = D \cdot \vec{x} \ ,$$

wobei D die material- und geometrieabhängige Federkonstante bedeutet. Die Federkraft ist nicht von der Beschleunigung, sondern nur von der Längenänderung abhängig.

Das Gewicht der Versuchsperson ist das Produkt aus Masse x Erdbeschleunigung. Für den Fall, daß sich die Federwaage mit der Versuchsperson in Ruhe befindet, gilt

$$95 \text{ kp} = 95 \text{ kg} \cdot 9{,}81 \text{ ms}^{-2} = 931{,}95 \text{ N} \,.$$

a) Bewegt sich die Federwaage mit der Versuchsperson in
   einem Fahrstuhl beschleunigt mit 2 ms^{-2} nach abwärts,
   entspricht das einer Gewichtsverminderung auf

$$931{,}95 \text{ N} - 95 \text{ kg} \cdot 2 \text{ ms}^{-2} = 741{,}95 \text{ N} \,.$$

b) Beim Schuß in den Weltraum wirkt analog eine Gewichts-
   erhöhung auf

$$931{,}95 \text{ N} + 95 \text{ kg} \cdot 21 \text{ ms}^{-2} = 2926{,}95 \text{ N} \,.$$

4. Aufgabe

In einem zylindrischen Behälter, der bis zu einer Höhe von
$h = 1\text{m}$ mit Wasser gefüllt ist, wird ein zylindrischer Tauch-
körper mit einem Durchmesser von 20 cm bis zum Grund einge-
senkt. Durch diese Maßnahme steigt der Wasserstand im Behälter um 5 cm. Wieviel Liter Wasser befinden sich im Behälter?

Lösung

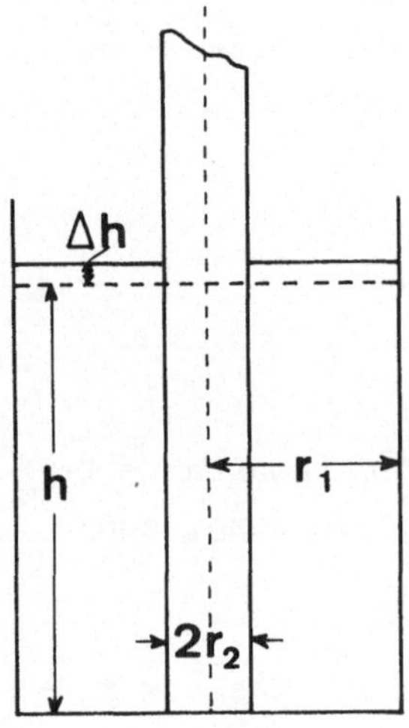

Gegeben sind gemäß
Zeichnung

$$h = 1 \text{ m}$$
$$\Delta h = 0{,}05 \text{ m}$$
$$r_2 = 0{,}1 \text{ m}.$$

Gesucht ist das Wasser-
volumen $r_1^2 \pi h$.

Es gilt

$$r_1^2\,\pi h = r_1^2 \pi (h + \Delta h) - r_2^2 \pi \cdot (h + \Delta h).$$

Somit ist

$$r_1^2 = \frac{r_2^2 (h + \Delta h)}{\Delta h}\ .$$

Daraus folgt

$$r_1^2\,\pi h = \frac{r_2^2 (h+\Delta h) h \cdot \pi}{\Delta h} = \frac{0,1^2 m^2 \cdot 1,05 m \cdot 1 m \cdot \pi}{0,05\ m} = 0,66\ m^3.$$

Im Behälter befinden sich 660 ℓ Wasser.

5. *Aufgabe*

Eine Quecksilbersäule schwingt reibungslos in einem U-Rohr.
Man berechne die Schwingung x(t), falls zum Zeitpunkt t = 0
x = 0 und v = v_o ist.

Lösung

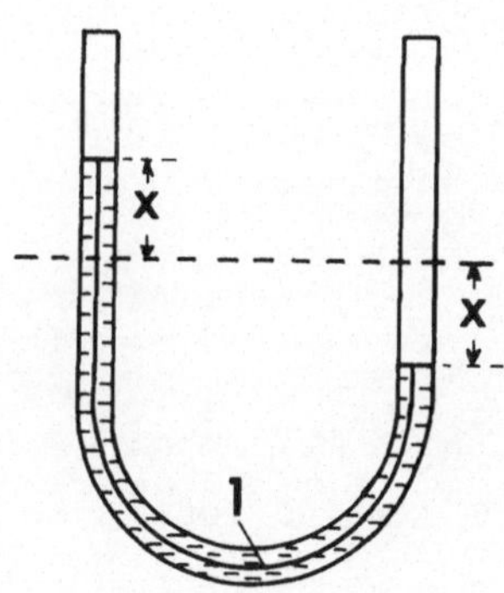

Der Druck, den eine Hg-Säule ausübt, lautet

$$p = \rho \cdot \vec{g} \cdot \vec{h}\ ;$$

da

$$\vec{K} = p \cdot \vec{F}$$

ist und andererseits auch

$$\vec{K} = \frac{m d^2 \vec{x}}{dt^2}$$

gilt, erhält man die Differentialgleichung

$$\frac{m d^2 x}{dt^2} = -\, F \cdot 2x \cdot \rho \cdot g\ ,$$

wobei das negative Vorzeichen durch das abwärtsgerichtete g
bestimmt ist. Die Masse der schwingenden Hg-Säule ist das Produkt aus Dichte ρ x Volumen (F·ℓ).

Man erhält die Gleichung

$$\rho \cdot F \cdot \ell \, \frac{d^2 x}{dt^2} = - F \cdot 2x \cdot \rho \cdot g$$

und nach Kürzung durch ρ und F, sowie Umformulierung

$$\frac{d^2 x}{dt^2} + \frac{2\,g}{\ell}\, x = 0 \ .$$

Als Lösungsansatz für diese Differentialgleichung gilt

$$x(t) = \sin \omega t$$

mit

$$\frac{dx}{dt} = \omega \cos \omega t$$

und

$$\frac{d^2 x}{dt^2} = - \omega^2 \sin \omega t \ .$$

Einsetzen von x und d^2x/dt^2 in die Differentialgleichung führt zu

$$- \omega^2 \sin \omega t + \frac{2\,g}{\ell} \sin \omega t = 0 \ ,$$

wobei

$$\omega^2 = \frac{2\,g}{\ell} \qquad\qquad \text{bzw.} \qquad \omega = \sqrt{\frac{2\,g}{\ell}}$$

ist. Wir machen nun den Ansatz

$$x(t) = A \cos \omega t + B \sin \omega t$$

und verwenden die Randbedingung, daß für $t = 0 \quad x = 0$ ist. Dies bedingt $A = 0$ und weiter

$$\frac{dx(t)}{dt} = \omega B \cos \omega t \ .$$

Weil für $t = 0 \quad v = v_0$ gilt, findet man

$$v_0 = \omega B \qquad \text{und damit} \qquad B = \frac{v_0}{\omega} \ .$$

Einsetzen in die allgemeine Schwingungsgleichung führt

schließlich zur gefragten Gleichung

$$x(t) = \frac{v_0}{\omega} \sin \omega t$$

oder wegen $x_0 = v_0/\omega$ zu

$$x(t) = x_0 \sin \omega t \ .$$

$$\underline{}$$

6. Aufgabe

Bei der sogenannten "Papierkreissäge" rotiert ein kreisförmiges Blatt Papier von 30 cm Durchmesser und 6 g Masse mit 5000 Umdrehungen pro Minute. Welche Zentrifugalkraft bewirkt die Versteifung des Papierblattes?

Lösung

Die Energie eines rotierenden Körpers lautet

$$E_{kin} = \frac{I}{2} \omega^2$$

mit I dem Massenträgheitsmoment und ω der Winkelgeschwindigkeit. Für das Trägheitsmoment des Blattes Papier gilt

$$I = \int r^2 dm \ .$$

Da das zylindrische Blatt Papier gleichmäßig mit Masse belegt ist, und zu jedem Massenelement Δm_i ein bestimmter Radius r_i gehört, ist es zweckmäßig, die Masse durch die Dichte x Volumen auszudrücken. Man erhält wegen $dm = \rho dV = \rho 2r\pi h dr$

$$I = 2\pi h\rho \int_0^r r^3 dr = \frac{\pi\rho h r^4}{2} \ .$$

Die Gesamtmasse der zylindrischen Papierscheibe beträgt $m = \rho r^2 \pi h$; man erhält daher

$$I = \frac{m}{2} r^2 .$$

Für die Zentrifugalkraft gilt $K_Z = I\omega^2/r$ und eingesetzt für I

$$K_Z = \frac{m\omega^2 r}{2} \ .$$

Mit $m = 6 \cdot 10^{-3}$ kg, $r = 0,15$ m und $f = 5000/60$ s $= 83,33$ Hz beträgt die das Papier versteifende (spannende) Zentrifugalkraft bei Berücksichtigung von $\omega = 2\pi f = 523,58$ Hz

$$K_Z = \frac{6 \cdot 10^{-3} \text{kg} \cdot 2,741 \cdot 10^5 \text{ s}^{-2} \cdot 0,15 \text{ m}}{2} = 123,35 \text{ N} .$$

7. Aufgabe

Ein in Luft frei fallender Körper gehorcht der Gleichung $d\vec{v}/dt = \vec{g} - \vec{b}v^2$, wobei $\vec{g}$ die Erdbeschleunigung bedeutet und $\vec{b} = 0,016$ m^{-1} ist. Welche Maximalgeschwindigkeit kann der Körper erreichen?

Lösung

Man beachte, daß die Geschwindigkeit in Richtung der Erdbeschleunigung $\vec{g}$ weist und die Reibungsbeschleunigung gegen die Erdbeschleunigung gerichtet ist. Demnach ist der Vektor $d\vec{v}/dt$ die Vektoraddition von $\vec{g} - \vec{b}v^2$. Konstante Maximalgeschwindigkeit wird für $d\vec{v}/dt = 0$ erreicht. Somit gilt

$$\vec{g} - \vec{b}v^2 = 0$$

und daraus folgt

$$\vec{v} = \left(\frac{\vec{g}}{\vec{b}}\right)^{1/2}$$

und eingesetzt findet man

$$\vec{v} = \left(\frac{9,81 \text{ ms}^{-2}}{0,016 \text{ m}^{-1}}\right)^{1/2} = 24,76 \text{ ms}^{-1} .$$

8. Aufgabe

Mit welcher Durchschnittskraft $\vec{F}$ muß eine ruhende Heuschrecke von 2,5 g Masse abspringen, um innerhalb von 30 Millisekunden gegen die Erdanziehung eine Geschwindigkeit von 3,5 ms^{-1} zu erreichen?

Lösung

Gegeben sind die Masse der Heuschrecke m = $2,5 \cdot 10^{-3}$ kg sowie $\Delta v = 3,5$ ms^{-1} im Zeitintervall $\Delta t = 3 \cdot 10^{-2}$ s. Ohne Gravitationskraft würde gelten

$$m \frac{\Delta \vec{v}}{\Delta t} = \vec{F} \; ;$$

mit Berücksichtigung der Gewichtskraft erhält man die Beziehung

$$m \frac{\Delta \vec{v}}{\Delta t} = \vec{F} - m\vec{g}$$

und weiter

$$\vec{F} = m \frac{\Delta \vec{v}}{\Delta t} + m\vec{g} \; .$$

Eingesetzt wird

$$\vec{F} = 2,5 \cdot 10^{-3} \text{ kg} \left(\frac{3,5 \text{ ms}^{-1}}{3 \cdot 10^{-2} \text{ s}} + 9,81 \text{ ms}^{-2} \right) = \underline{\underline{0,316 \; \vec{N}}}$$

9. Aufgabe

Ein Kraftwagen fährt 10 Sekunden lang mit einer mittleren Beschleunigung von 1,5 ms^{-2}. Dann fährt er 12o m weit mit konstanter Geschwindigkeit und bremst schließlich auf einer Strecke von 15 m bis zum Stillstand ab. Man berechne die Länge der gesamten Fahrstrecke sowie die Zeit, die der Kraftwagen unterwegs ist. Wie sieht die graphische Darstellung im Weg-Zeit-, Geschwindigkeits-Zeit- bzw. im Beschleunigungs-Zeit-Diagramm aus?

14

Lösung

Die gesamte Wegstrecke setzt sich aus den drei Teilstrecken zusammen, bedingt durch

   1. die gleichförmig beschleunigte Bewegung,

   2. die Bewegung mit konstanter Geschwindigkeit und

   3. die verzögerte Bewegung.

Es gilt für die 1. Teilstrecke $s_1 = (a_1/2)\,t_1^2$ mit $a_1 = 1{,}5\ \mathrm{ms}^{-2}$
und $t_1 = 10$ s; für die 2. Teilstrecke erhält man $s_2 = v_2 t_2 =$
$= 120$ m und für die 3. Teilstrecke $s_3 = (a_3/2)\,t_3^2 = 15$ m, falls
$a_3 = \mathrm{const.}$

Beim Übergang von der 1. zur 2. Teilstrecke und von der 2. zur
3. Teilstrecke gilt für die Geschwindigkeit

$$v_1 = v_2 = v_3 = a_1 t_1 = 1{,}5\ \mathrm{ms}^{-2} \cdot 10\ \mathrm{s} = 15\ \mathrm{ms}^{-1}\ .$$

Der Gesamtweg $s = s_1 + s_2 + s_3$ und weiter

$$s = \frac{a_1}{2}\, t_1^2 + 120\ \mathrm{m} + 15\ \mathrm{m}$$

$$s = \frac{1{,}5\ \mathrm{ms}^{-2}}{2} \cdot 100\ \mathrm{s}^2 + 120\ \mathrm{m} + 15\ \mathrm{m} = \underline{\underline{210\ \mathrm{m}}}\ .$$

Für die Gesamtfahrzeit gilt analog zum Weg $t = t_1 + t_2 + t_3$.

$$t = 10\ \mathrm{s} + \frac{s_2}{v_2} + \left(\frac{2\ s_3}{a_3}\right)^{1/2}\ .$$

Wegen $t_3 = (2\ s_3/a_3)^{1/2}$ und $a_3 = v_3/t_3$ gilt

$$t_3 = \frac{2\ s_3}{v_3}\ ;$$

da $v_3 = v_2 = v_1 = 15\ \mathrm{ms}^{-1}$, ergibt sich für

$$t_3 = \frac{2 \cdot 15\ \mathrm{m}}{15\ \mathrm{ms}^{-1}} = 2\ \mathrm{s}$$

und schließlich

$$t = 10\ \mathrm{s} + \frac{120\ \mathrm{m}}{15\ \mathrm{ms}^{-1}} + 2\ \mathrm{s} = \underline{\underline{20\ \mathrm{s}}}$$

Die Verzögerung beim Bremsvorgang ist

$$a_3 = \frac{2\ s_3}{t_3^2} = \frac{30\ m}{4\ s^2} = 7,5\ ms^{-2}\ .$$

Die graphische Darstellung ergibt:

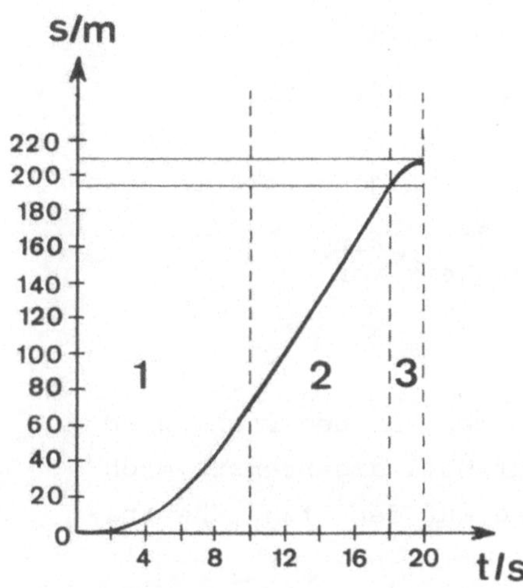

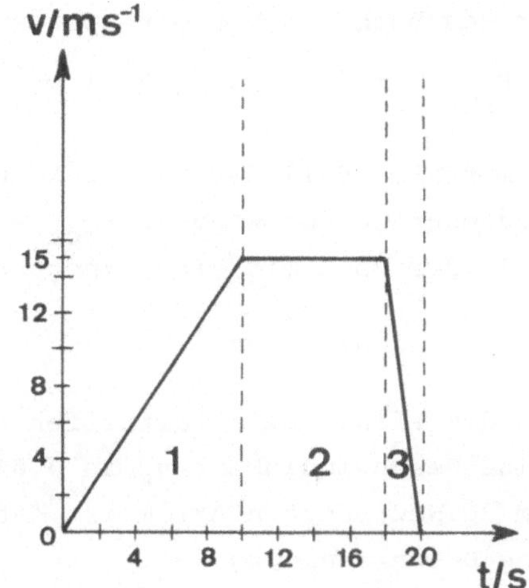

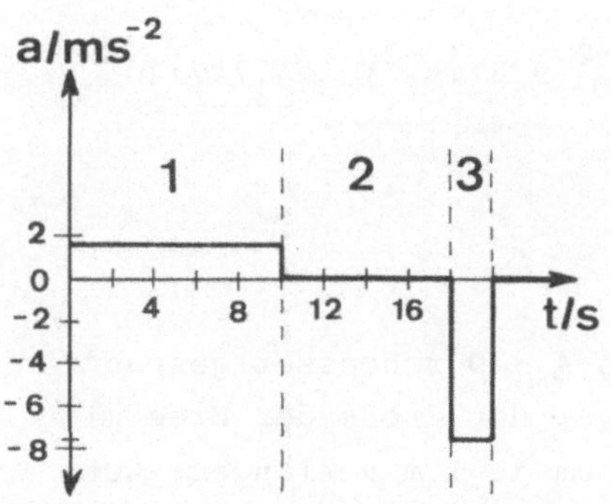

10. Aufgabe

Ein Rammbock der Masse 500 kg fällt aus 4,5 m Höhe auf einen
Pfahl, wobei er in 1/100 s abgebremst wird. Man berechne die
Kraft, mit der der Pfahl in den Boden getrieben wird.

Lösung

Der Rammbock besitzt eine potentielle Energie

$$E_{pot} = mgh = 500 \text{ kg} \cdot 9,81 \text{ ms}^{-2} \cdot 4,5 \text{ m} = 22072,5 \text{ Nm} \ .$$

Beim freien Fall des Rammbocks wird seine Lageenergie in Bewegungsenergie umgewandelt $E_{pot} = E_{kin}$. Weil $E_{kin} = mv^2/2$ ist,
fällt der Bock mit einer Endgeschwindigkeit von

$$v_E = (2gh)^{1/2} \text{ ms}^{-1}$$

auf den Pfahl. Beim Auftreffen des Bockes auf den Pfahl wird
seine Geschwindigkeit v_E in 0,01 s auf Null abgebremst. Nach
dem 3. Newtonschen Axiom ist daher die auf den Pfahl übertra-
gene Beschleunigung

$$a = \frac{\Delta v_e}{\Delta t} = \frac{(2gh)^{1/2} \text{ ms}^{-1}}{10^{-2} \text{ s}} = 9,396 \cdot 10^2 \text{ ms}^{-2} \ .$$

Die auf den Pfahl wirkende Kraft setzt sich aus der Stoßkraft
und der Gewichtskraft des Rammbockes zusammen und lautet

$$\vec{F} = m(\vec{a} + \vec{g}) = 500 \text{ kg}(9,396 \cdot 10^2 \text{ms}^{-2} + 9,81 \text{ms}^{-2}) = 4,747 \cdot 10^5 \ \vec{N}$$

11. Aufgabe

Eine Schnur wird um eine Kugel von 4 m Durchmesser gespannt
und eine zweite Schnur um eine Kugel der Größe der Erde mit
$r = 6 \cdot 10^6$ m. Beide Schnüre sollen um je 1 m verlängert werden. Wie weit heben sie sich von den Kugeln ab, wenn sie
wieder Kreise bilden? Um wieviele m^2 würden sich die Oberflächen dieser Kugeln ändern?

Lösung

Der Umfang der kleinen Kugel lautet $U_1 = 2r_1\pi$; der Umfang der großen Kugel beträgt $U_2 = 2r_2\pi$. Wird U_1 um 1 m vergrößert, gilt

$$U_1' = U_1 + 1\text{ m}$$

oder

$$U_1' - U_1 = 1\text{ m} \ .$$

Für U_2' gilt analog

$$U_2' - U_2 = 1\text{ m} \ .$$

Wegen $U_1' - U_1 = 1\text{ m} = 2\pi(r_1' - r_1) = \Delta r$

und

$$U_2' - U_2 = 1\text{ m} = 2\pi(r_2' - r_2) = \Delta r$$

folgt

$$r_1' - r_1 = r_2' - r_2 = \frac{1}{2}\frac{\text{m}}{\pi} = 0{,}159\text{ m} \ .$$

Die um je 1 m verlängerte Schnur hebt sich sowohl von der kleinen Kugel wie von der riesigen Erdkugel um je ca. 16 cm ab.

Hinsichtlich der Oberflächen gilt

$$\Delta O_1 = O_1' - O_1 = 4\pi(r_1'^2 - r_1^2)$$

bzw.

$$\Delta O_2 = O_2' - O_2 = 4\pi(r_2'^2 - r_2^2) \ .$$

$$\Delta O_1 = 4\pi(r_1' + r_1)(r_1' - r_1)$$

und

$$\Delta O_2 = 4\pi(r_2' + r_2)(r_2' - r_2) \ .$$

Nun ist aber $r_1' - r_1 = r_2' - r_2 = 0{,}159\text{ m}$ und somit

$$r_1' = r_1 + 0{,}159\text{ m} , \qquad \text{während } r_2' = r_2 + 0{,}159\text{ m} \text{ ist.}$$

$$\Delta O_1 = 4\pi(2r_1 + 0{,}159 \text{ m})\cdot 0{,}159 \text{ m} = 8{,}31 \text{ m}^2$$

$$\Delta O_2 = 4\pi(2r_2 + 0{,}159 \text{ m})\cdot 0{,}159 \text{ m} = 2{,}3977\cdot 10^7 \text{m}^2$$

Für r_1 = 2 m gibt der Zusatz von 0,159 m etwa 4% aus, während bei r_2 = 6·10^6 m der Zusatz von 0,159 m nur einen Fehler in der Größenordnung von 10^{-8} bewirkt.

12. Aufgabe

Welche physischen und andere Merkmale ermöglichen optimale Leistungen eines Stabhochspringers?

Lösung

Beim Stabhochsprung gilt es, kinetische Energie in potentielle Energie umzuwandeln. Nach dem Energieerhaltungssatz ist

$$E_{kin} = E_{pot} \qquad \text{oder} \qquad \frac{mv^2}{2} = mgh \ .$$

Nach dieser Gleichung ist $h = v^2/2g$ und somit $h \sim v^2$. Die erreichbare Höhe h ist massenunabhängig, aber steigt quadratisch mit v. Aus den obigen einfachen Überlegungen folgern wir: der Stabhochspringer muß möglichst schnell anlaufen, wobei sein Gewicht ohne Belang ist. Eine genauere Betrachtung des Problems zeigt, daß die obigen Gleichungen nur für Massenpunkte gelten. Um annähernd dieser Bedingung zu entsprechen, müssen wir den Schwerpunkt des Läufers $\sum m_i r_i = 0$ kennen. Dieser Schwerpunkt liegt beim aufrecht stehenden Menschen in der Bauchgegend in 80 cm bis 90 cm Höhe. Große Menschen haben den Schwerpunkt höher gelegen, daher haben große Springer einen Vorteil. Weil der Schwerpunkt etwa in der Mitte des Körpers liegt, genießen schlanke Sportler einen Vorteil gegenüber solchen mit größerem Bauchdurchmesser.

Letztlich muß auch für den Stab volle Elastizität erfüllt sein, wobei die Spannarbeit A = (D/2)x^2 mit D der Richtkraft ist. Unter Berücksichtigung der obigen Überlegungen ist auszurechnen, wie hoch ein Sportler springen kann, der mit dem Stab 100 m in 10 Sekunden läuft und dessen Schwerpunkt in einer Höhe von 94 cm

14 cm innerhalb des Bauches liegt

$$h = \frac{v^2}{2g} = 5,10\,m.$$

Die erreichbare Maximalhöhe ist

$$h_{max} = h + 0,94\ m - 0,14\ m = 5,90\ m\ .$$

Die Gleichung $mv^2/2 = mgh$, die zu obigem Ergebnis geführt hat,
ist hinsichtlich der Massen ungenau. Beim Anlauf trägt der Springer den Stab, der zusätzliche mitbewegte Masse bildet. Beim
Sprung über die Latte wird der Stab abgestellt und nicht über
die Latte mitgenommen. Die Gleichung müßte daher modifiziert
lauten

$$\frac{m'v^2}{2} = mgh$$

und daraus

$$h = \frac{m'v^2}{m\ 2\ g} \qquad \text{mit} \qquad m' > m\ .$$

Die Höhe h_{max} kann um den Faktor m'/m gesteigert werden, vorausgesetzt, der Springer erreicht die gleiche Endgeschwindigkeit v.
Die Anlaufweite muß so gewählt werden, daß v ein Maximum wird.

Letztlich empfiehlt sich ein Training zur Stärkung der Armmus-
kulatur des Athleten, weil beim Stabhochsprung, nach Einsetzen
des Stabes und Umwandlung von kinetischer in potentielle Energie,
durch Aufbringung innerer Armmuskelenergie der Springer beim Ab-
stoßen mit den Armen zusätzlich Höhe gewinnen kann.

13. Aufgabe

In einer konzentrierten NaCl-Lösung mit $\rho = 1500\ kg\ m^{-3}$
schwimmt ein Kunststoffwürfel zu dreiviertel seines Volumens untergetaucht. Wie groß ist das Gewicht einer gleichartigen Kunststoffkugel von 10 cm Durchmesser im luftleeren
Raum?

Lösung

Ein Körper schwebt in einer Flüssigkeit, wenn seine Dichte ρ_K der der Flüssigkeit ρ_{Fl} entspricht. Ein Körper schwimmt, wenn $\rho_K < \rho_{Fl}$ ist, und er sinkt, falls $\rho_K > \rho_{Fl}$. Die Dichte ρ ist Masse m dividiert durch das Volumen V mit der Dimension $[\rho] = [kg\ m^{-3}]$. Da der Kunststoffwürfel schwimmt, ist leicht ersichtlich, daß $\rho_K < \rho_{Fl}$ ist. Nach dem Archimedischen Prinzip ist,beim Eintauchen eines Körpers, seine Gewichtsverminderung gleich dem Gewicht der verdrängten Flüssigkeitsmenge. Nachdem der Würfel, aufgrund seines Gewichts, nur zu dreiviertel seines Volumens eintaucht, gilt

$$\rho_W \cdot V_W \cdot g = \rho_{Fl}\ \frac{3}{4}\ V_{Fl} \cdot g\ .$$

Kürzen der Gewichtsgleichung durch die Erdbeschleunigung g führt zu einem Massenvergleich. Da $V_{Fl} = V_W$ ist, erhalten wir

$$\rho_W = \frac{3}{4}\ \rho_{Fl} = \frac{3}{4} \cdot 1500\ kg\ m^{-3} = 1125\ kg\ m^{-3}\ .$$

Das Gewicht der Kunststoffkugel ist $G = m \cdot g = \rho \cdot V \cdot g$. Mit $r = 5 \cdot 10^{-2}$ m wird

$$V = \frac{4r^3\pi}{3} = \frac{4 \cdot 125 \cdot 10^{-6} \cdot \pi \cdot m^3}{3} = 5{,}236 \cdot 10^{-4}\ m^3$$

und damit

$$G = 1{,}125 \cdot 10^3\ kg\ m^{-3} \cdot 5{,}236 \cdot 10^{-4} m^3 \cdot 9{,}81\ ms^{-2} =$$

$$= 5{,}779\ N = 0{,}589\ kp$$

14. Aufgabe

Wie müßten die Magdeburger Halbkugeln dimensioniert werden, um einer Zugkraft von 1400 kp widerstehen zu können?

Lösung

Otto von GUERICKE führte diesen Versuch im Jahre 1654 auf dem Reichstag in Regensburg vor. Er benützte eine Luftpumpe, um zwei mit Flanschen versehene, hohle Halbkugeln aus Kupfer zu

evakuieren. Zwischen den Flanschen verwendete er einen Leder-
ring als Dichtung. Die Zuschauer waren sehr beeindruckt, als
sie sahen, daß sechzehn Pferde - je acht an jeder Kugelhälfte
angespannt - nicht imstande waren, die Kugeln zu trennen. Die
Zahl der Pferde hätte auf acht reduziert werden können, hätte
von GUERICKE eine Halbkugel fix verankert. Ohne Verankerung
mußte wegen des 3. Newtonschen Axioms - actio ist gleich reactio - die doppelte Anzahl von Pferden verwendet werden.

Druck ist definitionsgemäß Kraft auf die Flächeneinheit $p=K/F$.
1 Nm^{-2} = 1 Pa (Pascal). Es gelten folgende Zusammenhänge:

$$1 \text{ Nm}^{-2} = 10^{-5} \text{ bar} = 10 \text{ dyn cm}^{-2}$$

$$1 \text{ technische Atmosphäre (at)} = 1 \text{ kp cm}^{-2} = 9,807 \cdot 10^4 \text{ Pa}$$

$$1 \text{ physikalische Atmosphäre (atm)} = 1,013 \cdot 10^5 \text{ Pa} = 760 \text{ Torr.}$$

Da unter Normalbedingungen der Luftdruck auf jeden cm^2 ein Gewicht von 1 kp bewirkt, muß der Radius der wirksamen Kugelfäche
so gestaltet werden, daß ein Gewicht von 1400 kp erreicht wird.
Wegen $r^2\pi = 1400 \text{ cm}^2$ gilt für

$$r = \frac{1400}{\pi}^{1/2} \text{ cm} = 21,11 \text{ cm .}$$

Tatsächlich haben die Magdeburger Halbkugeln einen Durchmesser
von 42 cm; das entspricht einer Zugkraft von 1385,4 kp.

15. Aufgabe

Ein Bergsteiger mit 30 kp Gepäck und einer Eigenmasse von
80 kg erreicht, von 500 m Höhe ausgehend, innerhalb von
4 Stunden und 30 Minuten einen 5000er Gipfel. Welche Leistung ist dazu erforderlich, und wie groß wären die Ener-
giekosten für den Gepäckstransport, wenn das Gepäck mit
einem elektrischen Aufzug transportiert würde?

Lösung

$$\Delta W_{pot} = m_M \cdot g \cdot \Delta h + m_G \cdot g \cdot \Delta h$$

dabei ist m_M die Masse des Bergsteigers, m_G die Masse des Gepäcks und $\Delta h = 4,5 \cdot 10^3$ m.

$$\Delta W_{pot} = (m_M + m_G) g \cdot \Delta h = (80 \text{ kg} + 30 \text{ kg}) 9,81 \text{ ms}^{-2} \cdot 4,5 \cdot 10^3 \text{ m} =$$

$$= 4,856 \cdot 10^6 \text{ Nm} = 4,856 \cdot 10^6 \text{ J} = 4,856 \cdot 10^6 \text{ Ws .}$$

Leistung ist Arbeit in der Zeiteinheit $P = \Delta W / \Delta t$.

$$P = \frac{4,856 \cdot 10^6 \text{ Ws}}{1,62 \cdot 10^4 \text{ s}} = 299,75 \text{ W} \overset{\sim}{=} 300 \text{ W} .$$

Für das Gepäck gilt

$$\Delta W = 30 \text{ kg} \cdot 9,81 \text{ ms}^{-2} \cdot 4,5 \cdot 10^3 \text{ m} = 1,324 \cdot 10^6 \text{ Ws} =$$

$$= 0,368 \text{ kWh .}$$

Bei einem"Strompreis"von 1 kWh = ö.S. 1,60 kostet der elektrische Gepäckstransport ö.S. 0,59.

16. Aufgabe

Beim Start bemannter Raketen treten Beschleunigungen bis 10 g auf. Wie groß ist unter diesen Bedingungen das Gewicht von einem Liter Blut in kp?

Lösung

$\vec{G} = m \cdot \vec{g}$. Die Dichte des Blutes

$$\rho_{Blut} = 1,08 \text{ g cm}^{-3} = 1080 \text{ kg m}^{-3}$$

und die Beschleunigung

$$10 \text{ g} = 98,1 \text{ ms}^{-2} ;$$

daher ist die Masse von einem Liter Blut

$$m_{Blut} = 1,08 \text{ kg .}$$

Das Gewicht von einem Liter Blut

$$G = 1,08 \text{ kg} \cdot 98,1 \text{ ms}^{-2} = 105,95 \text{ N} ;$$

weil 1 kp = 9,81 N sind, ist das Gewicht des Blutes in Kilopond

$$G_{Blut} = 105,95 \text{ N} = \underline{\underline{10,8 \text{ kp}}} \ .$$

17. Aufgabe

Die Erde beschreibt in guter Näherung eine Kreisbahn um die Sonne. Für einen vollen Umlauf dieser Kreisbahn mit $3 \cdot 10^{11}$ m Durchmesser benötigt die Erde 365,3 Tage. Wie groß sind die Umlaufgeschwindigkeit, die Winkelgeschwindigkeit und die Radialbeschleunigung?

Lösung

Für die Umlaufgeschwindigkeit gilt

$$v = \frac{d\,\pi}{t} = \frac{9,4248 \cdot 10^{11} \text{ m}}{3,6 \cdot 10^3 \cdot 2,4 \cdot 10^1 \cdot 3,653 \cdot 10^2 \text{ s}} = \underline{\underline{2,9861 \cdot 10^4 \text{ms}^{-1}}}$$

Die Winkelgeschwindigkeit ist

$$\omega = 2\pi f = \frac{2\pi}{T} = \frac{6,2823}{3,6 \cdot 10^3 \cdot 2,4 \cdot 10^1 \cdot 3,653 \cdot 10^2 \text{ s}} = \underline{\underline{1,9907 \cdot 10^{-7} \text{s}^{-1}}}$$

Für die Radialbeschleunigung gilt

$$b_r = \omega^2 \cdot r = \frac{v^2}{r} = \frac{2,9861^2 \cdot 10^8 \text{ m}^2 \text{s}^{-2}}{1,5 \cdot 10^{11} \text{ m}} = \underline{\underline{5,9445 \cdot 10^{-3} \text{ ms}^{-2}}}$$

Die Erde bewegt sich in $\Delta t = 1$ s tangential zur Sonne und normal zum Bahnradius ca. 30 km. Um an der Kreisbahn weiter teilnehmen zu können, muß sich die Erde der Sonne um

$$s_r = \frac{1}{2} b_r \cdot t^2 = \frac{5,9445 \cdot 10^{-3} \text{ ms}^{-2} \, (1\text{s})^2}{2} = 2,97 \text{ mm}$$

nähern.

24

18. Aufgabe

In welche Position muß ein Nachrichtensatellit gebracht werden, damit er sich immer über demselben Punkt am Äquator befindet?

Lösung

Wenn Satellit und Erde die gleiche Umlaufzeit haben, wird sich der Satellit m immer über demselben Punkt der Erdoberfläche befinden. Mit

$$G_O = 6,6732 \cdot 10^{-11} \ Nm^2 kg^{-2} \ ,$$

$$M_E = 5,977 \cdot 10^{24} \ kg$$

und

$$T = 24 \ h$$

erhält man die Gleichung

$$m \ \omega^2 \ r = G_O \ \frac{m \ M_E}{r^2}$$

und weiter

$$r^3 = \frac{G_O \ M_E}{\omega^2} = \frac{G_O \ M_E}{4\pi^2 f^2} = \frac{G_O \ M_E}{4\pi^2} \ T^2 \ .$$

Einsetzen der obigen Werte führt zu

$$r^3 = \frac{6,6732 \cdot 10^{-11} \ \cdot \ 5,977 \cdot 10^{24} \ \cdot \ 3,6^2 \cdot 10^6 \ \cdot \ 24^2}{4\pi^2} \ m^3 =$$

$$= 75,41976 \cdot 10^{21} \ m^3 \ .$$

$$r = 4,225 \cdot 10^7 \ m \ .$$

Weil r vom Mittelpunkt der Erde gezählt wird, ist der Erdradius $R_{E/Äquator} = 6,378 \cdot 10^6$ m abzuziehen und man erhält

$$r^* = 42,25 \cdot 10^6 \ m \ - \ 6,378 \cdot 10^6 \ m = 35,872 \cdot 10^6 \ m$$
$$============$$

19. Aufgabe

Bei der Blutdruckmessung legt man eine aufblasbare Manschette um den Oberarm des Patienten. Zwischen Manschette
und Blasbalg befindet sich, seitlich angebracht, ein Blech-
dosenmanometer oder ein offenes mit Hg gefülltes U-Rohr-
manometer. Wie groß ist der maximale Blutdruck während der
Systole im SI-System, wenn $\Delta h = 140$ mm ist?

Lösung

$$p_S = 140 \text{ mm} = 140 \text{ Torr}.$$

Es gilt

$$1 \text{ Nm}^{-2} = 1 \text{ Pa} = 7{,}5 \cdot 10^{-3} \text{ Torr}$$

oder

$$1 \text{ Torr} = 1{,}333 \cdot 10^2 \text{ Pa} .$$

$$140 \text{ Torr} = 140 \cdot 1{,}333 \cdot 10^2 \text{ Pa} = \underline{\underline{18{,}66 \cdot 10^3 \text{ Pa}}}$$

20. Aufgabe

Wie groß ist der Bremsweg eines mit Maximalgeschwindigkeit
auf Autobahnen (130 km/h) fahrenden Personenkraftwagens,
falls eine mittlere Verzögerung von 5 ms^{-2} wirkt und das
Fahrzeug mit 30 km/h kollidiert?

Lösung

Die Kraftgleichung lautet $m(dv/dt) = -\,ma$ und daraus folgt
$dv = -\,a\,dt$. Durch den Bremsvorgang wird v auf v_o reduziert.
Integration zwischen den Grenzen führt zu

$$\int_{v_o}^{v} dv = -\,a \int_{o}^{t} dt \qquad \text{und} \qquad v - v_o = -\,at \; ;$$

$$v = -\,at + v_o .$$

Für $v = 30 \text{ km/h} = 8{,}333 \text{ ms}^{-1}$ und $v_o = 130 \text{ km/h} = 36{,}111 \text{ ms}^{-1}$
gilt

$$t = \frac{v_o - v}{a} = \frac{36{,}111 \text{ ms}^{-1} - 8{,}333 \text{ ms}^{-1}}{5 \text{ ms}^{-2}} = 5{,}556 \text{ s} \; .$$

Wegen $v = ds/dt = -at + v_o$ erhält man

$$s = -\frac{a}{2} t^2 + v_o t$$

und für t eingesetzt ergibt das

$$s = -\frac{5}{2}\text{ms}^{-2} (5{,}556 \text{ s})^2 + 36{,}111 \text{ ms}^{-1} \cdot 5{,}556 \text{ s} =$$

$$= -77{,}17 \text{ m} + 200{,}63 \text{ m} = \underline{\underline{123{,}46 \text{ m}}}$$

21. Aufgabe

Um die Tiefe eines Brunnens zu ermitteln, läßt man in diesen eine Kugel frei fallen. Man hört das Aufschlagen der
Kugel nach t = 4,2 Sekunden. Die mittlere Lufttemperatur
im Brunnen beträgt 10 $^\circ$C und es herrscht Normalluftdruck.
Wie tief ist der Brunnen?

Lösung

Die Zeit t setzt sich aus zwei Anteilen zusammen, nämlich
t_F der Fallzeit der Kugel und t_s der Zeit, die der Schall
braucht, um das Ohr zu erreichen. Hier ist bereits implizite
gefordert, daß die Kugel in Ohrhöhe starten muß und die Brunnentiefe x von der Ohrenhöhe aus gemessen wird. Es gilt

$$t = t_F + t_s \; ;$$

t_F kann aus dem Fallgesetz ermittelt werden wegen $x = (g/2)t_F^2$,
während t_s aus der Beziehung $x = v_s \cdot t_s$ stammt. Nach Einsetzen
von t_F und t_s erhält man

$$t = \left(\frac{2x}{g}\right)^{1/2} + \frac{x}{v_s} \; ;$$

da t = 4,2 s und g = 9,81 ms^{-2} bekannt sind und v_s bei Normaldruck und 10 $^\circ$C aus

$$v_s = 331\left(1 + \frac{10 \; ^\circ C}{273{,}16 \; ^\circ C}\right)^{1/2} \text{ms}^{-1} = 337 \text{ ms}^{-1}$$

bestimmbar ist, kann die Gleichung nach x aufgelöst werden.
Man erhält

$$\frac{2x}{g} = t^2 - \frac{2xt}{v_s} + \frac{x^2}{v_s^2}$$

oder

$$x^2 + t^2 v_s^2 - 2xtv_s - \frac{2xv_s^2}{g} = 0$$

beziehungsweise

$$x^2 - 2x\left(tv_s + \frac{v_s^2}{g}\right) + t^2 v_s^2 = 0$$

und eingesetzt lautet die quadratische Gleichung

$$x^2 - 2x\left(4,2 \cdot 337 + \frac{337^2}{9,81}\right) + 4,2^2 \cdot 337^2 = 0$$

oder

$$x^2 - 25984,5 \; x + 2003357 = 0 \; .$$

$$x_{1,2} = 12992,3 \pm \left((12992,3)^2 - 2003357\right)^{1/2} =$$

$$= 12992,3 - 12915 = 77,3 \; m \; .$$

Nur die Lösung mit dem Minuszeichen ist physikalisch sinnvoll;
die Brunnentiefe ist demnach 77,3 m.

Würde man die Laufzeit des Schalles nicht berücksichtigen, dann
wäre wegen s = $(g/2)t^2$ mit t = 4,2 s

$$s = 86,5 \; m \; .$$

Die richtige Fallzeit ist

$$t_F = \left(\frac{2 \cdot 77,3 \; m}{9,81 \; ms^{-2}}\right)^{1/2} = 3,97 \; s \; ;$$

daher muß t_s = 4,20 s - 3,97 s = 0,23 s sein.

In einer weitergehenden Untersuchung wäre zu klären, wie die
Kugel beschaffen sein müßte, damit, wie angenommen, die Luft-
reibung vernachläßigt werden kann. Bedeutungsvoll ist in diesem Zusammenhang die Stokessche Reibungskraft F_R = 6πrηv; hie-
bei ist zu bedenken, daß die Endgeschwindigkeit der Kugel

$v_E \stackrel{\sim}{-} 40$ ms^{-1} beträgt und nur r frei, aber nicht beliebig klein, wählbar ist. Die Zähigkeitskonstante der Luft bei 20 ^{O}C ist $\eta = 1,7 \cdot 10^{-5}$ Ns m^{-2}. Für die wirksame Kraft der Kugel gilt mg - 6πrηv und mit m = ρV = $\rho \cdot 4r^3\pi/3$ erhält man letztlich

$$\frac{\rho \cdot 4\pi r^3}{3} \, g \, - \, 6\pi r\eta v \ .$$

Die Reibungskraft einer Stahlkugel von 2 cm Durchmesser ist unter den obigen Bedingungen von der Größenordnung Promille der Gewichtskraft.

<u>22. Aufgabe</u>

Auf einer Luftkissenbahn stößt ein Fahrzeug der Masse m mit 7,2 km/h zentral auf ein in Ruhe befindliches Fahrzeug der Masse M = 4 m. Wie lauten die Fahrzeuggeschwindigkeiten nach dem Stoß? Welche Unterschiede findet man nach dem Stoß, falls das Fahrzeug M mit 7,2 km/h auf das ruhende Fahrzeug m stößt?

<u>Lösung</u>

Beim zentralen elastischen Stoß gelten sowohl der Energieerhaltungssatz wie auch der Impulserhaltungssatz. Letzterer ist bei Stoßprozessen genereller; er gilt auch beim inelastischen Stoß. Nach dem Impulserhaltungssatz ist die Summe der Impulse vor dem Stoß gleich der Summe der Impulse nach dem Stoß

$$M \, V + m \, v = M \, V' + mv' \ ,$$

wobei V = 0 und V' sowie v' unbekannt sind. Für die Berechnung braucht man noch eine zweite Beziehung. Es gilt für den elastischen Stoß auch der Energieerhaltungssatz

$$\tfrac{1}{2} \, MV^2 + \tfrac{1}{2} \, mv^2 = \tfrac{1}{2} \, MV'^2 + \tfrac{1}{2} \, mv'^2 \ .$$

Es lauten die beiden Gleichungen

$$MV^2 + mv^2 = MV'^2 + mv'^2$$

$$MV \ + mv \ = \ MV' + mv'$$

und für V = 0 findet man aus dem Impulssatz

$$m(v - v') = MV'$$

und

$$V' = \frac{m}{M} (v - v') \ .$$

Aus dem Energiesatz folgt

$$\frac{m}{M} v^2 = V'^2 + \frac{m}{M} v'^2$$

und weiter

$$\frac{m}{M} (v^2 - v'^2) = \left(\frac{m}{M}\right)^2 (v - v')^2$$

sowie

$$\frac{m}{M} (v + v') (v - v') = \left(\frac{m}{M}\right)^2 (v - v')^2 \ .$$

Nach Kürzung erhält man

$$v + v' = \frac{m}{M} v - \frac{m}{M} v'$$

und

$$v' \left(1 + \frac{m}{M}\right) = v \left(\frac{m}{M} - 1\right) ,$$

weiters

$$v' = \frac{m - M}{m + M} v \ .$$

Für V' findet man

$$V' = \frac{2m}{m + M} v \ .$$

Eingesetzt ergibt sich für die Masse m nach dem Stoß mit
$v = 2 \ ms^{-1}$

$$v' = \frac{m - 4m}{m + 4m} v = - \frac{6}{5} \ ms^{-1}$$

und für die Masse M

$$V' = \frac{2m}{m + 4m} v = \frac{4}{5} \ ms^{-1} \ .$$

Nach dem Stoß fährt das gestoßene schwere Fahrzeug in Stoßrichtung, während sich das leichtere stoßende Fahrzeug gegen die

Stoßrichtung bewegt. Stößt das schwere Fahrzeug M auf das ruhende Fahrzeug m, gelten die Formeln mit $V = 2\ ms^{-1}$

$$V' = \frac{M - m}{M + m}\ V$$

und

$$v' = \frac{2M}{M + m}\ V\ .$$

Hier hat das stoßende schwere Fahrzeug nach dem Stoß die Geschwindigkeit

$$V' = \frac{4m - m}{4m + m}\ V = \frac{6}{5}\ ms^{-1}$$

und das leichtere Fahrzeug

$$v' = \frac{2 \cdot 4m}{4m + m}\ V = \frac{16}{5}\ ms^{-1}\ .$$

Beide Fahrzeuge fahren nach dem Stoß in Stoßrichtung weiter.

23. Aufgabe

Welche Energie muß man aufwenden, um ein Gewicht von 80 kp (etwa das Gewicht eines Menschen) in den Weltraum zu befördern?

Lösung

Aus der Gravitationskraft

$$F = \frac{G_o\ M_E\ m}{r^2}$$

und der Zentrifugalkraft

$$F_Z = \frac{m\ v^2}{r}$$

erhält man

$$m\ v^2 = \frac{G_o\ M_E\ m}{r} \qquad \text{oder} \qquad E_{kin} = \frac{1}{2}\frac{G_o\ M_E\ m}{r}$$

$$\text{und für} \qquad E_{pot} = -\frac{G_o\ M_E\ m}{r}\ .$$

Die Gesamtenergie des Systems beträgt

$$E_{ges} = E_{kin} + E_{pot} = \frac{1}{2} \frac{G_o M_E\, m}{r} - \frac{G_o M_E\, m}{r}$$

$$E_{ges} = -\frac{1}{2} \frac{G_o\, M_E\, m}{r} \quad .$$

Befindet sich das Gewicht beim Abschuß in den Weltraum an der Erdoberfläche, dann ist für $r = R_E$ der Erdradius einzusetzen. Man erhält

$$-E_{ges} = \frac{1}{2} \frac{G_o\, M_E\, m}{R_E}$$

und wegen

$$\frac{G_o\, M_E}{R_E^2} = g = 9{,}81 \text{ ms}^{-2}$$

folgt

$$-E_{ges} = \frac{1}{2}\, m\, g\, R_E \;;$$

mit $R_E = 6{,}356 \cdot 10^6$ m ist

$$-E_{ges} = \frac{1}{2} \cdot 80 \text{ kg} \cdot 9{,}81 \text{ ms}^{-2} \cdot 6{,}356 \cdot 10^6 = 2{,}494 \cdot 10^9 \text{Nm (J) (Ws)}$$

Der mittlere spezifische Brennwert der Nahrungsmittel ist $E_B \simeq 3 \cdot 10^4$ J g^{-1} = $3 \cdot 10^7$ J kg^{-1}. 80 kp Lebensmittel haben etwa den gleichen Brennwert an Energie, als für den Schuß eines 80 kp Gewichtes in den Weltraum gebraucht wird.

24. Aufgabe

An Staubteilchen bilden sich Wassertröpchen durch Kondensation. Wie bewegen sich diese Wassertröpfchen in wasserdampfübersättigter Luft unter dem Einfluß der Gravitation, wenn man die Reibung vernachläßigt? Wie groß ist die Sinkgeschwindigkeit eines Wassertröpfchens $r_o = 0$ nach 10 Sekunden?

Lösung

Die Gewichtskraft $\vec{G} = m\,\vec{g} = d/dt\,(m\,\vec{v})$. Die Masse m ist in diesem Fall nicht konstant, sondern wächst mit der Zeit. Weil $dm = \rho \cdot 4\pi r^2 dr$, gilt für die Kondensation

$$dm = \lambda \cdot 4\pi r^2\,dt$$

mit $dr/dt = \lambda/\rho$, wobei λ eine Proportionalitätskonstante der Kondensation ist. Gemäß obiger Gleichung ist

$$m\,g = \frac{4\pi r^3}{3}\,\rho \cdot g = \frac{4\pi}{3}\,\rho\,\frac{d}{dt}\,(r^3\,v)\ .$$

Kürzung durch $4\pi/3$ führt zu

$$r^3\rho g = \rho\,\frac{d}{dt}\,(r^3\,v)$$

und wegen $d/dt = (\lambda/\rho) \cdot (d/dr)$ erhält man

$$r^3\rho g = \lambda\,\frac{d}{dr}\,(r^3\,v)$$

und weiter

$$\lambda\,d\,(r^3\,v) = \rho g r^3 dr\ .$$

Auf beiden Seiten integriert ergibt

$$\lambda r^3 v = \frac{\rho g r^4}{4}\ + const.$$

Diese Gleichung nach v gelöst lautet

$$v = \frac{\rho g r^4}{4\lambda r^3} + \frac{const.}{\lambda r^3}\ .$$

Um den Wert von const. zu ermitteln, bedient man sich der Differentialgleichung $dr = (\lambda/\rho)dt$. Das dazugehörige Integral lautet

$$\int_{r_o}^{r} dr = \frac{\lambda}{\rho} \int_{o}^{t} dt$$

mit der Lösung

$$r - r_o = \frac{\lambda}{\rho}\,t \qquad\qquad oder \qquad\qquad r = r_o + \frac{\lambda}{\rho}\,t\ ;$$

Weiters soll für $t = 0$ $v = v_o$ sein. Eingesetzt für
$r = r_o + (\lambda/\rho)t$ findet man für v

$$v = \frac{r\,\rho\,g}{4\,\lambda} + \frac{const}{\lambda\,r^3} = \frac{r_o\rho g}{4\lambda} + \frac{g}{4}\,t + \frac{const}{\lambda\,[r_o + (\lambda/\rho)t]^3} \quad ;$$

für $t = 0$ wird

$$v_o = \frac{r_o\,\rho\,g}{4\,\lambda} + \frac{const}{\lambda r_o^3}$$

und

$$const = \left(v_o - \frac{r_o\rho g}{4\lambda}\right)\lambda r_o^3 = \lambda v_o r_o^3 - \frac{r_o^4\rho g}{4} =$$

$$= r_o^3\left(\lambda v_o - \frac{r_o\rho g}{4}\right) = \frac{r_o^3}{4}\,(4\lambda v_o - r_o\rho g) \ .$$

Die Gleichung für die Sinkgeschwindigkeit der Wassertröpfchen
lautet

$$v = \frac{r_o\rho g}{4\lambda} + \frac{g}{4}\,t + \frac{r_o^3\,(4\lambda v_o - r_o\rho g)}{4\lambda\,[r_o + (\lambda/\rho)t]^3} \ .$$

Für $r_o = 0$ ergibt sich $v = (g/4)t$

$$v = \frac{9{,}81 \text{ ms}^{-2} \cdot 10\text{s}}{4} = 24{,}53 \text{ ms}^{-1}$$

$$========== $$

25. Aufgabe

Ein Wasserstrahl vom Querschnitt $A = 3{,}14 \text{ m}^2$ und der Geschwindigkeit $\vec{v} = 20 \text{ ms}^{-1}$ trifft eine Turbinenschaufel.
Wie groß ist die Kraft auf die in Ruhe befindliche Schaufel? Mit welcher Geschwindigkeit $\vec{w}$ muß sich die Schaufel
bewegen, damit die wirksame Kraft auf die Schaufel halbiert wird?

Lösung

Für die ruhende Turbinenschaufel gilt $\vec{K} = (d/dt) \cdot (m\,\vec{v})$. Die
Wassermasse ist die zeitlich abhängige Größe. Wegen der Vektoraddition der Geschwindigkeiten gemäß Zeichnung gilt

$$K_o = \frac{d}{dt}\,(m\,2v) = \frac{2v\,dm}{dt} \ .$$

Für dm = $\rho \cdot F \cdot v \cdot dt$ erhält man $K_o = 2v^2 \cdot F \cdot \rho$. Eingesetzt ergibt das

$$K_o = 2 \cdot 4 \cdot 10^2 \ m^2 \ s^{-2} \cdot 3,14 \ m^2 \cdot 10^3 \ kg \ m^{-3} = 2,512 \cdot 10^6 \ N \ .$$

Für die bewegte Turbinenschaufel gilt $K = 2(v-w)^2 \ F \cdot \rho$. Weil $K = K_o/2$ sein soll, gilt

$$v^2 \ F \ \rho = 2(v-w)^2 \ F\rho$$

beziehungsweise

$$v = \sqrt{2} \ (v-w) \qquad \text{und weiter} \qquad w = v\left(1 - \frac{1}{\sqrt{2}}\right).$$

Eingesetzt erhält man

$$w = 20 \ ms^{-1} \ . \ 0,293 = 5,86 \ ms^{-1}$$

26. Aufgabe

Man berechne die Erdbeschleunigung an der Erdoberfläche bei einem Abstand von $6,376 \cdot 10^6$ m vom Erdmittelpunkt. Wie groß ist die Beschleunigung in 10 km bzw. in 100 km Höhe?

Lösung

Nach dem Gravitationsgesetz gilt

$$m \ g_o = G_o \ \frac{m \ M}{R^2}$$

bzw.

$$m \ g_{10km} = G_o \ \frac{m \ M}{(R+h)^2} \ .$$

Mit $\qquad h = 10^4$ m bzw. 10^5 m
und $\qquad R = 6,376 \cdot 10^6$ m
sowie $M_{Erde} = 5,977 \cdot 10^{24}$ kg
und $\qquad G_o = 6,673 \cdot 10^{-11} \ m^3 \ kg^{-1} \ s^{-2}$

erhält man

$$g_O = \frac{6{,}673 \cdot 10^{-11}\ m^3 kg^{-1} s^{-2} \cdot 5{,}977 \cdot 10^{24}\ kg}{(6{,}376)^2 \cdot 10^{12}\ m^2} = 9{,}81\ ms^{-2}$$

$$g_{10km} = \frac{6{,}673 \cdot 10^{-11}\ m^3 kg^{-1} s^{-2} \cdot 5{,}977 \cdot 10^{24}\ kg}{(6{,}376+0{,}01)^2 \cdot 10^{12}\ m^2} = 9{,}78\ ms^{-2}$$

$$g_{100km} = \frac{6{,}673 \cdot 10^{-11}\ m^3 kg^{-1} s^{-2} \cdot 5{,}977 \cdot 10^{24}\ kg}{(6{,}376+0{,}1)^2 \cdot 10^{12}\ m^2} = 9{,}51\ ms^{-2}$$

Die Erdbeschleunigung beträgt

an der Erdoberfläche $\qquad g_O \quad = 9{,}81\ ms^{-2}$,

in 10 km Höhe hat sie den Wert $g_{10km} = 9{,}78\ ms^{-2}$

und in 100 km Höhe schließlich $g_{100km} = 9{,}51\ ms^{-2}$.

27. Aufgabe

Wie groß ist der Oberflächenspannungsdruck, der ein Hg-Kügelchen von 10 µm Durchmesser zusammenhält?

Lösung

Sind zwei verschieden große Seifenblasen mit einem Glasröhrchen verbunden, so beobachtet man ein Wachsen der größeren Seifenblase auf Kosten der kleineren. Die Arbeit, die gegen die Oberflächenspannung erbracht werden muß, lautet

$$d A = p\,d V = p\,4\pi\,r^2\,d r = \sigma\,d F$$

mit $d F = 8\,\pi\,r\,d r$. Daraus folgt $p = 2\,\sigma/r$. Für die Oberflächenspannung von Hg findet man in Tabellen $\sigma_{Hg} = 500\ dyn\ cm^{-1}$. Da σ_{Hg} im SI-System benötigt wird, also in $N\,m^{-1}$, gilt wegen

$$1\ N = 10^5\ dyn \qquad und \qquad 1\ m = 10^2\ cm$$

$$\sigma_{Hg} = 5 \cdot 10^{-1}\ Nm^{-1}$$

und weiter mit $r = 5 \cdot 10^{-6}\ m$

$$p = \frac{2 \cdot 5 \cdot 10^{-1}\ Nm^{-1}}{5 \cdot 10^{-6}\ m} = 2 \cdot 10^5\ Pa\ .$$

Dieser Druck ist geringfügig größer als 2 technische Atmosphä-
ren(at).

<u>*28. Aufgabe*</u>

Wie groß ist die kinetische Energie eines Turbogenerators
in Kilowattstunden, wenn der Rotor etwa einem Stahlhohlzy-
linder mit r_1 = 1 m und r_2 = 1,5 m sowie h = 0,6 m entspricht, der mit 3000 Umdrehungen pro Minute rotiert?

<u>*Lösung*</u>

Gegeben sind die Dimensionen des Hohlzylinders mit r_1 = 1 m,
r_2 = 1,5 m und h = 0,6 m sowie die Rotorfrequenz f = 3000/60s=
= 50 Hz. In Tabellen findet man die Dichte von Stahl mit
ρ_{St} = 7800 kg m^{-3}. Für das Trägheitsmoment gilt I= $\int r^2$dm; wegen dm = ρdV gilt für den Zylinder

$$dm = \rho \cdot 2\pi \cdot hrdr$$

und somit

$$I = 2\pi\, h\rho \int_{r_1}^{r_2} r^3\, dr = \frac{2\pi h\rho}{4}\,(r_2^4 - r_1^4) = \frac{\pi h\rho}{2}\,(r_2^4 - r_1^4).$$

Eingesetzt ergibt sich

$$I = \frac{\pi \cdot 0,6\ m \cdot 7800\ kg\ m^{-3}}{2}\,(1,5^4 - 1^4)\ m^4 =$$

$$= 7351,327\,(5,063 - 1)\ kg\ m^2 = 2,9868 \cdot 10^4\ kg\ m^2.$$

Die Rotationsenergie des hohlzylindrischen Rotors ist
E_{rot} = (I/2)ω^2 und somit

$$E_{rot} = \frac{2,9868 \cdot 10^4\ kg\ m^2 \cdot 4\pi^2 (50)^2\ s^{-2}}{2} = 1,4739 \cdot 10^9 Nm(Ws).$$

Da 1 kWh = 3,6$\cdot 10^6$ Ws ist, ist schließlich

$$E_{rot} = 409,4\ kWh.$$

Der Turbogenerator kann von 3000 Umdrehungen/Minute bis zum
Stillstand eine Arbeit von 409,4 kWh verrichten.

29. Aufgabe

Eine hydraulische Presse enthält 27 Liter Öl bei Normaldruck. Wie verändert sich dieses Volumen, wenn ein Druck von 200 atm wirksam wird? Die Kompressibilität von Öl ist $1,9 \cdot 10^{-10}$ Pa^{-1}.

Lösung

Für die relative Volumsänderung des Öls gilt

$$\frac{\Delta V}{V} = - k \Delta p \qquad \text{oder} \qquad \Delta V = - Vk \cdot \Delta p;$$

gegeben ist $k = 1,9 \cdot 10^{-10}$ m^2/N und $V = 2,7 \cdot 10^{-2}$ m^3;

   1 at (techn) = 0,968 atm (phys)

   $\Delta p = 200$ atm $- 0,968$ atm $= 199,03$ atm.

Weil 1 atm $= 1,013 \cdot 10^5$ Pa ist, ist

   $\Delta p = 2,016 \cdot 10^7$ Pa

und somit

$$\Delta V = - 2,7 \cdot 10^{-2} \; m^3 \cdot 1,9 \cdot 10^{-10} \; Pa^{-1} \cdot 2,016 \cdot 10^7 \; Pa =$$

$$= - 1,03 \cdot 10^{-4} \; m^3 \overset{\sim}{=} - 0,1 \; \ell$$

---

30. Aufgabe

Zwei Schifahrer der Masse 92 kg und 75 kg legen bei einer Höhendifferenz von 42 m eine Strecke von 210 m zurück. Die Gleitreibungszahl beträgt in beiden Fällen 0,03 und die Bremswirkung durch den Luftwiderstand im Mittel je 30 N. Welche Endgeschwindigkeiten erreichen die beiden Abfahrer?

Lösung

Kinetische Energie = potentielle Energie minus Gleitreibungsenergie minus Windreibungsenergie.

$$\frac{mv^2}{2} = m \, g \, h - m \, g \, \mu \, s \cos \alpha - F_{Wind} \, s.$$

Gemäß Zeichnung gilt $x^2 = s^2 - h^2$, bzw. $x = s \cos \alpha$.

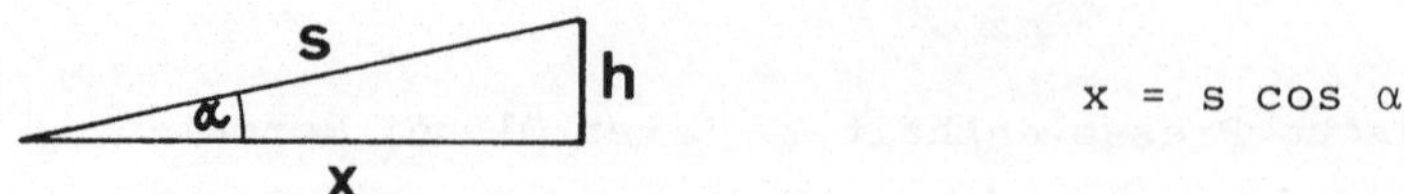

$$x = s \cos \alpha$$

Die Gleitreibungsenergie wird durch den Umstand bedingt, daß
die Reibungskraft annähernd unabhängig von der Geschwindigkeit
und gleich dem Produkt aus Gleitreibungskoeffizient mal Normal-
kraft ist.

Die Energiegleichung nach v gelöst ergibt

$$v = \left[2g \left(h - \mu\, s \cos \alpha - \frac{F_{Wind}\, s}{m\, g} \right) \right]^{1/2}$$

mit

$$s \cos \alpha = (s^2 - h^2)^{1/2} = (210^2\ m^2 - 42^2\ m^2)^{1/2} = 205,76\ m$$

findet man

$$v_{92\ kg} = \left[2 \cdot 9,81\ m\ s^{-2}\ (42\ m - 0,03 \cdot 205,76\ m - \frac{30\ N \cdot 210\ m}{92\ kg \cdot 9,81\ m\ s^{-2}}) \right]^{1/2} =$$

$$= \left[19,62\ m\ s^{-2}\ (42\ m - 6,17\ m - 6,98\ m) \right]^{1/2} =$$

$$= \left[19,62\ m\ s^{-2} \cdot 28,85\ m \right]^{1/2} = 23,79\ m\ s^{-1}$$

$$v_{75\ kg} = \left[19,62\ m\ s^{-2}\ (42\ m - 6,17\ m - 8,56\ m) \right]^{1/2} =$$

$$= \left[19,62\ m\ s^{-2} \cdot 27,27\ m \right]^{1/2} = 23,13\ m\ s^{-1}$$

Der Schifahrer mit der Masse 92 kg hat nach 210 m einen Ge-
schwindigkeitsvorteil von

$$\Delta v = 23,79\ m\ s^{-1} - 23,13\ m\ s^{-1} = 0,66\ m\ s^{-1}$$

gegenüber dem Abfahrer mit 75 kg.

In km/h erhält man die Geschwindigkeit

$$v_{92\ kg} = 85,6\ km/h \qquad \text{und}$$

$$v_{75\ kg} = 83,3\ km/h.$$

31. Aufgabe

Bei einer differentiellen Blutzuckerbestimmung eines nüchternen Menschen findet man morgens 100 mg/100 mℓ und nach dem Frühstück mittags 0,7mg/mℓ. Welche Glukosestoffmengenkonzentrationen liegen vor?

Lösung

Die chemische Formel für Glukose lautet $C_6H_{12}O_6$. Dieses Molekül hat in guter Näherung die relative Masse

$$M_r = 6 \cdot 12 \quad + 12 \cdot 1 \quad + 6 \cdot 16 = 180.$$

1 mol Glukose hat daher die Masse 180 g und 1 kmol = 180 kg. Die Stoffmengenkonzentration oder Stoffmengendichte ist Stoffmenge durch Volumen. Die Werte in der Angabe entsprechen einer Massenkonzentration.

$$\frac{1 \text{ mol}}{1 \ \ell} = \frac{180 \text{ g}}{1 \ \ell} \ ; \ \frac{100 \text{ mg}}{100 \text{ m}\ell} = \frac{1 \text{ g}}{1 \ \ell}$$

$$\frac{1 \text{ g}}{1 \ \ell} = \frac{1 \text{ mol}}{180 \ \ell} = \frac{5,55 \text{ m mol}}{\ell} = \frac{5,55 \text{ mol}}{m^3}$$

$$\frac{70 \text{ mg}}{100 \text{ m}\ell} = \frac{0,7 \text{ g}}{\ell} = \frac{0,7 \text{ mol}}{180 \ \ell} = \frac{3,89 \text{ m mol}}{\ell} = \frac{3,89 \text{ mol}}{m^3} .$$

Die ermittelten Glukosestoffmengenkonzentrationen liegen im Normbereich des gesunden Menschen.

32. Aufgabe

Eine Blutteilchenzählung ergibt in 1 mm^3 5 Millionen Erythrozyten, 6000 Leukozyten und 250 000 Trombozyten. Wie lauten die Anzahldichten in SI-Einheiten?

Lösung

Die Anzahldichte n = N/V ist Anzahl pro Volumseinheit. $1 \ m^3 = 10^9 \ mm^3$.

$$5 \cdot 10^6 / mm^3 \text{ Erythrozyten} \quad \text{sind} \quad 5 \cdot 10^{15} / m^3$$
$$6 \cdot 10^3 / mm^3 \text{ Leukozyten} \quad \text{sind} \quad 6 \cdot 10^{12} / m^3$$
$$2,5 \cdot 10^5 / mm^3 \text{ Trombozyten} \quad \text{sind} \ 2,5 \cdot 10^{14} / m^3 .$$

33. Aufgabe

Die Erde dreht sich einmal in 24 Stunden um ihre Nord-Süd-Achse. Ein mit Pressluft angetriebener Turbobohrer eines Zahnarztes erreicht Winkelgeschwindigkeiten von $4 \cdot 10^4$ s^{-1}. Wie groß sind die jeweiligen Umfangsgeschwindigkeiten?

Lösung

Der Erdradius am Äquator ist $r_{Erde} = 6,378 \cdot 10^6$ m; ein typischer Zahnbohrer hat 1,2 mm Durchmesser. Die Umlaufgeschwindigkeit hängt mit dem Radius und der Winkelgeschwindigkeit durch die Gleichung $v = r \cdot \omega$ zusammen.

$$v_{Erde} = \frac{6,378 \cdot 10^6 \text{ m} \cdot 2\pi}{24 \cdot 3600 \text{ s}} = 463,8 \text{ m s}^{-1} = 1670 \text{ km/h}$$

$$v_{Bohrer} = 6 \cdot 10^{-4} \text{ m} \cdot 4 \cdot 10^4 \text{ s}^{-1} = 24 \text{ m s}^{-1} = 86,4 \text{ km/h}$$

34. Aufgabe

Ein Federdynamometer zeigt bei Belastungen mit 200 g, 300 g 500 g, 600 g, 800 g, 900 g und 1000 g Dehnungen von 1,8 cm, 2,7 cm, 4,5 cm, 5,5 cm, 8 cm, 9,5 cm und 12 cm. Ist die Federwaage richtig belastet und welchen Wert hat die Federkonstante?

Lösung

Für die Dehnung einer Feder unterscheidet man drei Bereiche: den linearen elastischen Bereich, den Fließbereich und die Rißgrenze. Im linearen Bereich gilt für die dehnende Kraft

$$F = D x$$

wobei D die Federkonstante, auch Richtkraft genannt, ist.

Die Dimension von D ist

$$[D] = \frac{[F]}{[x]} = [N \ m^{-1}]$$

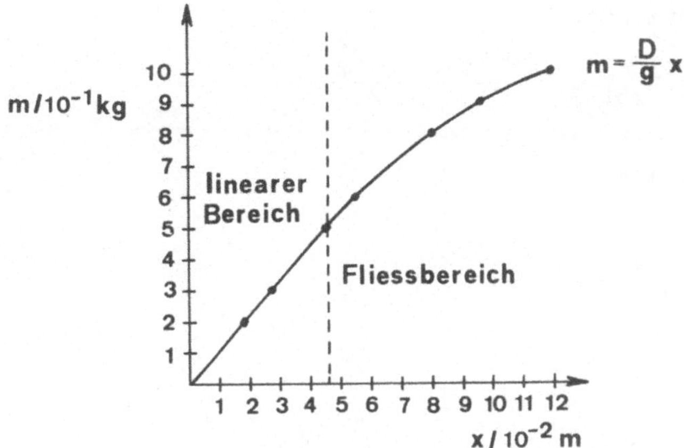

Die graphische Darstellung zeigt, daß bis 0,5 kg Belastung volle Linearität und damit Elastizität existiert. Eine geringfügige Überdehnung der Feder wird bei 0,6 kg beobachtet. Weil hier der Fließbereich vorliegt, wären zwischen 0,5 kg und 1 kg mehr Meßpunkte sinnvoll; auf jeden Fall sollte die Elongation bei 0,7 kg gemessen werden. Im linearen Bereich lautet die Federkonstante

$$D = \frac{m\,g}{x} = \frac{0,5 \text{ kg} \cdot 9,81 \text{ m s}^{-2}}{4,5 \cdot 10^{-2} \text{ m}} = \underline{\underline{109 \text{ N m}^{-1}}}$$

35. Aufgabe

Eine Kugel und ein Vollzylinder von gleicher Masse und gleichem Durchmesser rollen aus gleicher Höhe gleiche Wege eine schiefe Ebene hinunter. Welcher Körper ist schneller?

Lösung

Wegen der Bedingung gleiche Masse und gleiche Höhe haben Kugel und Vollzylinder dieselbe potentielle Energie.

$$W_{pot\ K} = W_{pot\ Z} \quad .$$

Beim Abrollen auf der schiefen Ebene treten sowohl kinetische als auch Rotationsenergie auf.

$$W_{pot\ K} = W_{kin\ K} + W_{rot\ K} = \frac{1}{2} m\, v_K^2 + \frac{1}{2} I_K\, \omega_K^2$$

Analog gilt für den Zylinder

$$W_{pot\ Z} = W_{kin\ Z} + W_{rot\ Z} = \frac{m\ v_Z^2}{2} + \frac{I_Z\ \omega_Z^2}{2}\ .$$

Wegen $W_{pot\ K} = W_{pot\ Z}$ ist

$$\frac{m\ v_K^2}{2} + \frac{I_K\ \omega_K^2}{2} = \frac{m\ v_Z^2}{2} + \frac{I_Z\ \omega_Z^2}{2}\ ;$$

weiters gilt wegen $r_K = r_Z$

$$\omega_K = \frac{v_K}{r} \qquad \text{und} \qquad \omega_Z = \frac{v_Z}{r}$$

$$\omega_K^2 \cdot r^2 + \frac{I_K\ \omega_K^2}{m} = \omega_Z^2\ r^2 + \frac{I_Z\ \omega_Z^2}{m}$$

$$\omega_K^2\ (r^2 + \frac{I_K}{m}) = \omega_Z^2\ (r^2 + \frac{I_Z}{m})$$

$$\frac{\omega_K^2}{\omega_Z^2} = \frac{r^2 + \frac{I_Z}{m}}{r^2 + \frac{I_K}{m}} = \frac{m\ r^2 + I_Z}{m\ r^2 + I_K}$$

$$\frac{\omega_K}{\omega_Z} = \left(\frac{m\ r^2 + I_Z}{m\ r^2 + I_K}\right)^{1/2}$$

Weil $\omega = 2\ \pi\ f = \frac{2\ \pi}{\tau}$ ist, ist

$$\frac{\tau_Z}{\tau_K} = \left(\frac{m\ r^2 + I_Z}{m\ r^2 + I_K}\right)^{1/2}\ .$$

Für den Zylinder gilt $I_Z = \frac{1}{2}\ m\ r^2$ und für die Kugel $I_K = \frac{2}{5}\ m\ r^2$; somit wird

$$\frac{\tau_Z}{\tau_K} = \left(\frac{m\ r^2 + \frac{m\ r^2}{2}}{m\ r^2 + \frac{2}{5}\ m\ r^2}\right)^{1/2} = \left(\frac{\frac{3}{2}\ m\ r^2}{\frac{7}{5}\ m\ r^2}\right)^{1/2}$$

$$\frac{\tau_Z}{\tau_K} = \sqrt{\frac{15}{14}} = 1,035$$

$$\tau_Z = 1{,}035 \; \tau_K$$

Die Laufzeit des Zylinders ist länger als die der Kugel; die Kugel ist daher schneller.

36. Aufgabe

Die Oberflächenspannung von Wasser bei 20 ^{O}C beträgt $7{,}28 \cdot 10^{-2}$ N m^{-1}. Wieviele Moleküle Wasser sind in einem Tropfen enthalten, der mit Hilfe einer Pipette von 3 mm Durchmesser gewonnen wird und wie groß ist das Volumen?

Lösung

Ein Wassertropfen reißt von einer Pipette ab, wenn das Gewicht des Tropfens größer als die Oberflächenspannung wird. Es gilt

$$m \, g = 2 \, r \, \pi \, \sigma = \rho \, V \, g$$

und daraus

$$m = \frac{2 \, r \, \pi \, \sigma}{g}$$

$$m = \frac{3 \cdot 10^{-3} \; m \, \pi \cdot 7{,}28 \cdot 10^{-2} \; N \; m^{-1}}{9{,}81 \; m \; s^{-2}} = 6{,}994 \cdot 10^{-5} \; kg =$$

$$= 6{,}994 \cdot 10^{-2} \; g$$

18 g H_2O entsprechen $6{,}022 \cdot 10^{23}$ Molekülen. Im Wassertropfen sind daher

$$\frac{6{,}022 \cdot 10^{23} \cdot 6{,}994 \cdot 10^{-2} \; g}{18 \; g} = 2{,}34 \cdot 10^{21} \; \text{Moleküle enthalten.}$$

Das Volumen des Tropfens ist nach obiger Gleichung

$$V = \frac{2 \, r \, \pi \, \sigma}{\rho \, g} = \frac{3 \cdot 10^{-3} \; m \, \pi \cdot 7{,}28 \cdot 10^{-2} \; N \; m^{-1}}{1000 \; kg \; m^{-3} \cdot 9{,}81 \; m \; s^{-2}} =$$

$$= 6{,}994 \cdot 10^{-8} \; m^3 = 69{,}94 \; mm^3$$

37. Aufgabe

Zwei gleichartige Gefäße sind gleich hoch mit verschiedenen idealen Flüssigkeiten der Masse $m_2 > m_1$ gefüllt. Welches Gefäß entleert sich über die in gleicher Höhe befindlichen Ausflußöffnungen rascher?

Lösung

Für ideale Flüssigkeiten gilt

$$\frac{m_2\, v_2^2}{2} = m_2\, g\, h \qquad \text{und} \qquad \frac{m_1\, v_1^2}{2} = m_1\, g\, h \; ;$$

daraus folgt

$$v_2 = v_1 = (2\, g\, h)^{1/2} .$$

Bei nicht idealen Flüssigkeiten wären die Volumskräfte sowie die Kräfte, die auf Druckgefälle zurückzuführen sind und die Reibungskräfte zu berücksichtigen.

Bekanntlich herrscht nur Gleichgewicht, wenn die Summe aller angreifenden Kräfte Null ist.

Für die innere Reibung einer Flüssigkeit gilt

$$F_R = \eta\, \frac{A}{D}\, v \; ,$$

wobei A die Fläche und D die Dicke der Flüssigkeitsschichte bedeutet; v ist die Geschwindgikeit und $[\eta] = [\text{Ns m}^{-2}]$ wird die dynamische Viskosität genannt. η ist flüssigkeitsbestimmt und sehr stark temperaturabhängig.

$$\eta_{H_2O\ 20\ ^\circ C} = 1 \cdot 10^{-3}\ \text{Ns m}^{-2}$$
$$\eta_{Blut\ 20\ ^\circ C} = 4{,}3 \cdot 10^{-3}\ \text{Ns m}^{-2}$$

38. Aufgabe

Eine Pendeluhr geht täglich um 12 Minuten vor. Die Pendelmasse ist 98 cm von der Drehachse entfernt angebracht. Welche Korrektur ist erforderlich, damit die Uhr richtig geht?

Lösung

Für das Drehpendel gilt: die Schwingungsdauer

$$T = 2 \pi \sqrt{\frac{I}{D^*}} \qquad \text{und} \qquad T^2 = 4 \pi^2 \frac{I}{D^*}$$

$$T_1 = 24 \cdot 3600 \text{ s} = 86400 \text{ s}$$

$$T_2 = 86400 \text{ s} + 720 \text{ s} = 87120 \text{ s}$$

$$T_1^2 = \frac{4 \pi^2}{D^*} I_1 = \frac{4 \pi^2}{D^*} m \, r_1^2$$

$$T_2^2 = \frac{4 \pi^2}{D^*} I_2 = \frac{4 \pi^2}{D^*} m \, r_2^2$$

$$\frac{T_1}{T_2} = \frac{r_1}{r_2} \quad ; \qquad \frac{86400 \text{ s}}{87120 \text{ s}} = \frac{98 \text{ cm}}{x}$$

$$x = \frac{98 \text{ cm} \cdot 87120 \text{ s}}{86400 \text{ s}} = 98{,}82 \text{ cm}$$

Die Pendelmasse muß um 8,2 mm von der Drehachse weg verschoben
werden.

39. Aufgabe

Eine Rakete der Masse M stößt in Δt die Masse ΔM mit der
Geschwindigkeit $\vec{u}$ aus und erhält dadurch die Geschwindig-
keitsänderung $\Delta \vec{v}$. Wie groß ist die Nutzlast, falls $\vec{v} = 2 \, \vec{u}$
sein soll?

Lösung

Wegen des Impulserhaltungssatzes ist $M \, \Delta \vec{v} = - \Delta M \, \vec{u}$, wobei das
negative Zeichen die Massenverminderung ausdrückt. In differen-
tieller Schreibweise erhält man

$$M \, dv = - u \, dM = M \, a \, dt$$

$$-\int_{0}^{v} \frac{1}{u} \, dv = \int_{M_0}^{M} \frac{dM}{M}$$

und integriert $\quad \ln \frac{M}{M_0} = - \frac{v}{u}$, weiters $\quad M = M_0 \, e^{-v/u}$. Für
$v = 2 \, u$ erhält man

$$M = M_O \, e^{-2} = \frac{M_O}{e^2} = \frac{M_O}{7,39} \cdot$$

Die Nutzlast für v = 2 u ergibt sich mit weniger als 1/7 der Startrakete.

40. Aufgabe

Normalwerte des Augendruckes werden mit 15 $\pm$ 5 mm Hg angegeben. Es gilt, den Augenflüssigkeitsdruck in Beziehung zur Elastizität des umschließenden Gewebes zu setzen. Die Augendruckmessung erfolgt mit Hilfe eines Applanationstonometers; dabei wird ein durchsichtiger zylindrischer Stab mit einer Kraft K auf die Hornhaut gedrückt, bis über eine geeignete Optik eine abgeplattete Fläche von 3 mm Durchmesser sichtbar wird. Welche Kraft ist zur Bestimmung der Normalwerte erforderlich?

Lösung

Druck ist Kraft pro Fläche p = K/F; daraus findet man K = p$\cdot$F.

p = 15 $\pm$ 5 mm Hg

p_u = 10 mm Hg   ist die untere Normgrenze

p_O = 20 mm Hg   entspricht der oberen Normgrenze.

 1 mm Hg = 133,3 Pa   und daher sind

10 mm Hg = 1333 Pa   und weiters

20 mm Hg = 2666 Pa.

Für die Fläche F findet man

$$F = r^2 \cdot \pi = 1,5^2 \cdot 10^{-6} \; m^2 \cdot \pi = 7,07 \cdot 10^{-6} \; m^2$$
$$K_1 = p_u \cdot F = 1,333 \cdot 10^3 \; Pa \cdot 7,07 \cdot 10^{-6} \; m^2 = \underline{\underline{9,42 \cdot 10^{-3} \; N}}$$
$$K_2 = p_O \cdot F = 2,666 \cdot 10^3 \; Pa \cdot 7,07 \cdot 10^{-6} \; m^2 = \underline{\underline{18,85 \cdot 10^{-3} \; N}}$$

41. Aufgabe

Auf der Luftkissenbahn beschleunigt eine senkrecht hängende Masse m_1 = 0,2 kg ein Gleitfahrzeug der Masse m_2 = 0,5 kg horizontal über eine Rolle mit m_3 = 0,1 kg. Der Durchmesser der Rolle beträgt 0,15 m. Wie groß ist die Beschleunigung der Masse m_2 und welches Drehmoment wirkt auf die vollzylindrische Rolle?

Lösung

Die Luftkissenbahn erlaubt reibungslose Bewegungen.

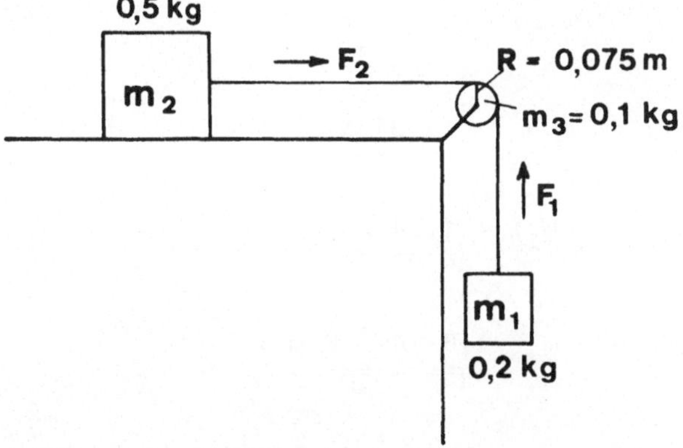

Die Bewegungsgleichungen lauten

$$\vec{F}_2 = m_2\ \vec{b}_2$$

$$m_1\vec{g} - \vec{F}_1 = m_1\ \vec{b}_1\ .$$

Für die Rolle gilt das Drehmoment

$$F_1\ R - F_2\ R = I_z\ \frac{d\omega}{dt} \qquad \text{mit} \qquad I_z = \frac{m_3\ R^2}{2}\ .$$

Es gilt weiter

$$b_1 = b_2 = \frac{R\ d\omega}{dt}\ .$$

Damit lauten die Bewegungsgleichungen schließlich

$$F_2 = m_2\ b_2$$

$$m_1\ g - F_1 = m_1\ b_2$$

$$F_1 - F_2 = \frac{m_3 b_2}{2}\ .$$

In die dritte Gleichung wird F_2 aus der ersten Gleichung eingesetzt und führt zu

$$F_1 - m_2 b_2 = \frac{m_3}{2} b_2$$

und aus dieser Gleichung F_1 in die zweite Gleichung eingesetzt ergibt

$$m_1 g - \frac{m_3}{2} b_2 - m_2 b_2 = m_1 b_2$$

mit

$$b_2 = \frac{m_1 g}{m_1 + m_2 + (m_3/2)} = \frac{0,2 \text{ kg} \cdot 9,81 \text{ m s}^{-2}}{0,2 \text{ kg} + 0,5 \text{ kg} + 0,05 \text{ kg}} = 2,62 \text{ m s}^{-2}$$

$$\vec{M} = (\vec{F}_1 - \vec{F}_2) \times \vec{R}$$

$$F_2 = m_2 b_2 = 0,5 \text{ kg} \cdot 2,62 \text{ m s}^{-2} = 1,31 \text{ N}$$

$$F_1 = m_1 g - m_1 b_2 = m_1 (g - b_2) = 1,44 \text{ N}$$

$$M = (1,44 \text{ N} - 1,31 \text{ N}) \, 0,075 \text{ m} = 9,8 \cdot 10^{-3} \text{ N m} \ ;$$

andererseits gilt auch

$$M = \frac{m_3 R^2}{2} \frac{b_2}{R} = \frac{0,1 \text{ kg}}{2} \cdot 0,075 \text{ m} \cdot 2,62 \text{ m s}^{-2} =$$

$$= 9,8 \cdot 10^{-3} \text{ N m}$$

42. Aufgabe

Das Geschoß eines Jagdgewehres verläßt die Mündung des Laufes mit 320 m s^{-1}. Nach Zündung der Pulverladung gilt für das Geschoß bis zum Verlassen des Laufes die Kraftgleichung $F = 420 \text{ N} - 1,05 \cdot 10^5$ (N/s)$\cdot$t. Wie lange ist der Gewehrlauf und wie groß ist die Geschoßmasse?

Lösung

Für das Laufende gilt

$$F = 0 \qquad \text{und} \qquad t = \frac{420 \text{ N s}}{1,05 \cdot 10^5 \text{ N}} = 4 \cdot 10^{-3} \text{ s} \ .$$

Wenn $t = 0$ ist, dann ist $F = 420$ N. Der Impuls des Geschoßes ist $m \, \Delta v = F \, \Delta t$, und weil $\Delta v = v$ ist, gilt

$$m = \frac{F \, \Delta t}{v} = \frac{420 \text{ N} \cdot 4 \cdot 10^{-3} \text{ s}}{320 \text{ m s}^{-1}} = 5,25 \cdot 10^{-3} \text{ kg}$$

Zur Berechnung der Lauflänge verwendet man die Weggleichung $s = (a/2)t^2$ und im speziellen Fall

$$s = \frac{1}{2} \frac{\Delta v}{\Delta t} \, (\Delta t)^2 = \frac{1}{2} \, \Delta v \cdot \Delta t = \frac{320 \text{ m} \cdot 4 \cdot 10^{-3} \text{ s}}{2} = 0,62 \text{ m}$$

Die Länge des Gewehrlaufs beträgt 62 cm und die Geschoßmasse 5,25 g.

43. Aufgabe

Wie hoch wird ein ballistisches Pendel von $M = 400$ g aus der Ruhelage angehoben, falls ein Bolzen von $m = 1,5$ g vollkommen unelastisch in den Pendelkörper eindringt und die Geschwindigkeit nach dem Stoß $V = 1,4$ m s^{-1} beträgt. Wie unterschiedlich sind die kinetischen Energien vor und nach dem Stoß?

Lösung

Der Impulssatz lautet

$$m \, v = (m + M) \, V \qquad \text{und} \qquad v = \left(\frac{m + M}{m} \right) V \, .$$

Die kinetische Energie des Bolzens ist

$$\frac{m \, v^2}{2} = \frac{m}{2} \cdot \frac{(m + M)^2 \, v^2}{m^2} = \frac{1}{2} \cdot \frac{0,4015^2 \text{ kg}^2 \cdot 1,4^2 \text{ m}^2 \text{ s}^{-2}}{1,5 \cdot 10^{-3} \text{ kg}} =$$

$$= 1,053 \cdot 10^2 \text{ N m}$$

Für die kinetische Energie nach dem unelastischen Stoß findet man

$$\left(\frac{m + M}{2} \right) V^2 = \frac{0,4015 \text{ kg} \cdot 1,4^2 \text{ m}^2 \text{ s}^{-2}}{2} = 3,93 \cdot 10^{-1} \text{ N m}$$

Nur 0,4 Prozent der ursprünglichen Bewegungsenergie verbleiben als Bewegungsenergie. Diese kinetische Energie $\left(\frac{m + M}{2}\right) v^2$ wird nach dem Stoß in Lageenergie verwandelt durch

$$\left(\frac{m + M}{2}\right) v^2 = (m + M) \, g \cdot h$$

mit

$$h = \frac{v^2}{2 \, g} = \frac{1,4^2 \, m^2 \, s^{-2}}{2 \cdot 9,81 \, m \, s^{-2}} = \underline{\underline{0,1 \, m}}$$

Das Pendel wird um 0,1 m angehoben.

44. Aufgabe

Ein Pyknometer wiegt leer 12,82 g, mit Wasser gefüllt 65,43 g und mit Kalilauge gefüllt 74,56 g. Welche Dichte hat die Kalilauge?

Lösung

$$m = \rho \cdot V$$

$$m_{H_2O} = 65,43 \, g - 12,82 \, g = 52,61 \, g$$

Weil $\rho_{H_2O} = 1000 \, kg \, m^{-3} = 1 \, g \, cm^{-3}$ ist, beträgt das Füllvolumen des Pyknometers

$$V_P = 52,61 \, cm^3 = 5,261 \cdot 10^{-5} \, m^3 \; .$$

Für die Dichte der Kalilauge gilt

$$\rho_{Kali} = \frac{74,56 \, g - 12,82 \, g}{52,61 \, cm^3} = \underline{\underline{1,174 \, g \, cm^{-3}}}$$

45. Aufgabe

Bei einer ungenau gearbeiteten Balkenwaage mit $L_1 \neq L_2$ wiegt ein Medikament auf der linken Waagschale 461 g und auf der rechten Waagschale 453 g. Wie groß ist die wahre Masse des Medikaments und welche Balkenkorrektur ist notwendig, um fehlerhafte Messungen zu vermeiden?

Lösung

Für eine Balkenwaage lautet die Gleichgewichtsbedingung

$$\vec{K}_1 \times \vec{L}_1 = \vec{K}_2 \times \vec{L}_2 \qquad\qquad \text{bzw.} \qquad\qquad m_1 g\, L_1 = m_2 g\, L_2$$

und weiter

$$m'\, L_1 = m\, L_2 \; .$$

Die erste Messung ergibt

$$461\ g\ L_1 = m\ L_2$$

und die zweite Messung

$$m\, L_1 = 453\ g\ L_2 \; .$$

Dividiert man die erste Gleichung durch die zweite, so erhält man

$$\frac{461\ g}{m} = \frac{m}{453\ g} \; .$$

Daraus folgt

$$m^2 = 461\ g \cdot 453\ g \qquad\qquad \text{und} \qquad\qquad m = (461 \cdot 453)^{1/2}\, g = 457\ g$$

Die wahre Masse des Medikaments ist 457 g.

Aus $m'\, L_1 = m\, L_2$ mit

$$\frac{461\ g}{457\ g} = \frac{L_2}{L_1}$$

folgt

$$L_2 = 1{,}0088\ L_1 \quad \text{als Balkenlängenkorrektur.}$$

46. Aufgabe

Bei einem Stalagmometer, das einen äußeren Kapillardurchmesser von 2 mm hat, ergeben 22 Tropfen ein Volumen von 1 cm^3. Wie groß ist die Oberflächenspannung der Flüssigkeit, die eine Dichte von 996 kg m^{-3} hat?

Lösung

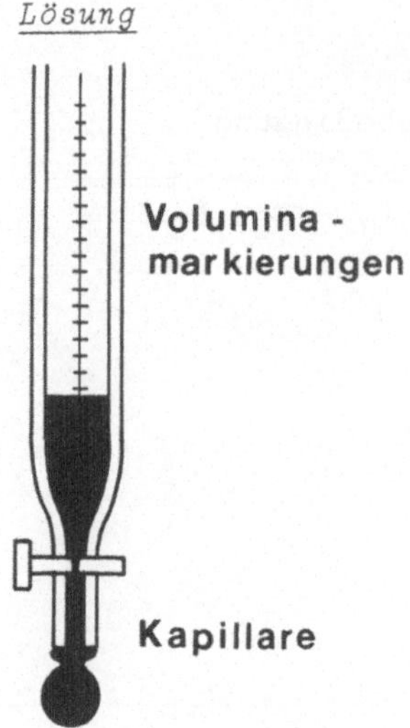

Die Oberflächenspannung der Flüssigkeit muß dem Gewicht des
Tropfens entsprechen, falls der Tropfen an der Kapillare noch ge-
halten wird. Der Tropfen formt sich bis zum Außendurchmesser der
Kapillare. Die entsprechende Gleichung lautet:

$$m\,g = \sigma\,2\,r\,\pi$$

bzw.

$$\rho\,V\,g = \sigma\,2\,r\,\pi.$$

Damit wird

$$V_{Tropfen} = \frac{\sigma\,2\,r\,\pi}{\rho\,g}\ .$$

Da 22 Tropfen ein Volumen von 1 cm^3 = 10^{-6} m^3 ergeben, hat ein
Tropfen das Volumen 10^{-6} $m^3/22$ = $4{,}545 \cdot 10^{-8}$ m^3.

$$V_{Tropfen} = 4{,}545 \cdot 10^{-8}\ m^3.$$

Die Gleichung für die Oberflächenspannung nach σ aufgelöst ergibt

$$\sigma = \frac{4{,}545 \cdot 10^{-8}\ m^3\ \rho\ g}{2\,r\,\pi} = \frac{4{,}545 \cdot 10^{-8}\ m^3 \cdot 996\ kg\ m^{-3} \cdot 9{,}81\ m\ s^{-2}}{2 \cdot 10^{-3}\ m\ \pi} =$$

$$= 7{,}07 \cdot 10^{-2}\ N\ m^{-1}$$

$\sigma = 7{,}1 \cdot 10^{-2}$ $N\ m^{-1}$ ist die Oberflächenspannung von Wasser bei
30 $^{\circ}$C. Da die Dichte der Flüssigkeit mit 996 $kg\ m^{-3}$ angegeben

wurde, kann man sich an Hand von Tabellen überzeugen, daß Wasser von 30 $^\circ$C eine Dichte von 996 kg m^{-3} besitzt.

47. Aufgabe

Die Viskosität von Blut bei 20 $^\circ$C ist mit dem Kapillarblutviskosimeter zu messen. Das Volumsverhältnis V_{Wasser}/V_{Blut} wird mit 4 bestimmt, und für die Viskosität von Wasser bei 20 $^\circ$C findet man η_{H_2O} = 1 mPa $\cdot$ s tabelliert.

Lösung

Zur Bestimmung der dynamischen Viskosität des Blutes bedient man sich meistens entweder eines Durchflußviskosimeters oder eines Rotationsviskosimeters.

Beim Rotationsviskosimeter befindet sich ein rotierender Zylinder in einem zylindrischen Gefäß. Der Mitnahmeeffekt, bedingt durch die Reibungsscherkraft, bewirkt ein Drehmoment, das auf eine Feder wirkt. Die Feder kann in den entsprechenden Einheiten der Viskosität $[\eta]$ = [N s m^{-2}] direkt geeicht werden. Zur Definition von η betrachtet man zwei im Abstand s gegeneinander bewegte Platten mit der relativen Geschwindigkeit v. Zur Aufrechterhaltung der Geschwindigkeit v bedarf es einer Scherkraft F, die auf die Fläche A wirkt. Es gilt

$$F = \frac{\eta\, A\, v}{s} \qquad \text{oder} \qquad \frac{v}{s} = \frac{F}{\eta\, A}\ .$$

Beim Kapillarblutviskosimeter handelt es sich um ein Durchflußviskosimeter.

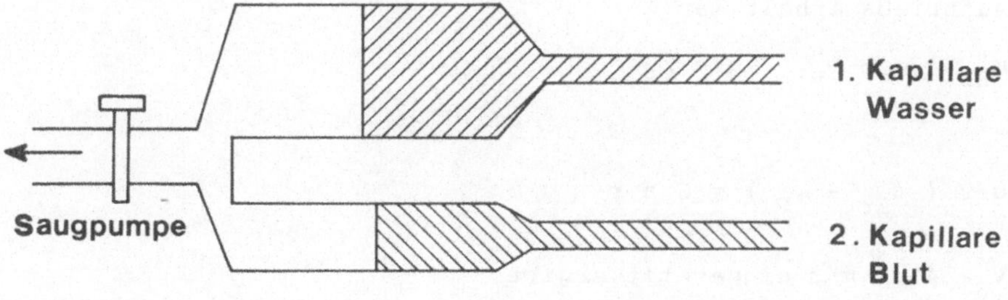

Die beiden Kapillaren 1 und 2 sind geometrisch gleich gebaut; durch die erste wird Wasser und durch die zweite wird Blut angesaugt. Da der Unterdruck, der durch die Saugpumpe bewirkt wird, auf beide Kapillaren gleich und auch gleich lange wirkt, sind die angesaugten Volumina den dynamischen Viskositäten verkehrt proportional. Es gilt

$$\eta_{Blut} = \frac{V_{Wasser}}{V_{Blut}} \cdot \eta_{Wasser} \cdot$$

Im vorliegenden Fall

$$\eta_{Blut\ 20\ ^oC} = 4\ \eta_{Wasser\ 20\ ^oC} = 4\ mPa \cdot s = 4 \cdot 10^{-3}\ Ns\ m^{-2}$$

Turbulente Strömung des Blutes tritt erst bei Geschwindigkeiten um 60 cm s^{-1} auf; diese Geschwindigkeiten beobachtet man nur unmittelbar hinter den Herzklappen oder in krankhaft verengten Gefäßen.

48. Aufgabe

Bei der Blutsenkung wird die Stokessche Reibung der Erythrozyten im Blutplasma unter Einfluß der Gravitation ausgenützt. Welchen äquivalenten Kugeldurchmesser haben die Erythrozyten mit ρ_{Er}= 1100 kg m^{-3}, die im Blutplasma mit ρ_{Pl} = 1030 kg m^{-3} und ρ_{Plasma} = 1,7$\cdot$10^{-3} Ns m^{-2} mit einer Geschwindigkeit von v = 7 mm/h sedimentieren?

Lösung

Für die Stokessche Reibung gilt $F_R = 6 \pi\ r\ \eta\ v$; die Erythrozyten werden als fallende Kügelchen im Blutplasma betrachtet. Wegen des Auftriebs erhält man

$$m_{Er} \cdot g - m_{Pl} \cdot g = F_R$$

und

$$g\ V\ (\rho_{Er} - \rho_{Pl}) = 6 \pi\ r\ \eta\ v .$$

Für $V = 4\ r^3\ \pi/3$ eingesetzt ergibt

$$\frac{g\ 4\ r^3\ \pi}{3}\ (\rho_{Er} - \rho_{Pl}) = 6 \pi\ r\ \eta\ v.$$

Diese Beziehung nach r gelöst ergibt

$$r^2 = \frac{9\,\eta\,v}{2g\,(\rho_{Er}-\rho_{Pl})} = \frac{9\cdot 1{,}7\cdot 10^{-3}\ Ns\ m^{-2}\cdot 7\cdot 10^{-3} m\ h^{-1}}{2\cdot 9{,}81\ m\ s^{-2}\ (1100-1030)\ kg\ m^{-3}} =$$

$$= \frac{9\cdot 1{,}7\cdot 10^{-3}\ Ns\ m^{-2}\cdot 1{,}944\cdot 10^{-6}\ m\ s^{-1}}{2\cdot 9{,}81\ m\ s^{-2}\ 70\ kg\ m^{-3}} = 21{,}66\cdot 10^{-12} m^2$$

$$r = 4{,}65\cdot 10^{-6}\ m$$

Die Senkgeschwindigkeit der roten Blutkörperchen liegt beim gesunden Mann zwischen $0{,}8\cdot 10^{-6}\ m\ s^{-1}$ und $2{,}5\cdot 10^{-6}\ m\ s^{-1}$ und bei der gesunden Frau zwischen $1{,}7\cdot 10^{-6}\ m\ s^{-1}$ und $3{,}4\cdot 10^{-6}\ m\ s^{-1}$. Die Sedimentationsgeschwindigkeit hängt von der geometrischen Form der Erythrozyten und/oder von der Veränderung der Eiweißbestandteile des Plasmas ab.

49. Aufgabe

Ein Stück Blei vom spezifischen Gewicht $\gamma' = 11{,}3\ p/cm^3$ und ein Stück Aluminium vom spezifischen Gewicht $\gamma'' = 2{,}7\ p/cm^3$ halten sich auf einer Balkenwaage in Luft unter Normalbedingungen das Gleichgewicht. Was geschieht, falls die Anordnung ins Vakuum gebracht wird?

Lösung

$$\gamma'_{Pb} = 11{,}3\ p/cm^3$$

$$\gamma''_{Al} = 2{,}7\ p/cm^3$$

$$\gamma_{Luft} = 0{,}0013\ p/cm^3$$

$$G = m\,g = \rho\cdot g\,V = \gamma\,V$$

In Luft gilt

$$G = \gamma'\,V_1 - \gamma_{Luft}\,V_1$$

und

$$G = \gamma''\,V_2 - \gamma_{Luft}\,V_2$$

und daher

$$V_1\,(\gamma' - \gamma_{Luft}) = V_2\,(\gamma'' - \gamma_{Luft}).$$

Eingesetzt erhält man

$$V_1 \text{ cm}^3 \, (11,3 - 0,0013) \text{ p cm}^{-3} = V_2 \text{ cm}^3 \, (2,7 - 0,0013) \text{p cm}^{-3}$$

$$\frac{V_2}{V_1} = \frac{(11,3 - 0,0013)}{(2,7 - 0,0013)} = \frac{11,2987}{2,6987} = 4,1867$$

oder

$$V_2 = 4,1867 \, V_1 \; .$$

Im Vakuum würde gelten

$$G_1 = \gamma' \, V_1 \qquad \text{und} \qquad G_2 = \gamma'' \, V_2 = \gamma'' \cdot 4,1867 \, V_1 \; .$$

Dividieren dieser Gleichungen untereinander führt zu

$$\frac{G_1}{G_2} = \frac{\gamma'}{4,1867 \, \gamma''} = \frac{11,3}{4,1867 \cdot 2,7} = 0,9996$$

oder

$$G_1 = 0,9996 \, G_2 \; .$$

G_2, das Gewicht des Aluminiums, wäre im Vakuum um 0,4 Promille schwerer. Dies läßt sich leicht durch den großen Auftrieb in Luft erklären. Aluminium ist bei gleichem Gewicht in Luft voluminöser als Blei.

50. Aufgabe

Die Donau hat bei Altenwörth eine Normalwasserführung von 1800 m³/s. Für eine Energieerzeugungsanlage auf der Basis Wasser steht eine durchschnittliche Fallhöhe von 10 m zur Verfügung. Wie groß ist die maximale elektrische Leistung dieser Energieerzeugungsanlage, wenn man einen 80 prozentigen Wirkungsgrad annimmt? Die niedrigste Wasserführung der Donau in diesem Bereich wurde mit 450 m³/s registriert. Wie weit würde die elektrische Leistung dabei reduziert werden?

Lösung

$1800 \ m^3 \ s^{-1}$ Wasser entsprechen $m = 1,8 \cdot 10^6$ kg pro Sekunde. Die wirksame Kraft pro Sekunde ist demnach

$$\frac{1,8 \cdot 10^6 \ kg \ \cdot \ 9,81 \ m \ s^{-2}}{1 \ s} = 1,766 \cdot 10^7 \ N \ s^{-1} \ .$$

Die mögliche Leistung ist Kraft mal Höhe in der Zeiteinheit, somit

$$L_{max} = 1,766 \cdot 10^7 \ N \ s^{-1} \ \cdot \ 10 \ m = 1,766 \cdot 10^8 \ N \ m \ s^{-1} \ .$$

Weil der Wirkungsgrad bei der Umsetzung der mechanischen in elektrische Energie im vorliegenden Fall 80 % ist, erhält man für

$$L_{el \ max} = 1,766 \cdot 10^8 \ W \ \cdot \ o,8 = 141,3 \ MW \ .$$

Bei einer Wasserführung von $450 \ m^3 \ s^{-1}$ reduziert sich die maximal verfügbare elektrische Leistung auf

$$L'_{el \ max} = \frac{141,3 \ MW \ \cdot \ 450}{1800} = 35,3 \ MW \ .$$

51. Aufgabe

Catgut ist bis zu einer Zugspannung von $3 \cdot 10^3$ bar belastbar. Welcher Zugkraft darf ein 0,5 mm dickes Nahtmaterial ausgesetzt werden?

Lösung

$$1 \ bar = 10^5 \ Pa \ ; \qquad 1 \ Pa = \frac{1 \ N}{m^2}$$

$$\sigma_{Catgut} = 3 \cdot 10^3 \ bar = 3 \cdot 10^8 \ Pa$$

$$2 \ r = 0,5 \ mm = 5 \cdot 10^{-4} \ m$$
$$r = 2,5 \cdot 10^{-4} \ m$$

Die wirksame Fläche ist $r^2 \pi$ und daher

$$r^2 \pi = 2,5^2 \cdot 10^{-8} \ \pi \ m^2 = 1,96 \cdot 10^{-7} \ m^2$$

$$\sigma = \frac{N}{m^2} \qquad und \qquad N = \sigma \ m^2$$

Im vorliegenden Fall ist

$$N = 3 \cdot 10^8 \text{ Pa} \cdot 1,96 \cdot 10^{-7} \text{ m}^2 = 58,8 \text{ N}$$

Die maximale Zugkraft darf 58,8 N oder 5,99 kp nicht überschreiten.

52. Aufgabe

Wie groß ist der Überdruck innerhalb eines Hg-Tropfens von 3 mm Durchmesser bei 20 $^{\circ}$C verglichen mit einer Seifenblase von 3 mm Durchmesser bei der gleichen Temperatur?

Lösung

Ein Hg-Tropfen kann als Kugel mit einem Oberflächenfilm aufgefaßt werden, im Gegensatz zu einer Seifenblase, die eine dünne Flüssigkeitsschicht, bestehend aus einem äußeren und einem inneren Oberflächenfilm, aufweist. Im Gleichgewicht muß für den Hg-Tropfen gelten

$$(p_i - p_a) \, r^2 \, \pi = \sigma \, 2 \, r \, \pi$$

und weiter

$$p_i - p_a = \frac{2 \, \sigma}{r}$$

mit p_i dem Innendruck und p_a dem Außendruck. Andererseits gilt wegen der doppelt wirkenden Oberflächenspannung bei der Seifenblase

$$p_i - p_a = \frac{4 \, \sigma}{r} \quad .$$

Für $\sigma_{Hg \, 20^{\circ}C} = 4,65 \cdot 10^{-1}$ N m^{-1} und $\sigma_{Seifenlösung \, 20^{\circ}C} = 2,5 \cdot 10^{-2}$ N m^{-1} eingesetzt findet man für den Hg-Tropfen

$$p_i - p_a = \frac{2 \cdot 4,65 \cdot 10^{-1} \text{ N m}^{-1}}{1,5 \cdot 10^{-3} \text{ m}} = 6,2 \cdot 10^2 \text{ Pa}$$

und für die Seifenblase

$$p_i - p_a = \frac{4 \cdot 2,5 \cdot 10^{-2} \text{ N m}^{-1}}{1,5 \cdot 10^{-3} \text{ m}} = 6,67 \cdot 10^1 \text{ Pa}$$

Der Überdruck des Hg-Kügelchens ist fast zehnmal so groß wie der Überdruck in der gleich großen Seifenblase.

Oberflächenfilme existieren sowohl im Grenzbereich flüssig-
gasförmig, wie auch fest-gasförmig und fest-flüssig. Die
Oberflächenspannung ist phasenspezifisch. Ob sich eine Flüssigkeit depressiv oder aszendent verhält, hängt vom Randwinkel der an die feste Wand angrenzenden Flüssigkeitsoberfläche ab. Wie groß ist der Randwinkel bei 20 $^{\circ}$C von Hg, das in
einem Glasrohr von 3,6 mm lichter Weite 3 mm depressiv ist?

Lösung

Allgemein gilt, daß die Kraft der Oberflächenspannung gleich dem
Gewicht ist.

$$\sigma \, 2 \, \pi \, r \, \cos \theta = - \, \rho \, r^2 \, \pi \, h \, g$$

σ bedeutet in diesem Fall

$$\sigma_{fl,g} = 4,65 \cdot 10^{-1} \, N \, m^{-1}$$

und

$$\rho_{Hg} = 1,36 \cdot 10^4 \, kg \, m^{-3}$$

$$\cos \theta = \frac{\rho \, r \, h \, g}{2 \, \sigma} =$$

$$= - \frac{1,36 \cdot 10^4 \, kg \, m^{-3} \cdot 1,8 \cdot 10^{-3} \, m \cdot 3 \cdot 10^{-3} m \cdot 9,81 m \, s^{-3}}{2 \cdot 4,65 \cdot 10^{-1} \, N \, m^{-1}} =$$

$$\cos \theta = - \, 0,775$$

$$\theta = 140,8 \, ^{\circ}$$

Der Anstoßwinkel von Hg an Glas beträgt 140,8 $^{\circ}$. Wegen des negativen Wertes von cos 140,8 $^{\circ}$ ist h negativ und damit die Flüssigkeit depressiv. Aszendente Flüssigkeiten müssen Randwinkel unter
90 $^{\circ}$ aufweisen.

54. *Aufgabe*

Thermische Neutronen mit einer Energie von 2 meV laufen in
einem 80 m langen Rohr horizontal zur Erdoberfläche. Wie
groß ist die Ablenkung von der x-Achse durch die Gravitation?

Lösung

Es gilt: $2 \cdot 10^{-3}$ eV = m $v^2/2$ mit e = $1{,}6022 \cdot 10^{-19}$ C der elektrischen Elementarladung und m_n = $1{,}6749 \cdot 10^{-27}$ kg der Neutronenruhmasse. Im Internationalen Maßsystem gilt: 1 N m = 1 Ws = 1 J. Man erhält daher

$$v^2 = \frac{4 \cdot 10^{-3} \cdot 1{,}6022 \cdot 10^{-19} \text{ Nm}}{1{,}6749 \cdot 10^{-27} \text{ kg}} = 38{,}26 \cdot 10^4 \text{ m}^2 \text{ s}^{-2}$$

$$v = 618{,}5 \text{ m s}^{-1}$$

Die Neutronen fliegen mit v_x = $618{,}5$ m s^{-1} in x-Richtung, so daß x = $v_x \cdot$ t ist. Zum Erdmittelpunkt in y-Richtung wirkt die Gravitation y = $(g/2) t^2$; mit t = x/v_x erhält man

$$y = \frac{g \, x^2}{2 \, v_x^2} = \frac{9{,}81 \text{ m s}^{-2} \cdot 64 \cdot 10^2 \text{ m}^2}{2 \cdot 38{,}26 \cdot 10^4 \text{ m}^2 \text{ s}^{-2}} = 8{,}2 \cdot 10^{-2} \text{ m}$$

Die Neutronenablenkung durch die Gravitation beträgt 8,2 cm. Die ungeladenen Neutronen sind durch elektrische Felder nicht beeinflußbar. Wegen seines magnetischen Moments bewirkt ein inhomogenes Magnetfeld eine Kraft. Wie das vorliegende Beispiel zeigt, unterliegen langsame Neutronen wegen ihrer Masse deutlich der Gravitationsanziehung. Das Gravitationsgesetz ist in der Rechnung durch die Erdbeschleunigung g = $(G_o \cdot M_{Erde}) \, / \, r_{Erde}^2$ ausgedrückt.

55. Aufgabe

Wie lange muß die Startbahn eines Flugplatzes sein, damit ein Flugzeug, das ein Beschleunigungsvermögen von 1,2 g besitzt, bei 220 km h^{-1} abheben kann?

Lösung

Es gilt s = $(a/2) t^2$ und v = $a \cdot$ t und weiter t = v/a. Diese Zeit in s eingesetzt ergibt

$$s = \frac{a \, v^2}{2 \, a^2} = \frac{61{,}11^2 \text{ m}^2 \text{ s}^{-2}}{2 \cdot 1{,}2 \cdot 9{,}81 \text{ m s}^{-2}} = 158{,}62 \text{ m} \, ,$$

weil v = 220 km h^{-1} = $61{,}11$ m s^{-1} ist und

$$a = 1,2 \cdot 9,81 \text{ m s}^{-2} = 11,77 \text{ m s}^{-2}.$$

Die Startbahn muß 158,62 m lang sein.

56. Aufgabe

Bei einem Verkehrsunfall wurde folgendes Protokoll verfaßt: "Der Mopedfahrer (x) überholte den vor einer Kreuzung anhaltenden Sportwagen (y) mit 35 km h^{-1} und wurde vom Sportwagenfahrer nach 10 Metern niedergefahren." Stimmen diese Angaben?

Lösung

Weg und Beschleunigung sind durch die Gleichung $s = (a/2) t^2$ verknüpft. Der Mopedfahrer fährt mit $v = 35$ km h^{-1} = 9,72 m s^{-1}. Nach $s = 10$ m $= v\,t$ soll der Unfall passiert sein; daraus ergibt sich für die Zeit

$$t = \frac{10 \text{ m s}}{9,72 \text{ m}} = 1,029 \text{ s} \ .$$

Andererseits müßte der Sportwagenfahrer wegen

$$10 \text{ m} = \frac{a}{2} (1,029)^2 \text{ m} \qquad \text{mit} \qquad a = 18,89 \text{ m s}^{-2}$$

beschleunigen, was technisch unmöglich ist.

57. Aufgabe

Welche Beschleunigung ist für ein Motorrad erforderlich, um 100 km h^{-1} in 10 Sekunden zu erreichen?

Lösung

Es ist $v = 100$ km h^{-1} = 27,78 m s^{-1} . Für die konstante Beschleunigung gilt

$$a = \frac{v}{t} = \frac{27,78 \text{ m s}^{-1}}{10 \text{ s}} = 2,778 \text{ m s}^{-2} \ .$$

Die erforderliche Beschleunigung beträgt 2,778 m s^{-2}.

58. *Aufgabe*

Zur Bestimmung des Trägheitsmoments einer Stahlkugel von
3 cm Durchmesser wird diese auf einer um 15° geneigten
schiefen Ebene zum Abrollen gebracht. Die Kugel rollt 1,2 m
und benötigt dazu 1,15 Sekunden. Wie groß ist das Trägheitsmoment von Kugeln allgemein und von obiger Stahlkugel im be-
sonderen?

Lösung

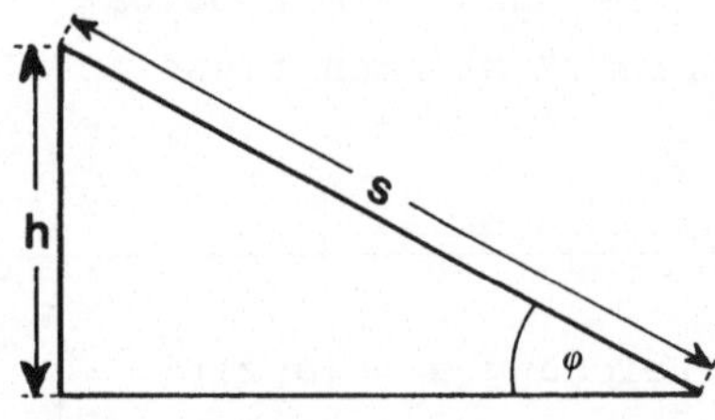

Es ist

$s = 1,2$ m

$\phi = 15^{\circ}$

$h = s \cdot \sin \phi =$

$\quad = 1,2$ m $\cdot$ 0,2588 $=$

$\quad = 0,311$ m

$t = 1,15$ s

Für die Beschleunigung gilt

$$a = \frac{2\,s}{t^2} = \frac{2,4\,\text{m}}{1,15^2\,\text{s}^2} = 1,815\ \text{m s}^{-2}\ .$$

Wegen der Energieerhaltung gilt, daß die potentielle Energie der
Kugel gleich der Summe aus Rotationsenergie plus Translationsenergie ist, also

$$m\,g\,h = m\,g\,s \cdot \sin \phi = \frac{1}{2}\,I\,\omega^2 + \frac{1}{2}\,m\,v^2\ ;$$

weil $\omega = v/r = (a \cdot t)/r$ ist, erhält man

$$m\,g\,s \cdot \sin \phi = \frac{1}{2}\,I\,\frac{a^2\,t^2}{r^2} + \frac{1}{2}\,m\,a^2\,t^2\ .$$

Diese Gleichung nach I geordnet und aufgelöst ergibt

$$\frac{I\,a^2\,t^2}{2\,r^2} = m\left(g\,s \cdot \sin \phi - \frac{a^2\,t^2}{2}\right)$$

und

$$I = \frac{m\,r^2\,2}{a^2\,t^2}\left(g\,s \cdot \sin \phi - \frac{a^2\,t^2}{2}\right) = m\,r^2\left(\frac{2\,g\,s \cdot \sin \phi}{a^2\,t^2} - 1\right) =$$

$$= m\,r^2\left(\frac{2 \cdot 9,81\ \text{m s}^{-2} \cdot 0,311\ \text{m}}{(1,15)^2\,\text{s}^2 \cdot (1,815)^2\text{m}^2\,\text{s}^{-4}} - 1\right)$$

$$I = m\,r^2 \cdot 0,401 \stackrel{\sim}{=} \frac{2}{5}\,m\,r^2 \ .$$

Das Trägheitsmoment einer Vollkugel ist

$$I_K = \frac{2}{5}\,m\,r^2 \ .$$
======

Mit $\rho_{Stahl} = 7800$ kg m^{-3} und $r = 1{,}5 \cdot 10^{-2}$ m erhält man unter Berücksichtigung von $m = \rho \cdot V$

$$I_{Stahlkugel} = \frac{2}{5}\,\rho\,\frac{4\,r^3\,\pi\,r^2}{3} = \frac{8\,\pi\,r^5\,\rho}{15} =$$

$$= \frac{8\,\pi \cdot 1{,}5^5 \cdot 10^{-10}\ m^5 \cdot 7800\ kg\ m^{-3}}{15} = 9{,}924 \cdot 10^{-6}\ kg\ m^2$$
==================

59. *Aufgabe*

Wie groß ist der Luftdruck an einem Sommertag, an dem das Quecksilberbarometer 74,5 cm anzeigt und die Lufttemperatur 20 ^{O}C beträgt?

Lösung

Für den statischen Druck der Hg-Säule gilt $p = \rho_{Hg}\,g\,h$. Da die Dichte wegen $\rho = m/V$ vom Volumen abhängt, ist ρ_{Hg} bei 20 ^{O}C in die Gleichung einzusetzen. $\rho_{Hg\ 20^{O}C} = 13550$ kg m^{-3} und man erhält

$$p = 13550\ kg\ m^{-3} \cdot 9{,}81\ m\ s^{-2} \cdot 0{,}745\ m = 9{,}903 \cdot 10^4\ Pa \ .$$
============

Weil der statische Druck auch von der Erdbeschleunigung g abhängt, und dieser Wert von Ort zu Ort Schwankungen unterliegt, ist der Standardluftdruck auf Normalbedingungen, das heißt auf Normal-g und 0 ^{O}C bezogen.

60. *Aufgabe*

In einem horizontalen Rohr von 5 cm Radius übt Wasser vor einer Engstelle einen Staudruck von 50 Pa aus; der Ruhdruck wird ebenfalls mit 50 Pa gemessen. In der Engstelle wird der Staudruck mit 20 Pa gemessen. Welche Geschwindigkeit hat das Wasser vor der Engstelle und in der Engstelle. Wie groß ist der Rohrdurchmesser in der Engstelle für ideale Flüssigkeiten?

Lösung

Die Bernoulligleichung für ideale Flüssigkeiten hat die Form

$$p_1 + \frac{\rho}{2} v_1^2 = p_2 + \frac{\rho}{2} v_2^2 \; .$$

Die obigen Bedingungen für den Wasserdurchfluß erlauben die Verwendung der Bernoulligleichung.

$$p_1 = 50 \text{ Pa} = \frac{\rho}{2} v_1^2$$

$$p_2 = 20 \text{ Pa}$$

$$\frac{\rho}{2} v_2^2 = 80 \text{ Pa}$$

$$\rho \, v_1^2 = 100 \text{ Pa}$$

$$v_1^2 = \frac{100 \text{ Pa m}^3}{1000 \text{ kg}}$$

$$v_1 = \sqrt{10^{-1}} \text{ m s}^{-1} = 0{,}316 \text{ m s}^{-1}$$

$$v_2^2 = \frac{160 \text{ Pa m}^3}{1000 \text{ kg}}$$

$$v_2 = 0{,}4 \text{ m s}^{-1}$$

Das in der Zeiteinheit durch den Rohrquerschnitt transportierte Volumen $\Delta V/\Delta t$ entspricht dem Wasserstrom. Wegen

$$\frac{\Delta V}{\Delta t} = F_1 \cdot v_1 = F_2 \cdot v_2$$

gilt

$$F_2 = \frac{F_1 \, v_1}{v_2} \qquad \text{oder} \qquad r_2^2 \, \pi = r_1^2 \, \pi \, \frac{v_1}{v_2}$$

$$r_2 = r_1 \sqrt{\frac{v_1}{v_2}}$$

$$d_2 = d_1 \sqrt{\frac{v_1}{v_2}} = 0{,}1 \sqrt{\frac{0{,}316}{0{,}4}} \text{ m} = 0{,}089 \text{ m}$$

Der Rohrdurchmesser an der Engstelle beträgt 8,9 cm.

61. Aufgabe

Die Ruhmasse des Elektrons beträgt $5,488 \cdot 10^{-4}\ m_u$ und die Masse der Sonne $1,99 \cdot 10^{30}$ kg; die Masseneinheit $m_u = 931$ MeV. Wieviel Energie steckt im Elektron und wieviel Energie in der Sonne?

Lösung

Nach dem Einsteinschen Massen-Energie-Äquivalenz-Prinzip gilt $E = m\ c^2$. Für das Elektron ergibt sich

$$E_e = 5,488 \cdot 10^{-4} \cdot 931\ \text{MeV} = 5,109 \cdot 10^5\ \text{eV}$$

und mit $e = 1,602 \cdot 10^{-19}$ As erhält man

$$E_e = 8,185 \cdot 10^{-14}\ \text{Ws (Nm)} \ .$$

Für die Sonne gilt

$$E_s = m_s \cdot c^2 = 1,99 \cdot 10^{30}\ \text{kg}\ 9 \cdot 10^{16}\ \text{m}^2\ \text{s}^{-2} = 1,79 \cdot 10^{47}\ \text{Nm (Ws)}.$$

Der Unterschied in der Energietönung des Elektrons zur Sonne ist rund 60 Zehnerpotenzen.

62. Aufgabe

Bei einem Reaktionstest (Persönliche Gleichung) wird für den Fahrer A 0,1 s ermittelt, während der Fahrer B 0,6 s Reaktionszeit aufweist. Welche unterschiedlichen Anhaltswege ergeben sich für beide auf der Autobahn bei 130 km/h mit gleichartigen Fahrzeugen, wenn die Bremsen eine Verzögerung von $6\ \text{m}\ \text{s}^{-2}$ bewirken?

Lösung

Die Geschwindigkeit $v = 130\ \text{km}\ \text{h}^{-1} = 36,11\ \text{m}\ \text{s}^{-1}$ bedeutet, daß Fahrer A vor der Bremsung

$$s_A = v\ t_A = 36,11\ \text{m}\ \text{s}^{-1} \cdot 0,1\ \text{s} = 3,611\ \text{m}$$

und Fahrer B

$$s_B = v\, t_B = 36,11 \text{ m s}^{-1} \cdot 0,6 \text{ s} = \underline{\underline{21,67 \text{ m}}}$$

zurücklegt. Beim Einsetzen der Bremsung gilt für beide

$$s^* = \frac{a}{2}\, t^2 \qquad \text{und} \qquad t = \frac{v}{a}\, ;$$

eingesetzt erhält man

$$s^* = \frac{a}{2} \cdot \frac{v^2}{a^2} = \frac{v^2}{2\,a} = \frac{(36,11)^2 \text{ m}^2 \text{ s}^{-2}}{2 \cdot 6 \text{ m s}^{-2}} = \underline{\underline{108,66 \text{ m}}} \; .$$

Fahrer A legt 108,66 m + 3,61 m = 112,27 m zurück, während Fahrer B 108,66 m + 21,67 m = 130,33 m bis zum Stillstand braucht.

63. Aufgabe

Ein Fluß soll mit einem Boot überquert werden. Die Bootsgeschwindigkeit beträgt 20 km h^{-1}, die Wassergeschwindigkeit des Flusses 10 km h^{-1}. Unter welchem Winkel muß das Boot gehalten werden, um das andere Ufer direkt zu erreichen? Wie breit ist der Fluß, wenn die Überquerung 21 Sekunden dauert?

Lösung

Das Problem ist durch Vektoraddition der Geschwindigkeit des Flusses und der Bootsgeschwindigkeit zu lösen.

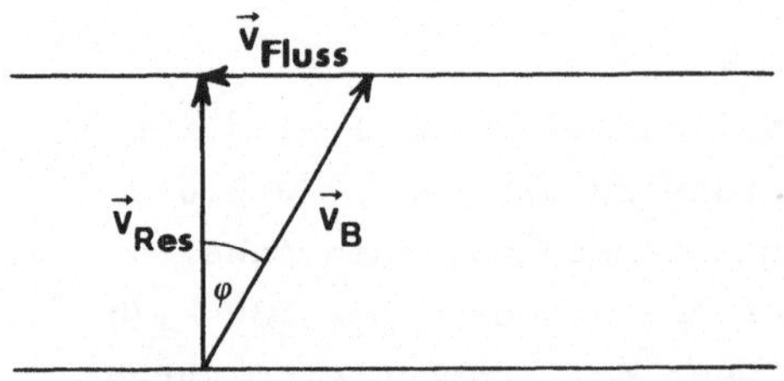

$$\vec{v}_{Res} = \vec{v}_B - \vec{v}_{Fl}$$

$$\sin \phi = \frac{|v_{Fl}|}{|v_B|} = \frac{10}{20} = 0,5$$

$$\phi = \underline{\underline{30^{\circ}}}$$

Das Boot muß unter 30° stromaufwärts gerichtet werden, um das andere Ufer direkt zu erreichen.

$$v_{Res}^2 = v_B^2 - v_{Fl}^2 = 400 \text{ km}^2 \text{ h}^{-2} - 100 \text{ km}^2 \text{ h}^{-2}$$

$$v_{Res} = 17,32 \text{ km h}^{-1} = 4,811 \text{ m s}^{-1} \; .$$

Die Flußbreite $b = v_{Res} \cdot t = 4,811 \text{ m s}^{-1} \cdot 21 \text{ s} = 101,03 \text{ m.}$

64. Aufgabe

Bei einem Säugetier werden pro Herzschlag 30 cm^3 Blut durch das Herz gepumpt. Welche Kraft muß der Herzmuskel ausüben, um in 0,1 Sekunden die Blutgeschwindigkeit von 20 cm s^{-1} um 50 % zu steigern?

Lösung

Es ist bekannt, daß Blut eine Suspension von Zellen im Blutplasma mit einer mittleren Dichte $\rho = 1070$ kg m^{-3} bei 20 $^{\circ}$C ist. Daher ist

$$m_{Bl} = \rho_{Bl} \cdot V = 1070 \text{ kg m}^{-3} \cdot 3 \cdot 10^{-5} \text{ m}^3 = 3,21 \cdot 10^{-2} \text{ kg}$$

und

$$v_2 = 1,5 \; v_1 = 1,5 \cdot 0,2 \text{ m s}^{-1} = 0,3 \text{ m s}^{-1} \; .$$

Um obiger Masse eine Beschleunigung von

$$a = \frac{v_2 - v_1}{\Delta t} = \frac{0,3 \text{ m s}^{-1} - 0,2 \text{ m s}^{-1}}{0,1 \text{ s}} = 1 \text{ m s}^{-2}$$

zu erteilen, benötigt man die Kraft

$$K = m \cdot a = 3,21 \cdot 10^{-2} \text{ kg} \cdot 1 \text{ m s}^{-2} = 3,21 \cdot 10^{-2} \text{ N} \; .$$

65. Aufgabe

Das Auge eines Raubvogels kann Objekte unter einem Winkel von einer Bogenminute gerade noch auflösen. Wie hoch darf der Vogel maximal fliegen, um eine Maus von 6 cm Länge noch zu erkennen?

Lösung

Zwischen Radiant und Bogengraden existiert folgender Zusammenhang

$$2\,\pi\ \text{rad} = 360^{\circ}$$

$$1\ \text{rad} = \frac{360^{\circ}}{2\,\pi} = 57,3^{\circ}$$

$$1\ \text{Bogenminute} = \frac{1}{60\cdot57,3}\ \text{rad} = 2,9\cdot10^{-4}\ \text{rad}\ .$$

Wenn ϕ in Radianten gemessen wird, gilt

$$\phi = \frac{s}{r}$$

mit s der Bogenlänge und r dem Radius des Kreises. Im vorliegenden Fall entspricht r der Höhe, und man erhält

$$r = \frac{s}{\phi} = \frac{6\cdot10^{-2}\ \text{m}}{2,9\cdot10^{-4}\ \text{rad}} = 206,9\ \text{m}\ .$$

Die Flughöhe darf 206,9 m nicht überschreiten.

66. Aufgabe

Beim Baseballspiel beschleunigt der Ballwerfer den Ball
über eine Strecke vom 3 m auf eine Geschwindigkeit von
120 km h^{-1}. In welchem Verhältnis steht die erforderliche
Beschleunigung zur Erdbeschleunigung g? Welche Kraft ist
erforderlich, falls der Ball 250 p wiegt?

Lösung

Es gilt $s = (a/2)\,t^{2}$ und $v = a\,t$. Somit wird

$$s = \frac{v^{2}}{2\,a} \qquad\text{und}\qquad a = \frac{v^{2}}{2\,s}$$

$$v = 120\ \text{km h}^{-1} = 33,333\ \text{m s}^{-1}\ .$$

Daher wird

$$a = \frac{(33,333\ \text{m s}^{-1})^{2}}{2\cdot3\ \text{m}} = 185,18\ \text{m s}^{-2}\ .$$

Wegen $g = 9,81\ \text{m s}^{-2}$ erhält man schließlich $185,18\ \text{m s}^{-2} =$

$$= 18,88\ g\ .$$

250 kp entsprechen m = 250 g = 0,25 kg. Da K = m a ist, erhält
man

$$K = 0,25 \text{ kg} \cdot 185,18 \text{ m s}^{-2} = 46,3 \text{ N} \ (= 4,72 \text{ kp}) \ .$$

67. Aufgabe

Ein Auto der Mittelklasse beschleunigt aus dem Stand konstant auf eine Geschwindigkeit von 100 km h^{-1} in 9,5 Sekunden. Wie groß sind die Winkelbeschleunigung und die Frequenz
eines der "Nicht-Antriebsräder", falls der Raddurchmesser
65 cm beträgt?

Lösung

Die Geschwindigkeit 100 km h^{-1} = 27,78 m s^{-1} wird mit konstanter Beschleunigung in 9,5 Sekunden erreicht; es ist daher

$$a = \frac{v}{t} = \frac{27,78 \text{ m s}^{-1}}{9,5 \text{ s}} = 2,92 \text{ m s}^{-2} \ .$$

Der Zusammenhang zwischen Translationsgeschwindigkeit und Winkelgeschwindigkeit lautet ω = v/r und für die Winkelbeschleunigung gilt α = a/r. Eingesetzt erhält man mit r = 0,325 m

$$\omega = \frac{v}{r} = \frac{27,78 \text{ m s}^{-1}}{0,325 \text{ m}} = 85,48 \text{ rad s}^{-1} \ .$$

Weil aber ω = 2 π f ist, ergibt sich für die Frequenz

$$f = \frac{85,48 \text{ s}^{-1}}{2 \pi} = 13,6 \text{ Hz} \ .$$

Für die Winkelbeschleunigung gilt

$$\alpha = \frac{a}{r} = \frac{2,92 \text{ m s}^{-2}}{0,325 \text{ m}} = 8,98 \text{ rad s}^{-2} \ .$$

68. Aufgabe

Ein Auto von 800 kp fährt mit 60 km/h. Eine Vollbremsung bewirkt ein Blockieren der Räder. Die auftretende Gleitreibung
entspricht 60 % des Gewichtes des Autos. Wie weit schlittert
das Auto?

Lösung

800 kp Gewicht entsprechen 800 kg Masse; daher ist die Kraft im
SI-System 800 kg $\cdot$ 9,81 m s^{-2} = 7848 N. Die Reibungskraft ist
gemäß Angabe F_R = 7848 N $\cdot$ 0,6 = 4708,8 N. Für die Geschwindigkeit 60 km/h findet man 60 km h^{-1} = 16,667 m s^{-1}. Die negative
Reibungskraft F_R muß m$\cdot$a entsprechen; daher gilt

$$- F_R = m \cdot a$$

mit

$$- a = \frac{F_R}{m} = \frac{4708,8 \text{ N}}{800 \text{ kg}} = 5,886 \text{ m s}^{-2} \ .$$

Da v = 16,667 m s^{-1} und die Verzögerung a = 5,886 m s^{-2} ist, ergibt sich für s = (a/2) t^2 und t = v/a

$$s = \frac{v^2}{2\,a} = \frac{16,667 \text{ m}^2 \text{ s}^{-2}}{2 \cdot 5,886 \text{ m s}^{-2}} = 23,6 \text{ m} \ .$$

Das Auto kommt nach 23,6 m zum Stillstand.

69. Aufgabe

Eine Ultrazentrifuge rotiert mit 55000 Umdrehungen pro Minute. In dieser Zentrifuge liegt radial eine Küvette von 2 cm
Durchmesser, in der sich 10 cm^3 Blut befinden. Die Länge der
Küvette von der Drehachse aus gemessen beträgt 6 cm. Wie
groß ist der Druckunterschied im Blut?

Lösung

Gegeben sind

$$55000 \text{ U/Minute} = \frac{55000}{60 \text{ s}} = 916,67 \text{ Hz.}$$

Daher ist

$$\omega = 2 \pi f = 5,76 \cdot 10^3 \text{ s} \ .$$

Die Zentrifugalkraft

$$F_Z = m \, r \, \omega^2 = \rho \, V \, r \, \omega^2 = \rho \, R^2 \, \pi \, h \, r \, \omega^2 \ .$$

Druck ist Kraft durch Fläche, somit

$$p = \frac{F_Z}{R^2\pi} = \rho\, h\, r\, \omega^2 \; .$$

Die Druckdifferenz Δp bedingt, daß $h = \Delta r$ entspricht. Integration von $d\,p = \rho\,\omega^2\, r\, d\, r$ ergibt $p - p_O = \frac{\rho\,\omega^2}{2}(r^2 - r_O^2)$. Hier bedeutet p den Druck an der Stelle r und p_O den Druck an der Stelle r_O. Weil $r = 6$ cm festgelegt ist und die Küvette $R = 1$ cm Radius hat - insgesamt aber 10 cm^3 Blut in der Küvette enthalten sind - ergibt sich r_O mit

$$R^2\,\pi\,(r - r_O) = 1 \cdot 10^{-5} \; cm^3$$

und weiter

$$10^{-4}\, m^2\,\pi\,(6 \cdot 10^{-2}\, m - r_O) = 1 \cdot 10^{-5} \; m^3$$

wird

$$r_O = - \frac{10^{-1}\, m}{\pi} + 6 \cdot 10^{-2}\, m = 2,8 \cdot 10^{-2}\, m \; .$$

Damit wird $\rho_{Blut} = 1070$ kg m^{-3}

$$p - p_O = \tfrac{1}{2} \cdot 1070 \; kg \; m^{-3} \; (5,76)^2 \cdot 10^6 \; s^{-2} (36 \cdot 10^{-4} m^2 - 7,84 \cdot 10^{-4} m^2) =$$

$$= \tfrac{1}{2} \cdot 1070 \; kg \; m^{-3} \cdot 33,18 \cdot 10^6 \; s^{-2} \cdot 28,16 \cdot 10^{-4} \; m^2 = 5 \cdot 10^7 \; Pa$$

$$=========$$

70. Aufgabe

Die Aorta hat einen Durchmesser von ca. 2 cm. Blut fließt darin mit etwa $0,3$ m s^{-1}. Wie groß ist die Blutgeschwindigkeit in den Milliarden Kapillaren, die einen Gesamtquerschnitt von ca. 2000 cm^2 haben, wobei die einzelne Kapillare nur etwa $8 \cdot 10^{-6}$ m Durchmesser aufweist?

Lösung

Es gilt $v_1\, F_1 = v_2\, F_2$ mit $F_1 = r_1^2\,\pi = 10^{-4}\,\pi\; m^2$. Die Milliarden Kapillaren stellen Parallelströme dar mit $F_2 = 0,2\; m^2$. Daher ist

$$v_2 = \frac{v_1\, F_1}{F_2} = \frac{0,3 \; m \; s^{-1} \cdot \pi \cdot 10^{-4}\, m^2}{2 \cdot 10^{-1}\, m^2} = \frac{3 \cdot 10^{-1} \cdot 10^{-4}\,\pi \; m \; s^{-1}}{2 \cdot 10^{-1}} =$$

$$= 4,71 \cdot 10^{-4} \; m \; s^{-1} \; .$$

$$=================$$

Die Blutgeschwindigkeit in den Kapillaren beträgt $4,71 \cdot 10^{-4} m \; s^{-1}$.

Schwingungslehre und Akustik

Eine lotrecht hängende Feder dehnt sich bei Belastung mit
einem 600 p Gewicht um 15 cm. Mit welcher Frequenz schwingt
das System, falls die Feder um 10 cm weiter gedehnt wird, und
wie groß ist die maximale Geschwindigkeit des 600 p Gewichts?

Lösung

Die Kraft (K), die zur Dehnung einer Feder führt, ist der Federkonstante (D) und der Elongation (x) direkt proportional. Es gilt
$\vec{K} = - D \vec{x} = m \ddot{\vec{x}}$. Weil

$$K = 600 \ p = 0,6 \ kp = 0,6 \ kg \cdot 9,81 \ m \ s^{-2} = 5,89 \ N$$

ist, erhält man für die Federkonstante

$$D = \frac{K}{x} = \frac{5,89 \ N}{0,15 \ m} = 39,27 \ N \ m^{-1}.$$

Die Lösung der Differentialgleichung

$$m \ \ddot{x} + D \ x = 0 = \ddot{x} + \frac{D}{m} \ x$$

lautet

$$x = x_o \ \sin \omega t \ .$$

Durch Einsetzen von x und $\ddot{x} = - x_o \ \omega^2 \ \sin \omega t$ erhält man

$$- x_o \ \omega^2 \ \sin \omega t + \frac{D}{m} \ x_o \ \sin \omega t = 0$$

beziehungsweise

$$\omega^2 = \frac{D}{m} \qquad \text{und} \qquad \omega = \sqrt{\frac{D}{m}} = 2\,\pi\,f$$

und somit schließlich

$$f = \frac{1}{2\,\pi}\sqrt{\frac{D}{m}} = \frac{1}{2\,\pi}\sqrt{\frac{39{,}27\ N\ m^{-1}}{0{,}6\ kg}} = \frac{8{,}09}{2\,\pi}\ s^{-1} = 1{,}29\ Hz\ .$$

Diese Lösung zeigt, daß die Frequenz des Federpendels nur von der Federkonstante und der Masse, nicht jedoch von der Elongation abhängt.

Die Maximalgeschwindigkeit des Pendelkörpers kann mittels des Energieerhaltungssatzes bestimmt werden. Bei einer Ausdehnung um weitere 10 cm vom Äquilibrium wird potentielle Energie in die Feder gesteckt, die nach Loslassen in kinetische Energie verwandelt wird. Es gilt

$$E_{kin} + E_{pot} = \frac{1}{2}\,D\,x_{max}^2$$

oder

$$\frac{m\,v^2}{2} + \frac{1}{2}\,D\,x^2 = \frac{1}{2}\,D\,x_{max}^2$$

und

$$\frac{m\,v^2}{2} = \frac{1}{2}\,D\,(x_{max}^2 - x^2)$$

bzw.

$$v^2 = \frac{D}{m}\,(x_{max}^2 - x^2)\ .$$

Die größte kinetische Energie ist bei $x = 0$ gegeben, und dies entspricht der größten Geschwindigkeit v_{max}.

$$v_{max} = \sqrt{\frac{D}{m}}\cdot x_{max} = 8{,}09\ s^{-1}\cdot 0{,}1\ m = 0{,}809\ m\ s^{-1}\ .$$

Die kinteische Energie verschwindet, wenn $v = 0$ ist; dies entspricht der Bedingung $x = \pm\,x_{max}$. Da v der Elongation x direkt proportional ist, würde eine Verdoppelung von x_{max} auch v_{max} verdoppeln; die Frequenz würde aber gleich bleiben.

72. Aufgabe

Welche Länge hat das Sekundenfadenpendel?

Lösung

Für das mathematische Fadenpendel wird angenähert ein masseloser
Faden und für den Pendelkörper Punktförmigkeit angenommen; dann
gilt gemäß Zeichnung

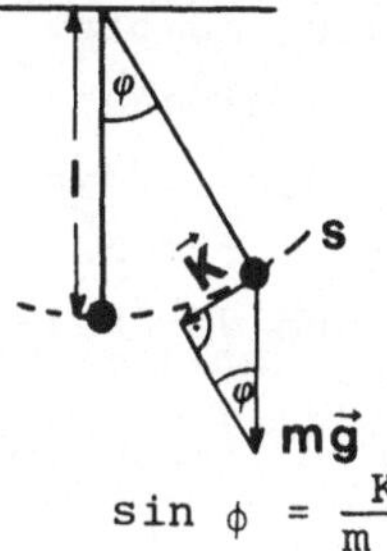

$$\sin \phi = \frac{K}{m\,g} \qquad \text{und} \qquad b = -\frac{d^2 s}{d\,t^2}$$

werden $s = \ell \cdot \phi$ und daher ist

$$b = -\ell \frac{d^2 \phi}{d\,t^2} \; .$$

Aus Actio ist gleich Reactio folgt

$$-m\,\vec{b} + \vec{K} = 0 \qquad \text{und} \qquad m\,\ell \frac{d^2 \phi}{d\,t^2} + m\,g \sin \phi = 0 \; .$$

Für kleine Auslenkungen kann $\sin \phi \overset{\sim}{=} \phi$ gesetzt werden. Die Differentialgleichung nimmt schließlich die Form

$$\frac{d^2 \phi}{d\,t^2} + \frac{g}{\ell} \, \phi = 0$$

an mit der Lösung

$$\phi = \phi_o \sin \omega t \; .$$

Eingesetzt in die Differentialgleichung erhält man schließlich

$$\omega = \sqrt{\frac{\ell}{g}} \; = 2\,\pi\,f = \frac{2\,\pi}{T} \qquad \text{und} \qquad T = 2\,\pi \sqrt{\frac{\ell}{g}} \; .$$

Ein Sekundenpendel bedeutet $T = 2\,s$ und man erhält

$$1\,s = \pi \sqrt{\frac{\ell}{g}} \qquad \text{oder} \qquad \frac{1\,s^2}{\pi^2} = \frac{\ell}{g}$$

und

$$\ell = \frac{g \cdot 1 \, s^2}{\pi^2} = \frac{9,81 \, m \, s^{-2} \cdot 1 \, s^2}{\pi^2} = \underline{\underline{0,994 \, m}} \ .$$

Die Pendellänge für ein Sekundenpendel ist rund 1 m lang.

73. Aufgabe

Ein mechanisches Pendel von 250 g ist flüssigkeitsgedämpft. Von der ersten zur zweiten Schwingung nimmt die Amplitude im Verhältnis 1 : 0,60 ab. Wie groß ist die Schwingungsdauer der gedämpften Schwingung, wenn sie ungedämpft 2,8 s beträgt, und wie groß sind der Abklingkoeffizient und der Reibungskoeffizient?

Lösung

Das Dekrement

$$K = \frac{x_1}{x_2} = \frac{1}{0,60} = 1,667 \ .$$

Das logarithmische Dämpfungsmaß lautet

$$\delta = \ln K = \ln 1,667 = 0,511 \ .$$

Mit der Differentialgleichung $m \, \ddot{x} + \rho \, \dot{x} + D \, x = 0$, wobei die Reibungskraft $F_R = - \rho \, \dot{x}$ ist, erhält man die Lösung

$$x = x_o \, e^{-\beta t} \sin (\omega_e \, t + \phi_o) \ ,$$

wobei $\frac{\rho}{2 \, m} = \beta$ der Abklingkoeffizient der Schwingung ist und $\omega_o^2 = \frac{D}{m}$. Für die Eigenfrequenz der gedämpften Schwingung gilt

$$\omega_e = \sqrt{\omega_o^2 - \beta^2} \ .$$

Weiters gilt $\delta = \beta \, T_e$, so daß

$$\beta = \frac{\delta}{T_e} = \frac{\ln K}{T_e}$$

$$\beta^2 = \omega_o^2 - \omega_e^2$$

$$\frac{\delta^2}{T_e^2} = \frac{4\,\pi^2}{T_o^2} - \frac{4\,\pi^2}{T_e^2}$$

$$\frac{\delta^2}{T_e^2} + \frac{4\,\pi^2}{T_e^2} = \frac{4\,\pi^2}{(2,8)^2\,s^2}$$

$$\frac{1}{T_e^2}\,(\delta^2 + 4\,\pi^2) = \frac{4\,\pi^2}{(2,8)^2\,s^2}$$

$$T_e^2 = \frac{(\delta^2 + 4\,\pi^2)\,(2,8)^2\,s^2}{4\,\pi^2} = 7,892\ s^2$$

$$T_e = 2,81\ s\ .$$

Der Abklingkoeffizient $\beta = \dfrac{0,511}{2,81\ s} = 0,18\ s^{-1}$.

Den Reibungskoeffizienten ρ erhält man aus

$$\frac{\rho}{2\,m} = \beta\ ;$$

daraus folgt

$$\rho = 2\,m\,\beta = 2 \cdot 0,25\ kg \cdot 0,18\ s^{-1} = 0,09\ kg\ s^{-1}\ .$$

Für eine genauere Beziehung wäre an Stelle der punktförmigen Masse das Trägheitsmoment einzusetzen.

74. Aufgabe

Wie groß ist die maximale Geschwindigkeit der Pendelmasse des Sekundenpendels, wenn es bei einem Winkel von 35° Auslenkung zur Vertikalen startet, im Vergleich zu einem Startwinkel von 70°?

Lösung

Bei der Pendelbewegung müssen potentielle Energie plus kinetische Energie konstant sein. Die potentielle Energie der Pendelmasse hat für $\phi = 0$ ein Minimum und für $\phi = \pi/2$ ein Maximum. Wegen $\Delta h = \ell - \ell \cos \phi$ (siehe Zeichnung in Aufgabe 72) erhält man

$$\Delta E_{pot} = m\,g\,\ell - m\,g\,\ell \cos \phi = m\,g\,(\ell - \ell \cos \phi) =$$
$$= m\,g\,\ell(1 - \cos \phi) \;.$$

Für die kinetische Energie gilt

$$\Delta E_{kin} = \frac{m\,v^2}{2}$$

und daher gilt

$$\frac{m\,v^2}{2} = m\,g\,\ell\,(1 - \cos \phi)$$

und weiter

$$v = [2\,g\,\ell\,(1 - \cos \phi)]^{1/2} \;.$$

Für $\ell = 0{,}994$ m (gemäß Aufgabe 72) wird für $\phi = 35^{\circ}$

$$v = [2 \cdot 9{,}81 \text{ m s}^{-2} \cdot 0{,}994 \text{ m } (1 - 0{,}819)]^{1/2} = 1{,}88 \text{ m s}^{-1} \;;$$

und für $\phi = 70^{\circ}$ erhält man

$$v = [2 \cdot 9{,}81 \text{ m s}^{-2} \cdot 0{,}994 \text{ m } (1 - 0{,}342)]^{1/2} = 3{,}58 \text{ m s}^{-1}$$

75. Aufgabe

Ein Elementarpendel ist mittels Luftkissenbahn reibungslos gelagert. Es wird beidseitig von identen Federn gehalten. Wie lautet die Pendelfrequenz, wenn die Pendelmasse im Schwerefeld eine Federdehnung um 12 cm bewirkt?

Lösung

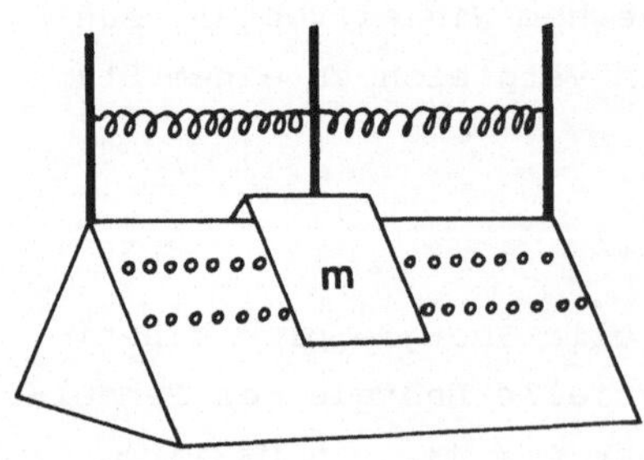

Im vorliegenden Fall lautet die Differentialgleichung

$$m \, \ddot{x} + 2 D x = 0 \qquad \text{bzw.} \qquad \ddot{x} + \frac{2 D}{m} x = 0$$

mit der Lösung

$$\omega = \sqrt{\frac{2 D}{m}} \quad ;$$

weil außerdem gilt m g = D x, erhält man für D = m g/x und in ω eingesetzt

$$\omega = \sqrt{\frac{2 \, m \, g}{m \, x}} = \sqrt{\frac{2 \, g}{x}}$$

und wegen $\omega = 2 \pi f$ wird

$$f = \frac{1}{2 \pi} \sqrt{\frac{2 \, g}{x}} = \frac{1}{2 \pi} \sqrt{\frac{2 \cdot 9{,}81 \, m \, s^{-2}}{0{,}12 \, m}} = 2{,}04 \, \text{Hz} \; .$$

Die Schwingungsfrequenz beträgt rund 2 Hz. Würde die Federkonstante D viermal so groß sein, was einer Auslenkung der Feder im Gravitationsfeld von 3 cm entsprechen würde, dann wäre die Schwingungsfrequenz verdoppelt und würde 4 Hz betragen.

76. Aufgabe

Akustische Wellen sind Druckschwankungen der Luft, die dem Atmosphärendruck überlagert sind. Wieviele Druckschwankungen erreichen pro Sekunde das Ohr eines Zuhörers, wenn die Wellenlänge bei 18 $^{\circ}$C mit 772 mm gemessen wurde?

Lösung

Die Wellengeschwindigkeit des Schalls beträgt bei 18 $^{\circ}$C 340 m s^{-1}. Es gilt $c_{\text{Schall}} = \lambda \cdot f$ und

$$f = \frac{c_{\text{Schall}}}{\lambda} = \frac{340 \, m}{0{,}772 \, m} = 440{,}4 \, \text{Hz} \; .$$

In einer Sekunde erreichen demnach 440 Druckschwankungen das Ohr des Zuhörers; dies entspricht dem Normalton a.

77. Aufgabe

Wie lange braucht bei 20 $^\circ$C eine Schallwelle, wenn sie sich
25 m durch Luft, anschließend durch eine 2 m dicke Stahlwand
und schließlich durch 12 m Wasser ausbreitet?

Lösung

Die Schallgeschwindigkeit hängt von den elastischen Eigenschaf-
ten und von der Dichte des Ausbreitungsmediums ab. Weil die longitudinale Schallwelle durch Druckänderungen in longitudinaler
Richtung hervorgerufen wird, ist die dazugehörige Schallgeschwindigkeit auch in longitudinaler Richtung definiert. Bei Festkörpern sind longitudinale Druckänderungen am allgemeinen aber auch
mit transversalen Druckänderungen verbunden, und daher unterscheidet man zwischen c_{long} und c_{transv}.

Für die longitudinale Schallausbreitung im Gas, in der Flüssigkeit und im Festkörper gilt

$$c_\ell = \sqrt{\frac{p \cdot \kappa}{\rho}}$$ im Gas mit p dem Druck, ρ der Dichte und $\kappa = c_p/c_v$;

$$c_\ell = \sqrt{\frac{K}{\rho}}$$ in der Flüssigkeit mit K dem Kompressions-
modul und ρ der Dichte;

$$c_\ell = \sqrt{\frac{E}{\rho}}$$ im Festkörper mit E dem Elastizitätsmodul
und ρ der Dichte.

Im vorliegenden Fall kann man mit guter Näherung Luft als ideales Gas ansehen und es wird

$$c_\ell = \sqrt{\frac{p \cdot \kappa}{\rho}} \qquad \text{mit} \qquad p = \frac{\nu\,R\,T}{V} = \frac{\nu\,R\,T\,\rho}{m}$$

wegen $\rho = m/V$ und

$$c_\ell = \sqrt{\frac{\nu\,R\,T\,\rho\,\kappa}{m\,\rho}} = \sqrt{\frac{\nu\,R\,T\,\kappa}{m}}$$

für 20 $^\circ$C ist T = 293,16 K ;

$$\kappa = c_p/c_v = 1,4 ; \qquad R = 8,314\ \text{J}\ \text{K}^{-1}\ \text{mol}^{-1} ;$$

1 mol Luft entspicht 28,8 g Masse; daher wird

$$c_{\ell_{Luft}} = \left(\frac{1 \text{ mol} \cdot 8,314 \text{ J mol}^{-1} \text{ K}^{-1} \cdot 293,16 \text{ K} \cdot 1,4}{28,8 \cdot 10^{-3} \text{ kg}} \right)^{1/2} =$$

$$= 344,2 \text{ ms}^{-1}$$

$$c_{\ell_{Wasser}} = \sqrt{\frac{K}{\rho}} = \sqrt{\frac{1}{k \cdot \rho}} \quad .$$

Die Kompressibilität $k_{H_2O} = 4,6 \cdot 10^{-5} \text{ bar}^{-1} = \frac{1}{K}$

$1 \text{ bar} = 10^5 \text{ Pa} = 10^5 \text{ N m}^{-2}$, daher ist

$$k_{H_2O} = 4,6 \cdot 10^{-10} \text{ m}^2 \text{ N}^{-1}$$

$$\rho_{H_2O} = 998,2 \text{ kg m}^{-3}$$

und damit wird

$$c_{\ell_{Wasser}} = \sqrt{\frac{1}{4,6 \cdot 10^{-10} \text{ m}^2 \text{ N}^{-1} \cdot 998,2 \text{ kg m}^{-3}}} =$$

$$= 1475,7 \text{ m s}^{-1}$$
$$============$$

$$v_{\ell_{Stahl}} = \sqrt{\frac{E}{\rho}} = \sqrt{\frac{1}{\alpha \, \rho}} \quad .$$

Die Dehnungsgröße ist $1/E = \alpha$.

$$\alpha_{Stahl} = 4,6 \cdot 10^{-5} \text{ mm}^2 \text{ kp}^{-1} = \frac{4,6 \cdot 10^{-11} \text{ m}^2}{9,81 \text{ N}} =$$

$$= 4,69 \cdot 10^{-12} \text{ m}^2 \text{ N}^{-1}$$

$$\rho_{Stahl_{20°C}} = 7900 \text{ kg m}^{-3}$$
$$============$$

$$v_{\ell_{Stahl}} = \sqrt{\frac{1}{4,69 \cdot 10^{-12} \text{ m}^2 \text{ N}^{-1} \cdot 7900 \text{ kg m}^{-3}}} = 5195,2 \text{ m s}^{-1} \quad .$$
$$============$$

Die Laufzeit des Schalls ist $T = T_{Luft} + T_{Stahl} + T_{Wasser}$.

$$T = \frac{s_{Luft}}{v_{Luft}} + \frac{s_{Stahl}}{v_{Stahl}} + \frac{s_{Wasser}}{v_{Wasser}}$$

$$T = \frac{25\ m}{344,2\ m\ s^{-1}} + \frac{2\ m}{5195,2\ m\ s^{-1}} + \frac{12\ m}{1475,7\ m\ s^{-1}} =$$

$$= 0,0726\ s + 0,0004\ s + 0,0081\ s = 0,081\ s\ .$$

78. *Aufgabe*

Beim Monochordversuch wird eine Stahlsaite von 0,7 mm Durchmesser mit einem 10 kp Gewicht gespannt. Vom eingespannten Ende bis zur Auflagerolle des Monochords ist eine Distanz von 80 cm. Wie groß ist die Transversalgeschwindigkeit des Monochords?

Lösung

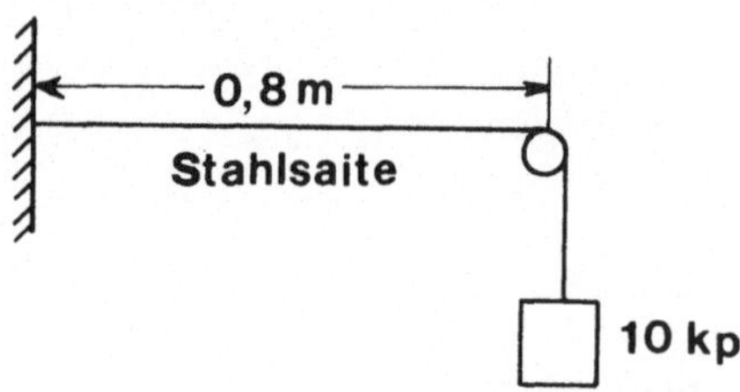

Beim Anzupfen der Saite wird sie in Richtung der anzupfenden Kraft ausgelenkt. Die Saite erfährt aber auch eine Bewegung transversal dazu; im vorliegenden Fall also in der Längsrichtung der gespannten Saite. Die transversale Geschwindigkeit ist

$$c_{transv} = \sqrt{\frac{\sigma}{\rho}} = \sqrt{\frac{F}{\mu}}$$

wobei F das spannende Gewicht ist und μ die Masse der Stahlsaite pro Längeneinheit. Die Masse der Stahlsaite ist

$$m = r^2\ \pi\ \ell\ \rho$$

und

$$\mu = \frac{r^2\ \pi\ \ell\ \rho}{\ell} = 12,25 \cdot 10^{-8}\ m^2\ \pi \cdot 7900\ kg\ m^{-3} =$$

$$= 3,04 \cdot 10^{-3}\ kg\ m^{-1}\ .$$

$$F = 10\ kp = 10 \cdot 9,81\ N = 98,1\ N$$

$$c_{transv} = \sqrt{\frac{98,1\ N}{3,04 \cdot 10^{-3}\ kg\ m^{-1}}} = 179,6\ m\ s^{-1}\ .$$

79. Aufgabe

Die menschlichen Ohren können Schallaufzeitdifferenzen von 10^{-5} s im Zentralnervensystem auflösen. Wie groß ist dadurch die Grenze des Richtungshörens?

Lösung

Die Zeitdifferenz Δt zwischen zwei Wegstrecken $s_2 - s_1$, die eine Schallwelle der Geschwindigkeit c_{Schall} braucht, lautet

$$\Delta t = \frac{(s_2 - s_1)}{c_{Schall}} \ .$$

Setzt man für $c_{Schall} = 340$ m s^{-1}, dann ist

$$\Delta s = 340 \text{ m s}^{-1} \cdot 10^{-5} \text{ s} = 3,4 \cdot 10^{-3} \text{ m} \ .$$

Nur wenn sich die Schallquelle gleich weit von jedem der beiden Ohren befindet, ist $\Delta s = 0$; somit besteht kein Laufzeitunterschied und auch $\Delta t = 0$.

Um den kleinen Winkel zu ermitteln, der $\Delta t = 10^{-5}$ s entspricht, benützt man die Gleichung $\phi = s/r$ mit ϕ im Radianten gemessen, mit s der Bogenlänge und r dem Radius.

$$s_2 - s_1 = 3,4 \cdot 10^{-3} \text{ m} \ .$$

Um r zu ermitteln, nimmt man den Abstand der Ohren mit 15 cm an; dann gilt wegen des Pythagoreischen Lehrsatzes

$$s_2^2 = s_1^2 + 7,5^2 \cdot 10^{-4} \text{ m}^2 \qquad \text{und} \qquad s_2^2 - s_1^2 = 7,5^2 \cdot 10^{-4} \text{ m}^2 \ ;$$

weiters ist

$$(s_2 + s_1)(s_2 - s_1) = 7,5^2 \cdot 10^{-4} \text{ m}^2$$

und

$$s_2 + s_1 = \frac{56,25 \cdot 10^{-4} \text{ m}^2}{3,4 \cdot 10^{-3} \text{ m}} \ ;$$

weil $s_2 \overset{\sim}{=} s_1$, wird $s_1 = 0,827$ m .

$$\phi = \frac{7,5 \cdot 10^{-2} \text{ m}}{8,27 \cdot 10^{-1} \text{ m}} = 0,09 \text{ rad} \overset{\sim}{=} 5^{\circ} \ .$$

Die Grenze des Richtungshörens liegt bei 5°.

80. Aufgabe

In einem abgeschlossenen Raum wird eine Schallwelle so reflektiert, daß eine stehende Welle auftritt. Die Welle hat
eine Frequenz von 344 Hz und der Raum eine Länge von 4 m.
Die Zimmertemperatur beträgt 20 $^\circ$C. Wo liegen die schall-
toten Bereiche?

Lösung

Für eine stehende, hinlaufende Welle gilt

$$x'_1 = x^*_o \sin (\omega t - \kappa x)$$

und für die reflektierte Welle gilt

$$x'_2 = x^*_o \sin (\omega t + \kappa x) \ .$$

Für die Superposition gilt wegen

$$\sin \alpha + \sin \beta = 2 \sin \frac{\alpha + \beta}{2} \ \cos \frac{\alpha - \beta}{2}$$

$$x'_1 + x'_2 = x^*_o \sin 2 \pi \left(\frac{t}{\tau} - \frac{x}{\lambda} \right) + x^*_o \sin 2 \pi \left(\frac{t}{\tau} + \frac{x}{\lambda} \right) =$$

$$= 2 x^*_o \cos \left(\frac{2 \pi x}{\lambda} \right) \sin \left(\frac{2 \pi t}{\tau} \right) \ .$$

Der Ausdruck $2 x_o \cos \left(\frac{2 \pi x}{\lambda} \right)$ entspricht der Amplitude der Schwingung $\sin \omega t$. Die Amplitude ist ortsabhängig. Für den Schallaus-
löschungsbereich gilt $\cos 2 \pi x/\lambda = 0$; weil aber $c_{\text{Schall}} = \lambda f$,
gilt $\lambda = c_{\text{Schall}}/f$.

$$c_{\text{Schall } 20^\circ C} = 344 \text{ m s}^{-1} \ ;$$

$$\text{daher ist } \lambda = \frac{344 \text{ m s}^{-1}}{344 \text{ Hz}} \ = 1 \text{ m} \ .$$

$$\cos \left(\frac{2 \pi x}{\lambda} \right) = 0$$

bedeutet

$$\frac{2 \pi x}{\lambda} = \frac{(2n + 1) \pi}{2}$$

$$x = \frac{(2n + 1)}{4} \lambda \ ;$$

mit $\lambda = 1$ m erfolgt Auslöschung des Schalls bei

$$x_o = \frac{1}{4} \text{ m}$$

$$x_1 = \frac{3}{4} \text{ m}$$

$$x_2 = \frac{5}{4} \text{ m}$$

$$x_3 = \frac{7}{4} \text{ m}$$

$$x_4 = \frac{9}{4} \text{ m}$$

$$x_5 = \frac{11}{4} \text{ m}$$

$$x_6 = \frac{13}{4} \text{ m}$$

$$x_7 = \frac{15}{4} \text{ m}$$

81. Aufgabe

Eine gedackte Orgelpfeife ist 30 cm lang. Wie lauten die Grundschwingung und die erste mögliche Oberschwingung?

Lösung

Orgelpfeifen sind Lippenpfeifen. Für die gedackte Pfeife lautet die Grundschwingung $\lambda_1 = 4 \ell$ mit $f_1 = c/4\,\ell$; die erste mögliche Oberschwingung lautet $\lambda_3 = 4\,\ell/3$ und $f_3 = 3c/4\ell$ bzw. $f_3 = 3 f_1$.

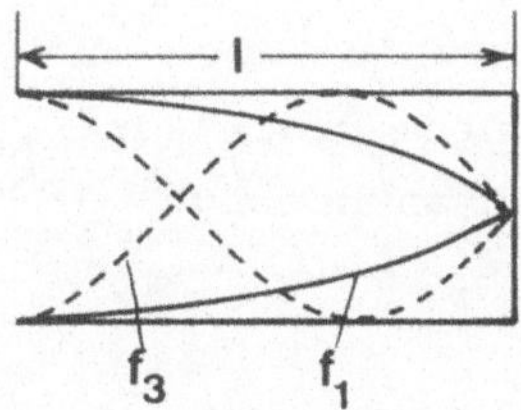

Bei Zimmertemperatur 20 $^{\circ}$C ist $c_{\text{Schall}} = 344 \text{ m s}^{-1}$ und

$$f_1 = \frac{344 \text{ m s}^{-1}}{4 \cdot 0{,}3 \text{ m}} = 286{,}7 \text{ Hz} = \text{die Grundschwingung,}$$

während die erste Oberschwingung $f_3 = 3 f_1 = 860$ Hz ist.

Für die offene Lippenpfeife würde die Grundschwingung $\lambda_1 = 2 \ell$ und $f_1 = c/2\,\ell$ gelten; für die erste mögliche Oberschwingung würde man $f_2 = c/\ell = 2 f_1$ erhalten.

82. Aufgabe

In einem mit Methan gefüllten Rohr hat eine stehende Welle
von 1000 Hz Knoten im Abstand von 22 cm. Wie groß ist
$\kappa = c_p/c_v$?

Lösung

Es gilt

$$c_{\text{Methan } 20^{\circ}C} = \sqrt{\frac{p\,\kappa}{\rho}} = \sqrt{\frac{\nu\,R\,T\,\kappa}{m}} \quad .$$

Mit $m_{CH_4} = 16$ g für ein Mol ergibt sich

$$c_{\text{Methan } 20^{\circ}C} = \sqrt{\frac{1 \text{ mol} \cdot 8,314 \text{ J K}^{-1} \text{ mol}^{-1} \cdot 293,16 \text{ K} \cdot \kappa}{16 \cdot 10^{-3} \text{ kg}}} =$$

$$= 390,3 \; \sqrt{\kappa} \text{ m s}^{-1} \quad .$$

Für die stehende Welle gilt $c = \lambda \cdot f$; mit $\lambda = 0,44$ m und
$f = 1000$ Hz wird

$$c_{\text{Methan } 20^{\circ}C} = 0,44 \text{ m} \cdot 1000 \text{ Hz} = 440 \text{ m s}^{-1} \quad .$$

Schließlich gilt

$$440 \text{ m s}^{-1} = 390,3\sqrt{\kappa} \text{ m s}^{-1} \quad \text{und} \quad \kappa = \frac{440^2}{390,3^2} = 1,27 \quad .$$

Das Verhältnis der spezifischen Wärme bei konstantem Druck zur
spezifischen Wärme bei konstantem Volumen für Methan beträgt

$$\kappa = \frac{c_p}{c_v} = \underline{\underline{1,27}} \quad .$$

83. Aufgabe

Eine akustische stehende Welle von 440 Hz erzeugt Knoten
in Joddampf bei 400 K im Abstand von 15,39 cm. Handelt es
sich bei Joddampf um ein ein- oder zweiatomiges Gas?

Lösung

$$c_{Joddampf} = \lambda \cdot f = 0,308 \text{ m} \cdot 440 \text{ Hz} = 135,5 \text{ m s}^{-1}$$

$$1 \text{ Mol } ^{127}I = 127 \text{ g}$$

$$c = \sqrt{\frac{\nu \, R \, T \, \kappa}{m}} = \sqrt{\kappa \cdot \frac{1 \text{ mol} \cdot 8,314 \text{ J K}^{-1} \text{ mol}^{-1} \cdot 400 \text{ K}}{1,27 \cdot 10^{-1} \text{ kg}}}$$

$135,5 \text{ m s}^{-1} = 161,8 \sqrt{\kappa}$ würde bedeuten, daß $\kappa < 1$ wäre, was unmöglich ist; daher ist 1 mol mit $I_2 = 254$ g einzusetzen und man erhält

$$135,5 \text{ m s}^{-1} = \sqrt{\kappa \cdot \frac{1 \text{ mol} \cdot 8,314 \text{ J K}^{-1} \text{ mol}^{-1} \cdot 400 \text{ K}}{2,54 \cdot 10^{-1} \text{ kg}}}$$

$$\kappa = \frac{135,5^2}{114,4^2} = 1,4$$

Joddampf besteht aus zweiatomigen Molekülen (I_2).

84. Aufgabe

Zur Erzeugung von Ultraschallwellen werden Schwingquarzplatten verwendet, die stehende Wellen mit Wellenbäuchen an gegenüberliegenden Flächen erzeugen. Die Grundschwingung lautet

$$f_1 = \frac{2,87 \cdot 10^3 \text{ m s}^{-1}}{d \text{ m}}$$

mit d der Plattendicke in Meter. Wie groß ist der Elastizitätsmodul von Quarz?

Lösung

Die Grundschwingung lautet

$$f_1 = \frac{2,87 \cdot 10^3 \text{ m s}^{-1}}{d}$$

mit $d = \lambda_1/2$.

$$f_1 \cdot \lambda_1 = 2 \cdot 2,87 \cdot 10^3 \text{ m s}^{-1} = 5,74 \cdot 10^3 \text{ m s}^{-1}$$

$$c_{Quarz} = \sqrt{\frac{E}{\rho}} \qquad \rho_{Quarz} = 2660 \text{ kg m}^{-3}$$

$$E = c_{Quarz}^2 \cdot \rho = 8{,}764 \cdot 10^{10} \ N \ m^{-2} \ .$$

Die Dehnungsgröße

$$\alpha = \frac{1}{E} = 1{,}141 \cdot 10^{-11} \ m^2 \ N^{-1} = 1{,}119 \cdot 10^{-4} \ mm^2 \ kp^{-1} \ .$$

85. Aufgabe

Eine Sirene mit $f = 1000$ Hz nähert sich einem ruhenden Beobachter mit einer Geschwindigkeit von 100 km/h. Mit welcher Frequenz hört der Beobachter die Sirene an einem Wintertag von $- 10 \ ^{O}C$ und an einem Sommertag von $20 \ ^{O}C$?

Lösung

Die Frequenzverschiebung beruht auf dem Dopplereffekt. Außerdem ist zu beachten, daß die Ausbreitungsgeschwindigkeit in Luft temperaturabhängig ist. Gemäß Aufgabe 77 ist

$$c_{Schall \ 20^{O}C} = \sqrt{\frac{\nu \ R \ T \ \kappa}{m}} = 344{,}2 \ m \ s^{-1} \ ;$$

daher ist

$$c_{Schall \ -10^{O}C} = 344{,}2 \ m \ s^{-1} \sqrt{\frac{263{,}16 \ K}{293{,}16 \ K}} =$$

$$= 344{,}2 \ m \ s^{-1} \cdot 0{,}947 = 326 \ m \ s^{-1} \ .$$

Wenn die Schallquelle auf den ruhenden Beobachter zukommt, ändert sich die Schwingungsdauer des Schallgebers T_O in

$$T = T_O \ \frac{c_{Schall} - v_{Quelle}}{c_{Schall}}$$

$$v_{Quelle} = 100 \ km/h = 27{,}78 \ m \ s^{-1} \ ;$$

weil $1/T = f$ ist, gilt $f = (c_{Schall}/c_{Schall} - v_{Quelle}) \ f_O \ .$

$$f_{-10^{O}C} = \frac{326 \ m \ s^{-1}}{326 \ m \ s^{-1} - 27{,}78 \ m \ s^{-1}} \cdot 1000 \ Hz = 1093{,}2 \ Hz$$

$$f_{+20^{O}C} = \frac{344{,}2 \ m \ s^{-1}}{344{,}2 \ m \ s^{-1} - 27{,}78 \ m \ s^{-1}} \cdot 1000 \ Hz = 1087{,}8 \ Hz \ .$$

86. Aufgabe

Das Geräusch des Flügelschlages eines Schmetterlings liegt mit 10^{-12} W m^{-2} bei der Hörschwelle und wird mit 0 Phon angegeben. Welche Schallintensität (Schalleistungsdichte) haben die normale Umgangssprache von 50 Phon und die Schmerzgrenze von 120 Phon?

Lösung

Die Lautstärkeneinheit Phon berücksichtigt die Frequenzabhängigkeit der Empfindlichkeit des Ohres. Das menschliche Ohr ist bei 1000 Hz am empfindlichsten. Es gilt

$$\text{Phon} = 10 \log \frac{I}{I_o}$$

wobei I_o die Hörschwelle mit $I_o = 10^{-12}$ W m^{-2} ist. Aus 0 Phon $= 10 \log I/I_o$ folgt $I = I_o$. Aus 50 Phon $= 10 \log I/I_o$ folgt

$$I = 10^5 \, I_o = 10^{-7} \text{ W m}^{-2} \; .$$

Die Umganssprache hat eine Schalleistungsdichte von 10^{-7} W m^{-2}.

$$120 \text{ Phon} = 10 \log \frac{I}{I_o}$$
$$I = 10^{12} \, I_o = 1 \text{ W m}^{-2} \; .$$

Die Schmerzgrenze hat eine Schalleistungsdichte von 1 W m^{-2}.

Werden die Schalleistungen zweier Quellen miteinander verglichen, ohne den Frequenzgang des Ohres zu berücksichtigen, dann ist die Einheit Dezibel (dB) und es gilt dB $= 10 \log (P_1/P_2)$.

87. Aufgabe

Wie groß ist das Trägheitsmoment eines kompliziert geformten Körpers von 2 kg Masse, wenn dieser Körper 25 cm oberhalb des Schwerpunktes aufgehängt ist und mit einer Frequenz von 0,5 Herz schwingt?

Lösung

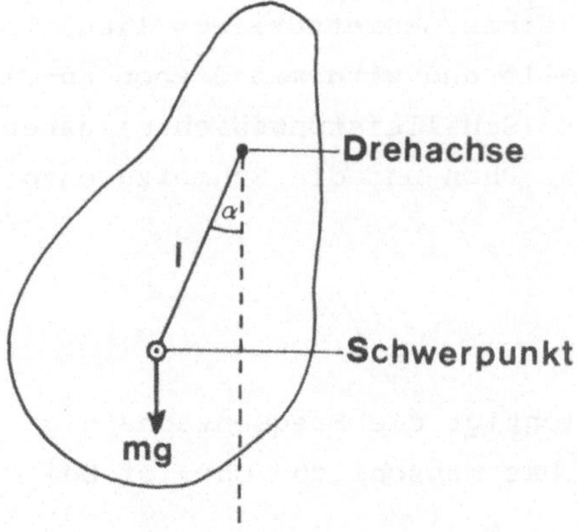

Das Drehmoment lautet

$$\vec{M} = \vec{K} \times \vec{r} = m\,g\,\ell \cdot \sin\alpha \; ;$$

für kleine Winkel gilt $\sin\alpha \approx \alpha$ und damit wird

$$M = m\,g\,\ell\,\alpha = D^* \cdot \alpha \; .$$

Weiters gilt

$$T = 2\,\pi\,\sqrt{\frac{I}{D^*}}$$

und somit

$$I = \frac{T^2\,D^*}{4\,\pi^2} = \frac{T^2\,m\,g\,\ell}{4\,\pi^2} \quad .$$

Wegen $T = 1/f$ wird I schließlich

$$I = \frac{m\,g\,\ell}{4\,\pi^2\,f^2} = \frac{2\ \text{kg} \cdot 9{,}81\ \text{m s}^{-2} \cdot 0{,}25\ \text{m}}{4\,\pi^2\,0{,}25\ \text{s}^{-2}} = \underline{\underline{0{,}5\ \text{kg m}^2}}$$

Ein Fadenpendel vernachlässigbarer Fadenmasse wird 60° ausgelenkt losgelassen. Wie groß ist die fadenspannende Kraft im tiefsten Bahnpunkt?

Lösung

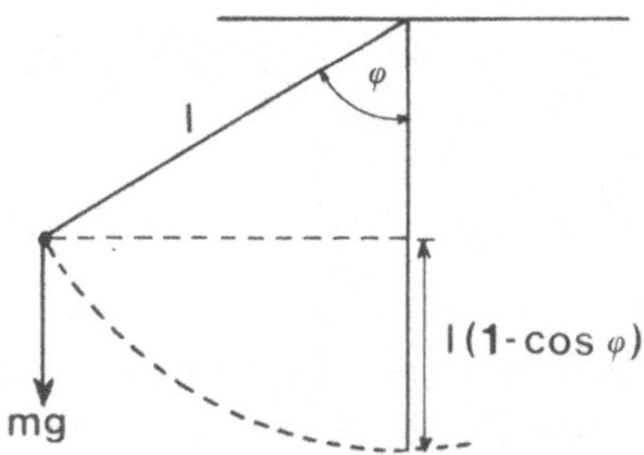

Nach dem Energiesatz gilt für die Schwingung $E_{pot} = E_{kin}$ oder

$$m\, g\, \ell\,(1 - \cos\phi) = \frac{m\,v^2}{2}$$

mit $v = \sqrt{2\,g\,\ell\,(1 - \cos\phi)}$. Für $\phi = 0$ gilt: Zentripetalkraft und Zentrifugalkraft halten sich die Waage. Zur Zentrifugalkraft addiert sich aber das Gewicht der Pendelmasse, so daß

$$K_{tiefst} = m\,g + \frac{m\,v^2}{\ell} = m\,g + \frac{m\,2\,g\,\ell\,(1 - \cos\phi)}{\ell} =$$

$$= m\,g + 2\,m\,g\,(1 - \cos 60^\circ) = m\,g + m\,g = 2\,m\,g\,.$$

Die Kraft, die auf den Faden wirkt, ist das doppelte Gewicht. Für $\phi = 0$ ergibt sich das einfache Gewicht, und für $\phi = \pi/2$ ergibt sich ein dreifaches Gewicht. Man beachte die Fragestellung.

89. Aufgabe

Für ein Motorrad wird ein Lärmpegel von 95 Phon gemessen. Wie groß ist die Lärmbelästigung, wenn drei dieser Motorräder, jedes mit 95 Phon, gleichzeitig Lärm verursachen?

Lösung

$$95\ \text{Phon} = 10\ \log \frac{I}{I_o}$$

$$I = 10^{9,5}\ I_o \qquad\qquad \text{und} \qquad\qquad 3\,I = 3 \cdot 10^{9,5}\ I_o$$

$$x\ \text{Phon} = 10\ \log 3 \cdot 10^{9,5} = 10\,(\log 3 + 9,5) =$$
$$= 10\,(0,477 + 9,5) = 99,77$$

Drei Motorräder verursachen einen Lärmpegel von 99,77 Phon.

90. Aufgabe

Wie groß ist die Wechseldruckamplitude p für die Hörschwelle und für die Schmerzgrenze?

Lösung

Die Schallintensität wird in $W\ m^{-2}$ gemessen. Für die Leistung gilt Kraft mal Geschwindigkeit. Die Leistung pro Flächeneinheit einer Schallwelle ist gleich dem Überdruck und der Partikelgeschwindigkeit. Bei Mittelung über eine Periode erhält man wegen $I \sim$ dem Amplitudenquadrat

$$I = \frac{p^2}{2\ \rho\ c_{Schall}} \qquad und \qquad p = \sqrt{I\ 2\ \rho\ c_{Schall}}\ ;$$

mit $\rho_{Luft} = 1,29\ kg\ m^{-3}$ und $c_{Schall\ 20^{\circ}C} = 344\ m\ s^{-1}$ wird

$$p_{Hörschwelle} = \sqrt{10^{-12}\ W\ m^{-2} \cdot 2 \cdot 1,29\ kg\ m^{-3} \cdot 344\ m\ s^{-1}} =$$

$$= 3 \cdot 10^{-5}\ Pa$$

$$p_{Schmerzgrenze} = \sqrt{1\ W\ m^{-2} \cdot 2 \cdot 1,29\ kg\ m^{-3} \cdot 344\ m\ s^{-1}} =$$

$$= 29,8\ Pa$$

Drucke von einigen Pascal finden für therapeutische Zwecke Verwendung.

91. Aufgabe

Die Schallgeschwindigkeit im Muskelgewebe beträgt $1570\ m\ s^{-1}$ und im Knochen $3600\ m\ s^{-1}$. Wie groß sind die Kompressibilität der Muskel und der Elastizitätsmodul der Knochen?

Lösung

Für Flüssigkeiten bzw. Gewebe gilt

$$c_{Muskel} = \sqrt{\frac{1}{k \cdot \rho}} \qquad mit \qquad \rho_{Muskel} = 1040\ kg\ m^{-3}\ .$$

$$k = \frac{1}{c^2 \cdot \rho} = \frac{1}{(1,57 \cdot 10^3)^2 \, m^2 \, s^{-2} \cdot 1,04 \cdot 10^3 \, kg \, m^{-3}} =$$

$$= 3,9 \cdot 10^{-10} \, m^2 \, N^{-1} \; .$$

Für die Knochen erhält man

$$c_{Knochen} = \sqrt{\frac{E}{\rho}} \qquad \text{mit} \qquad \rho_{Knochen} = 1700 \, kg \, m^{-3}$$

und daraus

$$E = c^2 \cdot \rho = (3,6 \cdot 10^3)^2 \, m^2 \, s^{-2} \cdot 1,7 \cdot 10^3 \, kg \, m^{-3} =$$

$$= 2,2 \cdot 10^{10} \, N \, m^{-2} \; .$$

92. Aufgabe

Bei der Ultraschall-Enzephalographie wird Ultraschall durch
den Kopf geschickt und die Schallaufzeit des ausgesandten und
reflektierten Schalls gemessen. Wie kurz muß der gepulste
Schall gehalten werden, um einen in 2 cm Tiefe befindlichen
Tumor zu orten?

Lösung

Die Schallausbreitungsgeschwindigkeit im Gehirn entspricht unge-
fähr der im Muskel, also $c_{Hirn} = 1570 \, m \, s^{-1}$. Die Laufzeit des
Schalls beträgt

$$T = \frac{2 \, x}{c_{Hirn}} = \frac{4 \cdot 10^{-2} \, m}{1570 \, m \, s^{-1}} = 2,55 \cdot 10^{-5} \, s \; .$$

Um die Genauigkeit des Ortes auf $\pm$ 10 % zu finden, sollte die
Pulsdauer 10^{-6} s = 1 µs nicht übersteigen.

93. Aufgabe

Ein ruhender Beobachter nimmt die Pfeife eines herannahenden Zuges um eine große Terz höher wahr als den Ton eines wegfahrenden Zuges. Die Lufttemperatur beträgt 18 ^{O}C. Wie groß ist die Zugsgeschwindigkeit?

Lösung

Bei einer großen Terz ist das Frequenzverhältnis 4 : 5; bei der kleinen Terz wäre es 5 : 6. Da durch den Dopplereffekt eine Verknüpfung von Schallgeschwindigkeit und Zugsgeschwindigkeit mit der Frequenz vorliegt, ist zuerst die Schallgeschwindigkeit bei 18 ^{O}C zu bestimmen;

$$c_{Schall} = \sqrt{\frac{\nu\ R\ T\ \kappa}{m}}$$

$$c_{Schall\ 18^{O}C} = \sqrt{\frac{1\ mol \cdot 8,314\ J\ mol^{-1}\ K^{-1} \cdot 291,16\ K\ \cdot\ 1,4}{28,8 \cdot 10^{-3}\ kg}} =$$

$$= 343\ m\ s^{-1}\ .$$

Es gilt

$$\frac{f_1}{f_2} = \frac{5}{4} = \frac{c\ +\ v}{c\ -\ v}$$

und weiter

$$4\ c\ +\ 4\ v\ =\ 5\ c\ -\ 5\ v$$
$$9\ v\ =\ c\ =\ 343\ m\ s^{-1}$$
$$v\ =\ \frac{343}{9}\ m\ s^{-1}\ =\ 38,1\ m\ s^{-1}\ =\ 137,2\ km\ h^{-1}\ .$$

Der Zug fährt mit einer Geschwindigkeit von 137,2 km/h.

94. Aufgabe

Eine Versuchsperson hört eine punktförmige Schallquelle in 2 m Entfernung noch gut, in 6 m Entfernung gerade nicht mehr. Wie groß ist die Lautstärke in 2 m und in 4 m Entfernung?

Lösung

Für die Schallintensität gilt in diesem Fall das Abstandsgesetz $I = I_o/a^2$.

$$I_1 = \frac{I_o}{a_1^2}$$

$$I_2 = \frac{I_o}{a_2^2} = 10^{-12}\ W\ m^{-2} \qquad \text{ist die Hörschwelle mit}$$

$$\frac{I_1}{I_2} = \frac{a_2^2}{a_1^2}$$

und

$$I_2 = \frac{I_1\ a_1^2}{a_2^2} = \frac{I_1 \cdot 4}{36} = \frac{I_1}{9} \qquad \text{und} \qquad I_1 = 9 \cdot I_2 .$$

In zwei Meter Entfernung ist die Lautstärke $10 \log \frac{9 \cdot I_2}{I_2} =$
$= 9{,}54$ Phon.
=========

In vier Meter Entfernung beträgt die Lautstärke $10 \log \frac{36}{16} =$
$= 3{,}52$ Phon .
=========

95. Aufgabe

Beim Stimmen eines Musikinstrumentes versucht man, das zu stimmende Instrument auf die Frequenz des bereits gestimmten Instrumentes abzugleichen, indem die Zugspannung so lange variiert wird, bis keine Schwebung mehr hörbar ist. Wie groß ist die Schwebungsfrequenz der beiden Schwingungen $f_1 = 1500$ Hz und $f_2 = 1490$ Hz?

Lösung

Schwebungen entstehen bei Überlagerung zweier Schallwellen gleicher Amplitude mit geringfügig unterschiedlicher Frequenz. Es gilt für

$$x_1 = x_o \cos \omega_1 t \qquad \text{und} \qquad x_2 = x_o \cos \omega_2 t$$

$$x = x_1 + x_2 = x_o\ (\cos 2\pi f_1 t + \cos 2\pi f_2 t) .$$

Wegen der Beziehung

$$\cos \alpha + \cos \beta = 2 \cos \frac{\alpha + \beta}{2} \cdot \cos \frac{\alpha - \beta}{2}$$

folgt für x

$$x = 2\, x_0 \cos 2\pi \left(\frac{f_1 + f_2}{2} \right) t \cdot \cos 2\pi \left(\frac{f_1 - f_2}{2} \right) t \; .$$

Weil das Auf- und Abschwellen der Schwebung einer Amplitudenfluktuation entspricht, kann als Amplitude der Ausdruck $2\, x_0 \cos 2\pi \left(\frac{f_1 - f_2}{2} \right) t$ angesehen werden. Die Anzahl der Schwebungen pro Sekunde ist $(f_1 - f_2)/2$. Die resultierende Schwingung selbst hat die Frequenz $(f_1 + f_2)/2$.

$$f_{\text{Schwebung}} = \frac{1500 \text{ Hz} - 1490 \text{ Hz}}{2} = \underline{\underline{5 \text{ Hz}}} \; .$$

Die Schwebungsfrequenz ist 5 Hz.

Für die Überlagerungsfrequenz gilt

$$f_{\text{res}} = \frac{f_1 + f_2}{2} = \frac{1500 \text{ Hz} + 1490 \text{ Hz}}{2} = \underline{\underline{1495 \text{ Hz}}} \; .$$

96. Aufgabe

Ein Radargerät zur Messung der Geschwindigkeit von Kraftfahrzeugen nützt die Schwebungsfrequenz Δf aus, die durch das bewegte Auto und durch die elektromagnetische Welle des Radars hervorgerufen wird. Mit welcher Geschwindigkeit fährt ein Auto, wenn $\Delta f = 3000$ Hz gemessen wird und die Radarfrequenz $f_2 = 1{,}2 \cdot 10^{10}$ Hz beträgt?

Lösung

Beim Radar wird eine elektromagnetische Welle der Geschwindigkeit $c = 3 \cdot 10^8 \text{ m s}^{-1}$ auf das mit v_0 fahrende Auto geschickt und diese Welle mit der reflektierten Welle leicht unterschiedlicher Frequenz superponiert. Es gilt

$$c + v_0 = c \left(1 + \frac{v_0}{c} \right) \qquad \text{und} \qquad c - v_0 = c \left(1 - \frac{v_0}{c} \right) ;$$

sowie

$$f = \frac{c\left(1 + \dfrac{v_o}{c}\right)}{c\left(1 - \dfrac{v_o}{c}\right)}\, f_s = \frac{1 + \dfrac{v_o}{c}}{1 - \dfrac{v_o}{c}}\, f_s \quad ;$$

weiters gilt für

$$\frac{1}{1 - \dfrac{v_o}{c}} \qquad \text{wegen} \qquad \frac{v_o}{c} \ll 1$$

$$\frac{1}{1 - \dfrac{v_o}{c}} = 1 + \frac{v_o}{c}$$

und man erhält

$$f = \left(1 + \frac{v_o}{c}\right)^2 f_s = \left(1 + \frac{2\, v_o}{c} + \frac{v_o^2}{c^2}\right) f_s \quad .$$

Der letzte quadratische Ausdruck ist eine kleine, vernachlässigbare Größe und es wird

$$f = f_s + \frac{2\, v_o}{c}\, f_s \quad .$$

Weil $\Delta f = f - f_s$ ist, gilt letztlich

$$\Delta f = \frac{2\, v_o}{c}\, f_s \qquad \text{oder} \qquad v_o = \frac{\Delta f}{2\, f_s}\, c \quad ,$$

wobei f_s die Radarfrequenz ist.

$$v_o = \frac{3000\ \text{Hz} \cdot 3 \cdot 10^8\ \text{m s}^{-1}}{2 \cdot 1,2 \cdot 10^{10}\ \text{Hz}} = 37,5\ \text{m s}^{-1} = \underline{\underline{135\ \text{km h}^{-1}}} \quad .$$

Das Auto fährt mit $135\ \text{km h}^{-1}$.

97. Aufgabe

Eine 10 cm dicke Ziegelmauer reduziert die Lautstärke einer Kesselschmiede von 130 Phon auf 90 Phon. Der Reflexionskoeffizient der Ziegelmauer beträgt 0,96. Wieviel Schallintensität wird in der Mauer absorbiert?

Lösung

Für die Schallintensität gilt

$$I_{einfallend} = I_{trans} + I_{refl} + I_{abs} \ .$$

Die einfallende Strahlung ist gleich der Summe aus Transmission, Reflexion und Absorption. Für den Reflexionskoeffizienten r gilt

$$r = \frac{I_{refl}}{I_{einfallend}} = 0,96$$

und weiter

$$I_{refl} = 0,96 \cdot I_{einfallend} \ .$$

Aufgrund der obigen Berechnung erhält man

$$I_{einfallend} - 0,96\, I_{einfallend} = I_{trans} + I_{abs}$$

und weiter

$$0,04\, I_{einfallend} = I_{trans} + I_{abs} \ .$$

Weil die Ziegelmauer die Lautstärke um 130 Phon − 90 Phon = = 40 Phon reduziert, heißt dies $I_{trans} = 10^{-4}\, I_{einfallend}$; weiter folgt

$$I_{abs} = 0,04 \cdot I_{einfallend} - 10^{-4}\, I_{einfallend} \ ;$$

$$I_{abs} = 0,0399\, I_{einfallend} \ .$$

4 % der einfallenden Strahlung geht insgesamt durch die Mauer beziehungsweise wird darin absorbiert; der absorbierte Anteil davon beträgt 3,99 %. Von den reduzierten 40 Phon entfallen 39,9 Phon auf Absorption.

98. Aufgabe

Die Schwingungsdauer eines Drehpendels beträgt 3,14 Sekunden, und die maximale kinetische Energie wird mit 10 Nm gemessen. Wie groß sind die Winkelrichtgröße D* und die Winkelauslenkung ϕ?

Lösung

Die Schwingungsdauer lautet

$$3,14 \text{ s} = T = 2\pi\sqrt{\frac{I}{D^*}}$$

und für die kinetische Energie des Pendels um die Drillachse gilt

$$E_{kin} = \frac{I}{2}\,\omega^2 = 10 \text{ Nm}$$

und weiter

$$I = \frac{20 \text{ Nm s}^2}{\dfrac{(2\pi)^2}{T^2}} = \frac{20 \text{ Nm s}^2}{4} = \underline{\underline{5 \text{ kg m}^2}} \; .$$

Weil

$$3,14 \text{ s} = 2\pi\sqrt{\frac{I}{D^*}}$$

ist, folgt

$$D^* = 4\,I = \underline{\underline{20 \text{ Nm}}} \; .$$

Die Winkelrichtgröße beträgt 20 Nm.

Zur Lösung der Winkelauslenkung wird der Energieerhaltungssatz herangezogen. Er lautet

$$E_{kin} = E_{pot} \qquad \text{bzw.} \qquad \frac{1}{2}\,I\,\omega^2 = \frac{1}{2}\,D^* \cdot \phi^2$$

oder

$$10 \text{ Nm} = \frac{1}{2}\,20 \text{ Nm} \cdot \phi^2 \; .$$

Aus $\phi^2 = 1 \text{ rad}^2$ folgt

$$\phi = 1 \text{ rad} = \underline{\underline{57,3^\circ}} \; .$$

Die Winkelauslenkung beträgt $57,3^\circ$.

99. Aufgabe

Zur Messung der Strömungsgeschwindigkeit des Blutes wird ein Ultraschallsignal der Frequenz 440kHz auf das im Blutgefäß strömende Medium gerichtet. Die zurückgeworfene Schallstrahlung erfährt durch das bewegte Blut eine Frequenzänderung. Wie groß ist die Frequenz, wenn die Blutströmungsgeschwindigkeit $0,2$ m s^{-1} beträgt?

Lösung

Die Schallgeschwindigkeit im Gewebe ist rund 1500 m s^{-1}. Durch das bewegte Blut kommt es zum Dopplereffekt, der lautet

$$f = \frac{c + v}{c - v}\, f' \; ;$$

da $v \ll c$ ist, gilt wegen

$$f = \frac{1 + \frac{v}{c}}{1 - \frac{v}{c}}\, f'$$

$$f = \left(1 + \frac{v}{c}\right)\left(1 + \frac{v}{c}\right) f' = \left(1 + \frac{2\,v}{c}\right) f' \; ,$$

weil der Anteil v^2/c^2 vernachlässigt werden kann. Da

$$f' = 4,4 \cdot 10^5 \text{ Hz ist, wird}$$

$$f = \left(1 + \frac{2 \cdot 0,2 \text{ m s}^{-1}}{1500 \text{ m s}^{-1}}\right) 4,4 \cdot 10^5 \text{ Hz} =$$

$$= 1,000267 \cdot 4,4 \cdot 10^5 \text{ Hz} = 440117,5 \text{ Hz}$$

$$\Delta f = 117,5 \text{ Hz} \; .$$

Da man Frequenzen sehr genau messen kann, ist unter den vorgegebenen Bedingungen die Blutgeschwindigkeit meßbar; es empfiehlt sich aber, wegen der direkten Proportionalität von Δf, mit der Ultraschallfrequenz f' ins Megahertzgebiet zu gehen.

<u>*100. Aufgabe*</u>

Bei einem Hagelgewitter sieht ein Beobachter einen Blitz und
4,6 Sekunden danach hört er den Donnerschlag. Wie weit vom
Beobachter entfernt fand die atmosphärische Entladung statt?

<u>*Lösung*</u>

Die Ausbreitungsgeschwindigkeit des Lichtes beträgt
$c = 3 \cdot 10^8$ m s^{-1}, während die Ausbreitungsgeschwindigkeit des
Schalls bei Hagel (0 $^\circ$C) $c_{Schall} = 331$ m s^{-1} beträgt. Die Lichtgeschwindigkeit ist demnach 10^6 mal größer, und der durch die
Lichtgeschwindigkeit verursachte Fehler kann vernachlässigt werden. Der Zusammenhang zwischen Schallgeschwindigkeit und Weg
lautet

$$c_{Schall} = \frac{\Delta s}{\Delta t} \qquad \text{und} \qquad \Delta s = c_{Schall} \cdot \Delta t \; .$$

Eingesetzt erhält man

$$\Delta s = 331 \text{ m s}^{-1} \cdot 4,6 \text{ s} = \underline{\underline{1523 \text{ m}}} \; .$$

Der Beobachter befindet sich 1,523 km vom Blitz entfernt.

Temperatur und Wärme

101. Aufgabe

Bei Normaldruck und Normaltemperatur sind in einem cm^3 $2{,}679\cdot10^{19}$ Edelgasatome vorhanden. Wie groß ist die Boltzmannkonstante?

Lösung

Normaldruck heißt 760 Torr; im SI-System entsprechen

$$1 \text{ atm (physikalisch)} = 760 \text{ Torr} = 101325 \text{ Pa} .$$

Normaltemperatur ist $0\ ^{\circ}C = 273{,}16 \text{ K}$.

Da in einem cm^3 $2{,}679\cdot10^{19}$ Edelgasatome enthalten sind, gilt

$$\frac{N}{V} = 2{,}679\cdot10^{19} \ cm^{-3} .$$

Die isotherme Zustandsgleichung für Edelgase hat die Form $p\,V = \nu\,R\,T = \nu\,k\,N_L\,T$ mit k der Boltzmannkonstante, ν der Stoffmenge und N_L der Loschmidtschen Zahl. Weiters ist $N/N_L = \nu$ und man erhält

$$p = \frac{\nu\,k\,N_L\,T}{V} = \frac{\nu\,k\,N_L\,T\,N}{N\,V} = \frac{k\,T\,N}{V} .$$

Diese Gleichung nach k gelöst ergibt für $N/V = 2{,}679\cdot10^{19} \ cm^{-3} = 2{,}679\cdot10^{25} \ m^{-3}$.

$$k = \frac{p\,V}{N\,T} = \frac{101325 \text{ Pa } m^3}{2{,}679\cdot10^{25}\cdot273{,}16 \text{ K}} = \underline{\underline{1{,}38\cdot10^{-23} \text{ Nm K}^{-1} \ (J\ K^{-1})}}$$

102. Aufgabe

Wie groß ist die Dichte des Sauerstoffs in einer 40 ℓ Stahl-
flasche, wenn das Gas bei 17 $^{\circ}$C einen Überdruck von 144 at
hat? Wieviel kp O_2 enthält die Flasche?

Lösung

Eine technische Atmosphäre 1 at = 1 kp/cm^2 = $1 \cdot 9,81 \, N \cdot 10^4 \, m^{-2}$;
daher sind (144 + 1) at = 145 at = $145 \cdot 9,81 \cdot 10^4$ Pa . O_2 kann
unter den vorliegenden Bedingungen recht gut als ideales Gas betrachtet werden, und daher kann man aus $p \, V = \nu \, R \, T$ wegen
$\rho = m/V$ schreiben

$$\rho = \frac{m \cdot p}{\nu \, R \, T} \; .$$

1 kmol O_2 hat eine Masse von 32 kg. Außerdem ist $\nu = m/M$ mit
$M = 32 \, kg \, kmol^{-1}$; mit

$$R = 8,314 \, J \, K^{-1} \, mol^{-1} = 8314 \, J \, K^{-1} \, kmol^{-1}$$

und $T = 290,16$ K erhält man

$$\rho = \frac{\nu \, M \, p}{\nu \, R \, T} = \frac{32 \, kg \cdot 145 \cdot 9,81 \cdot 10^4 \, Pa}{8314 \, J \cdot 290,16 \, K} =$$

$$= 188,7 \, kg \, m^{-3} = 0,1887 \, kg/\ell \; .$$

In der 40 ℓ Flasche sind demnach 7,548 kg O_2 enthalten; das bedeutet 7,548 kp Gewicht für das O_2-Gas.

103. Aufgabe

Welcher Längenänderung ist eine Cu-Hochspannungsleitung im
Winter bei - 20 $^{\circ}$C unterworfen, wenn die Länge im Sommer
bei 25 $^{\circ}$C 500 m beträgt?

Lösung

Der lineare Ausdehnungskoeffizient für Kupfer beträgt
$\alpha_{Cu} = 1,5 \cdot 10^{-5} \, K^{-1}$. Für die Längenänderung als Funktion der
Temperatur gilt $\Delta\ell/\ell = \alpha \, \Delta T$; wegen $\Delta T = - 45$ K erhält man

$$\Delta \ell = - 500 \text{ m} \cdot 1{,}5 \cdot 10^{-5} \text{ K}^{-1} \cdot 45 \text{ K} = - 0{,}338 \text{ m} .$$

Das Kupferkabel verkürzt sich um 0,338 m, und das bewirkt eine höhere Zugspannung.

104. *Aufgabe*

Ein elektrischer Heißwasserspeicher faßt 8 ℓ Wasser von 10 °C. Wie lange dauert es, bis 95 °C heißes Wasser verfügbar ist, wenn bei einem Wirkungsgrad von 85 % eine Heizleistung von 900 W vorhanden ist?

Lösung

Die elektrische Leistung ist gleich dem Verhältnis elektrische Energie durch Zeit $P_{el} = Q_{el}/t$. Da die elektrische Energie nur mit 85 % in Wärmeenergie umgewandelt wird, gilt

$$Q_{el} \cdot \eta = P_{el} \; t \; \eta = m \; c \; \Delta T \; ;$$

und daraus folgt für die Zeit

$$t = \frac{m \; c \; \Delta T}{P_{el} \cdot \eta} \; .$$

Nun ist $m = 8$ kg, $c = 4185$ J kg^{-1} K^{-1} , $\Delta T = 85$ K , $\eta = 0{,}85$ und $P_{el} = 900$ W; daher ist

$$t = \frac{8 \text{ kg} \cdot 4185 \text{ J kg}^{-1} \text{ K}^{-1} \cdot 85 \text{ K}}{900 \text{ J s}^{-1} \cdot 0{,}85} = 3720 \text{ s} =$$

$$= 62 \text{ Minuten} = 1 \text{ Stunde und 2 Minuten.}$$

Genau genommen ist die spezifische Wärmekapazität von Wasser eine Funktion der Temperatur.

$$
\begin{aligned}
c_{H_2O} &= 4218 \text{ J kg}^{-1} \text{ K}^{-1} \quad \text{bei } \; 0 \; °C \\
&= 4281 \text{ J kg}^{-1} \text{ K}^{-1} \quad \text{bei } 20 \; °C \\
&= 4179 \text{ J kg}^{-1} \text{ K}^{-1} \quad \text{bei } 40 \; °C \\
&= 4185 \text{ J kg}^{-1} \text{ K}^{-1} \quad \text{bei } 60 \; °C \\
&= 4197 \text{ J kg}^{-1} \text{ K}^{-1} \quad \text{bei } 80 \; °C
\end{aligned}
$$

105. Aufgabe

2,5 m^3 Luft von 20 $^{\circ}$C und 1,2 at sind adiabatisch auf 5,5 at zu komprimieren. Wie hoch ist die Temperatur nach der Verdichtung und wieviel Arbeit muß aufgewendet werden?

Lösung

Unter den obigen Bedingungen kann Luft mit guter Näherung als ideales Gas angesehen werden. Die Zustandsgleichung für die adiabatische Kompression eines idealen Gases lautet

$$p_1 \, V_1^{\kappa} = p_2 \, V_2^{\kappa} \; ;$$

es folgt

$$\frac{p_2}{p_1} = \left(\frac{V_1}{V_2} \right)^{\kappa} .$$

Für die Änderung der inneren Energie $\Delta U = \Delta Q - p \, \Delta V$ kann man unter Benützung von $p = \nu \, R \, T/V$ und $\Delta U = m \, c_V \Delta T$ auch

$$m \, c_V \, \Delta T = - \frac{m \, R \, T \, \Delta V}{V}$$

schreiben, weil bei der adiabatischen Änderung $\Delta Q = 0$ ist. Wegen $R = c_p - c_V$ wird nach Umformung

$$\frac{c_V \, \Delta T}{T} = - \frac{R \, \Delta V}{V} = - (c_p - c_V) \frac{\Delta V}{V} .$$

Integriert zwischen den Grenzen T_1 und T_2 bzw. V_1 und V_2 erhält man

$$c_V \ln \frac{T_1}{T_2} = - (c_p - c_V) \ln \frac{V_1}{V_2} = (c_p - c_V) \ln \frac{V_2}{V_1} .$$

Antilogarithmiert ergibt sich

$$\left(\frac{T_1}{T_2} \right)^{c_V} = \left(\frac{V_2}{V_1} \right)^{c_p - c_V}$$

und weiter

$$\frac{T_1}{T_2} = \left(\frac{V_2}{V_1} \right)^{(c_p/c_V) - 1} = \left(\frac{V_2}{V_1} \right)^{\kappa - 1}$$

Für kleine Änderungen kann man schreiben

$$\frac{P_1\,V_1}{T_1} = \frac{P_2\,V_2}{T_2} \qquad\qquad \text{oder} \qquad\qquad \frac{V_2}{V_1} = \frac{P_1}{P_2}\,\frac{T_2}{T_1}$$

und wegen

$$\frac{V_2}{V_1} = \left(\frac{T_1}{T_2}\right)^{1/(\kappa-1)}$$

gilt schließlich

$$\left(\frac{T_1}{T_2}\right)^{1/(\kappa-1)} = \frac{P_1}{P_2}\,\frac{T_2}{T_1} \quad ;$$

T_2/T_1 auf die linke Seite multipliziert führt zu

$$\frac{T_1}{T_2}\left(\frac{T_1}{T_2}\right)^{1/(\kappa-1)} = \frac{P_1}{P_2} = \left(\frac{T_1}{T_2}\right)^{\kappa/(\kappa-1)}$$

und letztlich

$$\frac{T_1}{T_2} = \left(\frac{P_1}{P_2}\right)^{(\kappa-1)/\kappa} \quad .$$

Zusammenfassend erhält man

$$\frac{P_2}{P_1} = \left(\frac{V_1}{V_2}\right)^{\kappa}$$

$$V_2 = V_1\left(\frac{P_1}{P_2}\right)^{1/\kappa}$$

$$\frac{T_1}{T_2} = \left(\frac{V_1}{V_2}\right)^{(\kappa-1)}$$

und

$$\frac{T_1}{T_2} = \left(\frac{P_1}{P_2}\right)^{(\kappa-1)/\kappa}$$

$$T_2 = T_1\left(\frac{P_2}{P_1}\right)^{(\kappa-1)/\kappa} \quad .$$

Eingesetzt erhält man mit $\kappa_{\text{Luft}} = 1,4$

$$T_2 = 293,16\left(\frac{5,5\ \text{at}}{1,2\ \text{at}}\right)^{(1,4-1)/1,4} = 452,9\ \text{K} \quad .$$

Die Temperatur steigt von 20 $^\circ$C auf 179,7 $^\circ$C.

Für die aufgewendete Energie gilt mit 1 at = 1 kp cm^{-2} =
= 9,81$\cdot$10^4 Pa

$$p_1 = 1,2 \cdot 9,81\cdot10^4 \text{ Pa} = 1,1772\cdot10^5 \text{ Pa}$$

$$p_2 = 5,5 \cdot 9,81\cdot10^4 \text{ Pa} = 5,3955\cdot10^5 \text{ Pa}$$

$$V_1 = 2,5 \text{ m}^3$$

$$V_2 = V_1 \left(\frac{p_1}{p_2} \right)^{1/\kappa} = 2,5 \text{ m}^3 \left(\frac{1,1772}{5,3955} \right)^{1/1,4} =$$

$$= 2,5 \text{ m}^3 \cdot 0,337 = 0,8427 \text{ m}^3$$

$$T_1 = 293,2 \text{ K}$$

$$T_2 = 452,9 \text{ K} .$$

$$W = \int_{V_1}^{V_2} p \, dV = C \int_{V_1}^{V_2} \frac{dV}{V^\kappa} = C \int_{V_1}^{V_2} V^{-\kappa} \, dV$$

wegen

$$p \, V^\kappa = p_1 \, V_1^\kappa = p_2 \, V_2^\kappa = C \text{ (Konstante)}.$$

$$C \int_{V_1}^{V_2} \frac{dV}{V^\kappa} = \frac{1}{1-\kappa} \left(C \, V_2^{1-\kappa} - C \, V_1^{1-\kappa} \right)$$

$$W = \frac{1}{1-\kappa} \left(p_2 \, V_2^\kappa \, V_2^{1-\kappa} - p_1 \, V_1^\kappa \, V_1^{1-\kappa} \right) =$$

$$= \frac{1}{1-\kappa} \left(p_2 \, V_2 - p_1 \, V_1 \right) =$$

$$= -\frac{1}{0,4} \left(5,3955\cdot10^5 \text{ Pa} \cdot 0,8427 \text{ m}^3 - 1,1772\cdot10^5 \text{ Pa} \cdot 2,5 \text{ m}^3 \right) =$$

$$= -\frac{10^5}{0,4} (4,547 - 2,943) \text{ Nm} = -4,01\cdot10^5 \text{ Nm (Ws)} =$$

$$= -0,111 \text{ kWh} .$$

Die aufzuwendende Arbeit beträgt 0,111 kWh.

106. *Aufgabe*

Zur Bestimmung der Wärmekapazität eines Kalorimeters wird
es mit 350 g Wasser von 20 $^{\circ}$C gefüllt. Gießt man 500 g Wasser von 70 $^{\circ}$C hinzu, ergibt sich eine Mischtemperatur von
45 $^{\circ}$C. Wie groß ist die Wärmekapazität des Kalorimeters?

Lösung

Die Wärmemenge, die ein bestimmter Stoff aufzunehmen in der Lage
ist, lautet $Q = c \, m \, \Delta T$. Dabei bedeutet c die spezifische Wärme,
m die Masse und ΔT die Temperaturdifferenz.

Die spezifische Wärme von Wasser war ursprünglich bei einer Temperaturerhöhung von 14,5 $^{\circ}$C auf 15,5 $^{\circ}$C mit 1 cal g^{-1} Wasser definiert. Für 1 kg Wasser gilt daher 1000 cal. Im SI-System sind
1000 cal = 4186,5 J.

Nach der Aufgabe werden 0,35 kg Wasser von der Temperatur
$t_2 = 20$ $^{\circ}$C mit 0,5 kg Wasser von $t_1 = 70$ $^{\circ}$C in das Kalorimeter,
dessen Masse nicht bekannt ist, eingegossen. Die Mischtempera-
tur, die letztlich für 3 Komponenten gemeinsam gemessen wird,
ist $t_m = 45$ $^{\circ}$C. Es gelten daher die folgenden Gleichungen

$$Q_1 = c \, m_1 \, (t_1 - t_m)$$
$$Q_2 = c \, m_2 \, (t_m - t_2)$$
$$Q_3 = C \, (t_m - t_2) \; .$$

Die Wärmekapazität des Kalorimeters in J K^{-1} wird mit C bezeichnet. Aufgrund des Energiesatzes gilt

$$Q_1 = Q_2 + Q_3$$

oder weiter

$$c \, m_1 \, (t_1 - t_m) = c \, m_2 \, (t_m - t_2) + C \, (t_m - t_2) \; .$$

Daraus lässt sich C ermitteln mit

$$C = \frac{c \, m_1 \, (t_1 - t_m) - c \, m_2 \, (t_m - t_2)}{t_m - t_2} = c \left(\frac{m_1 \, (t_1 - t_m)}{t_m - t_2} - m_2 \right) .$$

Eingesetzt erhält man

$$C = 4186{,}5 \text{ J kg}^{-1} \text{ K}^{-1} \left(\frac{0{,}5 \text{ kg} \cdot 25 \text{ K}}{25 \text{ K}} - 0{,}35 \text{ kg} \right) =$$

$$= 627{,}98 \text{ J K}^{-1} .$$

Die Wärmekapazität des Kalorimeters beträgt $627{,}98 \text{ J K}^{-1}$.

107. Aufgabe

Warum kann ein Stück Kohlebrikett mit einer Masse von 250 g von einer Zündholzflamme mit 1250 $^{\circ}$C nicht zur Entzündung gebracht werden?

Lösung

Der gesamte Wärmeinhalt des Zündholzes lautet $Q = c \, m \, \Delta T$. Zur Abschätzung wird der Wärmeinhalt des Zündholzes mit dem Wärmeinhalt des Kohlebriketts verglichen; dabei wird der Einfachheit halber ein Zündholz aus Graphit mit einer Masse von 1 g angenommen. Die spezifische Wärme $c_{\text{Graphit}} = 500 \text{ J kg}^{-1} \text{ K}^{-1}$. Die Temperatur des Zündholzes vor der Entzündung des Kohlebriketts möge 20 $^{\circ}$C betragen (Zimmertemperatur). Dann ist der Gesamtwärmeinhalt des Zündholzes

$$Q_Z = 500 \text{ J kg}^{-1} \text{ K}^{-1} \cdot 10^{-3} \text{ kg} \cdot 1230 \text{ K} = 615 \text{ J} .$$

Das Kohlebrikett der Masse 250 g kann maximal den Wärmeinhalt von 615 J aufnehmen; das bedeutet $\Delta T = Q / c \, m$. Eingesetzt ergibt sich

$$\Delta T = \frac{615 \text{ J}}{500 \text{ J kg}^{-1} \text{ K}^{-1} \cdot 0{,}25 \text{ kg}} = 4{,}92 \text{ K} .$$

Das heißt, das Kohlebrikett nimmt eine Temperatur von maximal 24,92 $^{\circ}$C an, das aber nur, wenn kein Wärmeverlust an die umgebende Luft auftritt. Die Wärmeleitungsgleichung

$$\frac{\Delta Q}{\Delta t} = \lambda \, \frac{A}{\ell} \, \Delta T$$

bewirkt den Wärmetransfer in der Zeiteinheit. Hier bedeutet A die Fläche, durch die der Wärmeübergang erfolgt und ℓ die Länge. λ ist der Wärmeleitungskoeffizient. Es ist zu beachten, daß in der Wärmeleitungsgleichung Δt ein Zeitelement darstellt.

108. Aufgabe

Eine Eisenkugel paßt bei 19,3 $^{\circ}$C satt in einen Zylinder von
6 cm Durchmesser. Bei 157 K wird der Kugeldurchmesser um
0,1 mm reduziert. Wie groß ist das Kugelvolumen bei 100 $^{\circ}$C?

Lösung

Für die Längen- bzw. Volumsänderung als Funktion der Temperatur
gilt für Eisen

$$\ell_t = \ell_o \, (1 + \alpha t) \qquad\qquad \text{bzw.} \qquad\qquad V_t = V_o \, (1 + \gamma t) \; ,$$

wobei $\gamma = 3\alpha$ ist. α und γ werden in K^{-1} gemessen, während t für
Celsiusgrad steht.

$$\ell_{19,3^{\circ}C} = 6 \text{ cm} = \ell_o \, (1 + 19,3 \, \alpha) \; ;$$

0 $^{\circ}$C = 273,2 K; daher sind 157 K = - 116,2 $^{\circ}$C und es gilt

$$\ell_{-116,2^{\circ}C} = 5,99 \text{ cm} = \ell_o \, (1 - 116,2 \, \alpha) \; .$$

Dividieren der beiden bekannten Längen ergibt

$$\frac{6 \text{ cm}}{5,99 \text{ cm}} = \frac{1 + 19,3 \, \alpha}{1 - 116,2\alpha}$$

oder

$$6 - 6 \cdot 116,2 \, \alpha = 5,99 + 5,99 \cdot 19,3 \, \alpha$$

und weiter

$$0,01 = 5,99 \cdot 19,3 \, \alpha + 6 \cdot 116,2 \, \alpha \; ;$$

daraus folgt

$$\alpha = \frac{0,01}{812,807} = 1,23 \cdot 10^{-5} \; K^{-1} \; .$$

Da $\gamma = 3 \, \alpha$ ist, ist der kubische Ausdehnungskoeffizient von
Eisen $\gamma = 3,69 \cdot 10^{-5} \; K^{-1}$.
=================

Mit r = 3 cm ist

$$V_{19,3^{\circ}C} = \frac{4 \, r^3 \, \pi}{3} = 113,097 \text{ cm}^3$$

$$\frac{V_{100^{\circ}C}}{V_{19,3^{\circ}C}} = \frac{1 + \gamma \cdot 100}{1 + \gamma \cdot 19,3}$$

und

$$V_{100^{\circ}C} = 113,097 \left(\frac{1 + 369 \cdot 10^{-5}}{1 + 71,2 \cdot 10^{-5}} \right) cm^3 = 113,434 \ cm^3 \ .$$

Die Eisenkugel hat bei 100 $^{\circ}$C ein Volumen von 113,434 cm^3.

109. Aufgabe

Wie groß ist bei Normalbedingungen das Volumen von 5 mol Neon?

Lösung

Normalbedingungen heißt t = 0 $^{\circ}$C = 273,16 K und p = 760 Torr = = 1,013 $\cdot$ 10^5 Pa.

Die isotherme Zustandgleichung lautet p V = ν R T mit der universellen Gaskonstante R = 8,31432 J mol^{-1} K^{-1}.

Das Volumen von 5 mol Ne lautet

$$V = \frac{5 \ mol \cdot 8,31432 \ J \ mol^{-1} \ K^{-1} \cdot 273,16 \ K}{1,013 \cdot 10^5 \ Pa} = 0,1121 \ m^3 \ .$$

5 mol Neon haben bei Normalbedingungen ein Volumen von 0,1121 m^3, und 1 mol Edelgas hat, unabhängig vom Gas, ein Volumen von 22,4 Liter.

110. Aufgabe

Ein Niederdruckautoreifen wird bei 5 $^{\circ}$C auf 1,4 atü aufgepumpt. Als Folge einer längeren, raschen Fahrt steigt die Reifentemperatur auf 45 $^{\circ}$C. Welche Druckänderung wird dadurch bewirkt?

Lösung

Bei den gegebenen Temperaturen kann Luft mit guter Näherung als
ideales Gas betrachtet werden und es gilt daher

$$p_1 \, V_1 = \nu \, R \, T_1 \qquad \text{und} \qquad p_2 \, V_2 = \nu \, R \, T_2 \; .$$

Weil aufgrund der Konstruktion des Niederdruckreifens $V_1 \overset{\sim}{=} V_2$
ist, erhält man

$$\frac{p_1}{T_1} = \frac{p_2}{T_2} \qquad \text{und} \qquad p_2 = p_1 \, \frac{T_2}{T_1} \; ;$$

eingesetzt wird 1,4 atü = 1 at + 1,4 at = 2,4 at

$$p_2 = 2,4 \text{ at} \; \cdot \; \frac{273,16 + 45}{273,16 + 5} = \underline{\underline{2,75 \text{ at}}} \; .$$

Die Druckerhöhung beträgt 0,35 at.

111. Aufgabe

Wieviel Glukose muß in 300 cm^3 Wasser von 38 $^\circ$C gelöst werden, um einen osmotischen Druck von 7 atm zu bewirken und
welche Molalität müßte eine isotone Kochsalzlösung haben?

Lösung

Der osmotische Druck ist gleich dem Produkt aus Stoffmengendichte mal universeller Gaskonstante mal der absoluten Temperatur.
Aus $p \, V = \nu \, R \, T$ wird $p_{osm} = (\nu/V) \, R \, T$.

1 mol Glukose ($C_6H_{12}O_6$) entspricht $(6 \cdot 12 + 12 \cdot 1 + 6 \cdot 16)$ g =
= $\underline{\underline{180 \text{ g}}}$ = 0,18 kg .

Obige Gleichung nach ν aufgelöst gibt die Anzahl der Mole an,
die in 300 cm^3 Wasser von 38 $^\circ$C einen Druck von 7 atm (physikalisch) = $7 \cdot 1,013 \cdot 10^5$ Pa bewirken.

$$\nu = \frac{p_{osm} \cdot V}{R \, T} = \frac{7 \cdot 1,013 \cdot 10^5 \text{ Pa} \; \cdot \; 3 \cdot 10^{-4} \text{ m}^3}{8,31432 \text{ J mol}^{-1}\text{K}^{-1} \; \cdot \; 311,16 \text{ K}} = \underline{\underline{0,082 \text{ mol}}} \; .$$

Da 1 mol$_{Glukose}$ 180 g entspricht, sind 0,082 mol 14,8 g äquivalent.

Es müssen 14,8 g Glukose in 300 cm^3 H$_2$O gelöst werden, um 7 atm osmotischen Druck zu bewirken.

Die Molalität hat die Einheit

$$\left[\frac{\nu}{m}\right] = \left[\frac{mol}{kg}\right] \ .$$

Eine isotone Kochsalzlösung müßte daher den Wert

$$\frac{0,082 \ mol}{0,3 \ kg_{H_2O}} = 0,274 \ mol/kg_{H_2O}$$

haben.

112. Aufgabe

3 kg Eis von - 15 ^{o}C sind aufzulösen. Wieviel Leitungswasser von 12 ^{o}C ist dafür erforderlich?

Lösung

Die spezifische Schmelzwärme von Eis bei 0 ^{o}C beträgt 3,33$\cdot$10^5 J kg^{-1}, und die spezifische Wärme von Eis bei - 5 ^{o}C ist 2100 J kg^{-1} K^{-1}; diese Werte findet man in Tabellen. Nach dem Energiesatz muß gelten

$$m_{Eis} \cdot c_{Eis} \ \Delta T_1 + m_{Eis} \cdot c_{Schmelzwärme} = m_{H_2O} \cdot c_{H_2O} \cdot \Delta T_2$$

$$m_{Eis} \ (c_{Eis} \ \Delta T_1 + c_{Schmelzw.}) = m_{H_2O} \ c_{H_2O} \ \Delta T_2$$

$$m_{H_2O} = \frac{m_{Eis} \ (c_{Eis} \ \Delta T_1 + c_{Schmelzw.})}{c_{H_2O} \ \Delta T_2} =$$

$$= \frac{3 \ kg \ (2100 \ J \ kg^{-1} \ K^{-1} \cdot 15 \ K + 3,33 \cdot 10^5 \ J \ kg^{-1})}{4186,5 \ J \ kg^{-1} \ K^{-1} \cdot 12 \ K} =$$

$$= 21,77 \ kg \ .$$

21,77 Liter Leitungswasser von 12 ^{o}C sind erforderlich, um den 3 kg schweren Eisblock, der eine Temperatur von - 15 ^{o}C hat, aufzulösen. Hätte der Eisblock eine Temperatur von 0 ^{o}C, wären immerhin 19,89 Liter Wasser von 12 ^{o}C notwendig, um den Block aufzulösen und somit Wasser von 0 $^{\circ}$C herzustellen. Aus der spezifischen Wärmekapazität von Eis und Wasser ist abzulesen, daß Wasser fast die doppelte Wärmekapazität im Vergleich zu Eis hat. Die enorme Wärmemenge, die für den Schmelzvorgang benötigt wird, liegt in dem Umstand begründet, daß die feste Phase in die flüssige Phase übergeführt werden muß.

113. Aufgabe

Der Dampfdruck von Wasser bei 5 $^{\circ}$C ist $8{,}56 \cdot 10^{-3}$ atm, bei 15 $^{\circ}$C ist er $16{,}8 \cdot 10^{-3}$ atm, bei 30 $^{\circ}$C ist er $41{,}8 \cdot 10^{-3}$ atm, bei 40 $^{\circ}$C ist er $72{,}8 \cdot 10^{-3}$ atm und bei 60 $^{\circ}$C ist der Dampfdruck $196 \cdot 10^{-3}$ atm. Wie groß ist die relative Luftfeuchtigkeit bei 37 $^{\circ}$C, wenn der Wasserdampfdruck der Luft $20 \cdot 10^{-3}$ atm beträgt? Wie weit muß die Luft in der Nacht abgekühlt werden, damit der Taupunkt erreicht wird?

Lösung

Aufgrund der vorliegenden Daten kann folgendes Dampfdruckdiagramm des Wassers als Funktion der Temperatur gezeichnet werden:

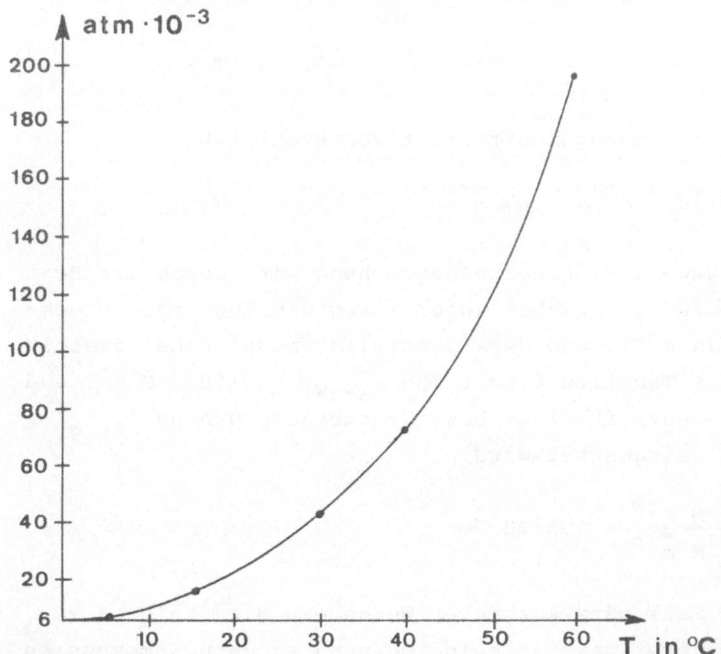

Aus dem Diagramm ergibt sich für 37 $^{\circ}$C ein Wasserdampfdruck von $62 \cdot 10^{-3}$ atm; das entspricht einer Luftfeuchtigkeit von 100 Prozent. Da bei der angegebenen Temperatur aber nur $20 \cdot 10^{-3}$ atm gemessen wurden, ergibt sich die relative Luftfeuchtigkeit mit

$$\frac{20 \cdot 10^{-3} \text{ atm}}{62 \cdot 10^{-3} \text{ atm}} = 32 \text{ %} .$$

Aus der Kurve kann abgelesen werden, daß der Taupunkt bei 17 $^{\circ}$C liegt. Eine Abkühlung in der Nacht um 20 $^{\circ}$C würde die 32 prozentige Luftfeuchtigkeit in eine 100 prozentige (Tau - Regen) umwandeln.

114. Aufgabe

Der Stahlträger einer Brücke wurde irrtümlich beidseitig fix eingespannt eingebaut. Welche Temperaturänderung würde ein Knicken des Trägers bewirken?

Lösung

Für die Längenänderung als Funktion der Temperatur gilt

$$\ell_t = \ell_o (1 + \alpha t) \qquad \text{oder} \qquad \frac{\Delta \ell}{\ell} = \alpha \, \Delta T ;$$

der thermische Ausdehnungskoeffizient von Stahl ist

$$\alpha_{St} = 1,55 \cdot 10^{-5} \text{ K}^{-1} .$$

Die elastische Zug- bzw. Druckbeanspruchung wird durch die Beziehung $\Delta \ell / \ell = \sigma / E$ beschrieben; hier ist σ die Zug- bzw. Druckspannung in Pa (N m^{-2}), und der Elastizitätsmodul E hat dieselbe Dimension. Aus Tabellen findet man $E_{Stahl} = 2 \cdot 10^{11}$ N m^{-2} und die elastische Grenze für Zug- bzw. Druckbeanspruchung $\sigma_{St.gr} = 3 \cdot 10^8$ N m^{-2} . Eingesetzt wird

$$\frac{\Delta \ell}{\ell} = \frac{3 \cdot 10^8 \text{ N m}^{-2}}{2 \cdot 10^{11} \text{N m}^{-2}} = 1,5 \cdot 10^{-3}$$

Im vorliegenden Fall wäre korrekter Weise ein Minuszeichen zu setzen, um klarzustellen, daß keine Dehnung sondern Kompression vorliegt. Weil nach ΔT gefragt ist, muß $\alpha \, \Delta T = \Delta \ell / \ell = 1{,}5 \cdot 10^{-3}$ nach ΔT aufgelöst werden; es wird

$$\Delta T = \frac{1{,}5 \cdot 10^{-3}}{1{,}55 \cdot 10^{-5}} = 96{,}8 \ \text{K} \ .$$

Temperaturänderungen dieser Höhe kommen in der Natur kaum vor; falls jedoch der Träger durch sein Eigengewicht und/oder durch zusätzliche Lasten vorbeansprucht ist, kommt es bei falschem Einbau immer wieder zu technischen Gebrechen. Man beachte, daß die absolute Länge in die Überlegungen nicht eingeht. Beim belastenden Eigengewicht spielt die Länge selbstverständlich eine wichtige Rolle.

115. Aufgabe

Freon (CCl_2F_2) wird üblicherweise als Kühlmittel für Kompressorkühlschränke verwendet. Wieviel Freon muß verdampft werden, um ein Viertel Liter Wasser von 20 $^{\circ}$C in Eis von − 15 $^{\circ}$C zu verwandeln?

Lösung

Freon ist bei Raumtemperatur und Atmosphärendruck gasförmig. Bei derselben Temperatur, aber bei ca. 10 atm ist Freon flüssig; die Verdampfungswärme von Freon bei konstantem Volumen ist $H_V = 1{,}55 \cdot 10^5 \ \text{J kg}^{-1}$. Für die Umwandlung des Wassers in das gewünschte Eis muß Wärmeenergie entzogen werden, einerseits um das Wasser von 20 $^{\circ}$C auf 0 $^{\circ}$C abzukühlen und dann, um 0° Wasser in 0° Eis zu verwandeln, wobei die latente Wärme $C = 3{,}33 \cdot 10^5 \ \text{J kg}^{-1}$ beträgt. Schließlich muß das Eis mit $c_{Eis} = 2{,}1 \cdot 10^3 \ \text{J kg}^{-1} \ \text{K}^{-1}$ um 15 $^{\circ}$C abgekühlt werden.

$$Q_1 + Q_2 + Q_3 = m \, c_{H_2O} \, \Delta T_1 + m \, c + m \, c_{Eis} \, \Delta T_2 =$$

$$= 0{,}25 \ \text{kg} \cdot 4{,}1865 \cdot 10^3 \ \text{J kg}^{-1} \ \text{K}^{-1} \cdot 20 \ \text{K} +$$

$$+ \, 0{,}25 \ \text{kg} \cdot 3{,}33 \cdot 10^5 \ \text{J kg}^{-1} +$$

$$+ \, 0{,}25 \ \text{kg} \cdot 2{,}1 \cdot 10^3 \ \text{J kg}^{-1} \ \text{K}^{-1} \cdot 15 \ \text{K} =$$

$$= 20932{,}5 \ \text{J} + 83250 \ \text{J} + 7875 \ \text{J} = 112056 \ \text{J} =$$

$$= 1{,}121 \cdot 10^5 \ \text{J} \ .$$

Wegen $H_{V\ Freon} = 1,55 \cdot 10^5$ J kg^{-1} müssen

$$\frac{1,121 \cdot 10^5 \text{ J}}{1,55 \cdot 10^5 \text{ J kg}^{-1}} = 0,72 \text{ kg Freon}$$

verdampft werden.

Die wichtigsten Komponenten eines Kühlschrankes sind ein Kompressor, der Freongas bei Zimmertemperatur auf ca. 10 atm verdichtet und dadurch verflüssigt, indem die Kompressionswärme im Kondensor (Raumtemperatur) abgeführt wird. Das flüssige Freon wird einem Vorratstank (Raumtemperatur) zugeführt und gelangt über ein Reduzierventil in die Verdampferkühlschlange, wo Niederdruck und damit niedrige Temperatur vorliegen, weil die verdampfende Freonflüssigkeit der Umgebung Wärmeenergie entzieht. Zu beachten ist noch der Wirkungsgrad des thermodynamischen Prozesses. Es gilt

$$\eta = \frac{Q_1}{Q_2 - Q_1} = \frac{T_1}{T_2 - T_1} \quad,$$

wobei $Q_2 - Q_1$ gleich der Kompressionsarbeit ist, während Q_1 die Wärmemenge bedeutet, die der Kühlanlage entzogen wurde. Übrigens funktionieren Wärmepumpen nach demselben Prinzip. Der Kondensor muß in diesem Fall dem zu heizenden Raum zugewandt sein, während der Verdampfer nach außen zu richten ist, um der Außenluftwärme Energie entziehen zu können.

116. Aufgabe

Eine auf kalorischer Basis betriebene elektrische Energie-erzeugungsanlage von 730 MW$_e$ hat einen Wirkungsgrad von 38 %. Wieviel Donaukühlwasser ist erforderlich, wenn für die Kondensorkühlung die Kühlwassertemperaturerhöhung mit 6 ^{o}C limitiert wurde?

Lösung

730 MW$_e$ entsprechen einer thermischen Leistung

$$\frac{Q_1}{t} = \frac{730 \text{ MW}_e}{0,38} = 1921 \text{ MW}_{th} \ ;$$

das bedeutet, jede Sekunde werden $1{,}921 \cdot 10^9$ J erzeugt. Nach dem ersten Hauptsatz der Wärmelehre gilt

$$Q_1 - Q_2 = A \quad \text{(die erzielbare Arbeit)}$$

oder

$$Q_2 = Q_1 - A = 1{,}921 \cdot 10^9 \text{ J} - 7{,}3 \cdot 10^8 \text{ J} = 1{,}191 \cdot 10^9 \text{ J} \; .$$

Die spezifische Wärme für Flußwasser bei $\Delta T = 6$ K ist $c_{H_2O} = 4{,}18 \cdot 10^3$ J kg^{-1} J^{-1}. Weil weiter $Q_2 = m\,c\,\Delta T$ ist, wird daraus

$$m = \frac{Q_2}{c\,\Delta T} = \frac{1{,}191 \cdot 10^9 \text{ J}}{4{,}18 \cdot 10^3 \text{ J kg}^{-1} \cdot 6 \text{ K}} = 4{,}75 \cdot 10^4 \text{ kg} \; .$$

Die Masse Flußwasser muß jede Sekunde für die Kühlung verfügbar sein; es entspricht dies einem Wasserbedarf von $47{,}5 \text{ m}^3 \text{s}^{-1}$.

Die letzte Gleichung zeigt: falls bei Niederwasser die Wassermenge von $47{,}5 \text{ m}^3 \text{ s}^{-1}$ nicht verfügbar sein sollte, müßte eine größere Temperaturerhöhung in Kauf genommen werden, oder es müßte Leistung reduziert werden.

117. Aufgabe

Wie groß ist die Entropieänderung, falls 0,5 Liter Wasser von 10 °C mit 0,5 Liter Wasser von 50 °C vermischt werden? Als Mischtemperatur registriert man 30 °C.

Lösung

Die Entropie ist diejenige Größe, die die Richtung irreversibler Zustandsänderungen festlegt. Bei vollkommen reversiblen Kreisprozessen ist die Entropieänderung günstigenfalls Null; sie kann aber nie kleiner als Null werden. Es gilt

$$\Delta S = \int_1^2 \frac{dQ}{T} + \int_2^1 \frac{dQ}{T} = 0$$

Im vorliegenden Beispiel liegt die Irreversibilität darin begründet, daß sich das höher temperierte Wasser beim Mischvorgang abkühlt, während das kältere Wasser erwärmt wird. Es ist unmöglich, daß, ohne Arbeit zu verrichten, Wärme vom tieferen

Niveau auf das höhere Niveau fließt. Definitionsgemäß ist die Wärmemenge $\Delta Q = m\ c\ \Delta T$ und daher erhält man für

$$\Delta S_1 = \int_{T_1}^{T_m} \frac{dQ}{T} = m\ c \int_{T_1}^{T_m} \frac{dT}{T}$$

und

$$\Delta S_2 = m\ c \int_{T_m}^{T_2} \frac{dT}{T}$$

mit $T_1 = 283,16$ K

$\quad\ \ T_2 = 323,16$ K

und $T_m = 303,16$ K .

$$\Delta S_1 = m\ c\ \ln \frac{T_m}{T_1}\ ; \qquad \Delta S_2 = m\ c\ \ln \frac{T_2}{T_m}$$

$$\Delta S = \Delta S_1 - \Delta S_2 = m\ c \left(\ln \frac{T_m}{T_1} + \ln \frac{T_m}{T_2} \right) =$$

$$= 0,5\ \text{kg} \cdot 4186,5\ \text{J kg}^{-1}\ \text{K}^{-1} \left(\ln \frac{303,16}{283,16} + \ln \frac{303,16}{323,16} \right) =$$

$$= 0,5\ \text{kg} \cdot 4186,5\ \text{J kg}^{-1}\ \text{K}^{-1}\ (0,0682 - 0,0639) =$$

$$= 9\ \text{J K}^{-1} .$$

Die Entropievermehrung beträgt 9 J K^{-1} .

Wären die Ausgangstemperaturen $0\ ^\circ$C und $60\ ^\circ$C, wäre die Mischtemperatur auch $30\ ^\circ$C, die Entropiezunahme jedoch

$$\Delta S^* = 0,5\ \text{kg} \cdot 4186,5\ \text{J kg}^{-1}\ \text{K}^{-1} \left(\ln \frac{303,16}{273,16} + \ln \frac{303,16}{333,16} \right) =$$

$$= 20,6\ \text{J K}^{-1} ,$$

also mehr als doppelt so groß.

118. Aufgabe

Nach der Dulong-Petitschen Regel ist die molare Wärmekapazität von Feststoffen bei Zimmertemperatur angenähert gleich. Wie groß sind die molare Wärmekapazität von Eisen und die spezifischen Wärmen von Silber, Gold und Antimon?

Lösung

Nach Boltzmann wird der Zusammenhang zwischen kinetischer Energie einatomiger Gase und der absoluten Temperatur durch die Gleichung

$$\frac{m\,\overline{v^2}}{2} = \frac{3}{2}\,k\,T$$

beschrieben. Handelt es sich um ein mol Gasatome, muß obige Gleichung mit der Loschmidt-Konstante multipliziert werden

$$\frac{N_A m\,\overline{v^2}}{2} = \frac{3}{2}\,N_A k\,T = \frac{3}{2}\,R\,T\ .$$

Demgemäß ist die Translationsenergie - wegen des Gleichvertei-
lungssatzes - in eine Richtung (z.B. x-Richtung) 1/2 k T. Für
ein Gasatom existieren 3 Freiheitsgrade, für einen Festkörper
jedoch 6 Freiheitsgrade, nämlich 3 der Translation (x, y, z)
plus 3 der Rotation (r, θ, ϕ). Führt man einem Festkörper Wärmeenergie zu, dann gilt nach dem 1. Hauptsatz der Wärmelehre

$$\Delta Q = \Delta U + p\,\Delta V\ .$$

Nachdem die Volumsausdehnung vieler Festkörper sehr gering ist,
gilt mit guter Näherung $\Delta V = 0$ und obige Gleichung reduziert sich
zu

$$\Delta Q = \Delta U = \frac{6}{2}\,\nu\,R\,\Delta T\ .$$

Die molare Wärmekapazität lautet

$$c_{molar} = \frac{1}{\nu}\,\frac{\Delta Q}{\Delta T} = 3\,R = 3\cdot 8{,}31432\ \text{J mol}^{-1}\,\text{K}^{-1} =$$

$$= 24{,}94\ \text{J mol}^{-1}\,\text{K}^{-1} = \frac{24{,}94}{4{,}1865}\ \text{cal mol}^{-1}\,\text{K}^{-1} =$$

$$= 5{,}96\ \text{cal mol}^{-1}\,\text{K}^{-1}\ .$$

Tatsächlich müßte man für $c_{molar\,Fe} = 25{,}1$ J mol^{-1} K^{-1} schreiben.

Der Zusammenhang zwischen spezifischer und molarer Wärmekapazität ist wegen $\Delta Q/\Delta T = \nu\cdot c_{molar} = m\,c$ somit

$$c = \frac{\nu\cdot c_{molar}}{m}\ .$$

Für Silber, Gold und Antimon sind die molaren Massen

$$m_{Ag} = 107,87 \text{ g}$$

$$m_{Au} = 196,97 \text{ g}$$

$$m_{Sb} = 121,75 \text{ g}$$

$$c = \frac{24,94 \text{ J K}^{-1}}{m \cdot kg}$$

	Aus Dulong-Petit Regel	gemessen bei 25 ^{o}C
	in J kg^{-1} K^{-1}	
c_{Ag}	231,2	236,5
c_{Au}	126,6	128,9
c_{Sb}	204,8	207,2

119. Aufgabe

Man zeige, daß die adiabate Zustandsänderung idealer Gase entweder in der Form $p \, V^{\kappa} = $ const. oder in der Form $T \, V^{\kappa-1} = $ const. geschrieben werden kann.

Lösung

Das Charakteristikum einer adiabaten Zustandsänderung ist, daß die Druckvolumenänderung ohne Wärmezufuhr oder Wärmeverlust vor sich gehen kann.

$$\Delta Q = \Delta U + p \, \Delta V = 0 \; .$$

Für die Änderung der inneren Energie gilt $\Delta U = m \, c_V \, \Delta T$; falls der Vorgang quasistatisch verläuft, gilt

$$p \, V = \nu \, R \, T \qquad \text{oder} \qquad p = \frac{\nu \, R \, T}{V} \; ,$$

so daß man schließlich erhält

$$m \, c_V \, \Delta T + \nu \, R \, T \, \frac{\Delta V}{V} = 0$$

oder

$$\frac{m}{\nu} \, c_V \, \frac{\Delta T}{T} + R \, \frac{\Delta V}{V} = 0$$

und mit $\frac{m}{\nu}\, c_V = C_V$ der molaren Wärmekapazität bei konstantem Volumen wird weiter

$$C_V\, \frac{dT}{T} + R\, \frac{dV}{V} = 0\ .$$

Integrieren zwischen T_2 und T_1 bzw. V_2 und V_1 führt zu

$$C_V\, \ln \frac{T_2}{T_1} + R\, \ln \frac{V_2}{V_1} = 0\ ;$$

weil $R = C_p - C_V$ ist, erhält man letztlich

$$C_V\, \ln \frac{T_2}{T_1} + (C_p - C_V)\, \ln \frac{V_2}{V_1} = 0$$

und

$$\ln \frac{T_2}{T_1} + \frac{C_p - C_V}{C_V} \cdot \ln \frac{V_2}{V_1} = 0$$

oder

$$\frac{T_2}{T_1} \left(\frac{V_2}{V_1} \right)^{(C_p - C_V)/C_V} = 1\ .$$

Mit $\kappa = C_p/C_V$ erhält man $T\, V^{\kappa - 1} = \text{const.}$

Wegen $T = pV/\nu R$ wird obige Gleichung auch

$$\frac{p\,V}{\nu\,R}\ V^{\kappa - 1} = \text{const} \qquad\qquad \text{oder} \qquad\qquad p\,V^{\kappa} = \text{const.}$$

Daher gilt $\quad T\, V^{\kappa - 1} = \text{const.}\quad$ und

$$p\,V^{\kappa} = \text{const.}$$

120. Aufgabe

Wieviel Arbeit müssen die menschlichen Nieren verrichten, um aus 84 Liter einer 0,005 molaren Harnstofflösung 82,6 Liter Wasser gegen den osmotischen Druck abzupressen?

Lösung

Im menschlichen Organismus scheidet die Niere über den Harn Abfallprodukte aus dem Blutplasma aus sowie diejenigen Substanzen,

die in zu hoher Konzentration durch die Nahrungsmittelverwertung
im Blutplasma vorliegen. Die Niere versucht, physikalisch gesehen, den osmotischen Druck konstant zu halten. Es wird aber dabei nicht der osmotische Druck in der Gesamtheit geregelt, sondern die Ausscheidung der gelösten Stoffe aus dem Blutplasma erfolgt selektiv. Der osmotische Druck wird aufgrund des van't
Hoffschen Gesetzes bei geringer Konzentration der gelösten Substanz im Lösungsmittel mit $p_{osm} = \nu\,R\,T/V$ bestimmt.

Der osmotische Druck ist jener Druck, den die gelösten Stoffe
auf die undurchlässige Wand in Abwesenheit des Lösungsmittels
ausüben würden. Da der Gesamtdruck die Summe der Partialdrücke
ist, gilt auch für den osmotischen Druck, daß bei Vorhandensein
mehrerer gelöster Substanzen im Lösungsmittel

$$p_{osm.ges.} = \sum_i \frac{\nu_i\,R\,T}{V}$$

ist.

Der Mensch scheidet durchschnittlich pro Tag 1,4 Liter Harn aus.
Im Blutplasma sind normalerweise 0,005 mol Harnstoff pro Liter
gelöst; im Harn dagegen beträgt der Mittelwert etwa 0,3 mol pro
Liter.

> 1,4 ℓ Harn pro Tag mit 0,3 mol Harnstoff entsprechen
> 84 ℓ Blutplasma von 0,005 mol Harnstoff.

Die von der Niere zu verrichtende Arbeit lautet

$$\Delta A = p\,\Delta V \qquad \text{oder} \qquad A = \int_{1,4}^{84} p\,dV \; \cdot$$

Wegen $p_{osm} = \dfrac{\nu\,R\,T}{V}$ erhält man mit $T = 310,2$ K

$$0,3 \text{ mol} \cdot 1,4 \cdot R\,T \int_{1,4}^{84} \frac{dV}{V} =$$

$$= 0,42 \text{ mol} \cdot 8,314 \text{ J mol}^{-1}\,K^{-1} \cdot 310,2 \text{ K } (\ln 84 - \ln 1,4) =$$

$$= 4435 \text{ J} \;.$$

121. Aufgabe

In einen Ballon von 15 m^3 Volumen wird Helium von 1,5 atm und 18 $^{\circ}$C eingefüllt. Welche Dichte hat der Ballon, wenn die einhüllende Haut 1,2 kp wiegt?

Lösung

Die Anzahl der Heliummole unter den vorgegebenen Bedingungen lautet

$$\nu = \frac{p\,V}{R\,T} = \frac{1,5 \cdot 1,013 \cdot 10^5 \text{ Pa} \cdot 15 \text{ m}^3}{8,314 \text{ J K}^{-1}\text{mol}^{-1} \cdot 291,2 \text{ K}} = 941,4 \text{ mol} .$$

1 mol Helium entspricht einer Masse von 4 g; daher ist die gesamte eingefüllt Heliummasse M_{He} = 3,766 kg. Das Gewicht der einhüllenden Haut beträgt 1,2 kp; die Masse ist daher 1,2 kg. Die Gesamtmasse ist somit

$$3,766 \text{ kg} + 1,2 \text{ kg} = 4,97 \text{ kg}$$

und die Dichte

$$\rho = \frac{4,97 \text{ kg}}{15 \text{ m}^3} = 0,33 \text{ kg m}^{-3} .$$

Da 1 m^3 Luft bei Normaldruck und Normaltemperatur 1,3 kg m^{-3} Dichte hat, kann der Heliumballon durch den Auftrieb so lange steigen, bis seine Dichte der Luftdichte in der höheren Atmosphäre entspricht.

122. Aufgabe

Wie groß ist die Wurzel aus dem mittleren Geschwindigkeitsquadrat für ein O$_2$-Molekül bei - 10 $^{\circ}$C im Vergleich zu + 10 $^{\circ}$C ?

Lösung

Aus der kinetischen Theorie der Gase folgt

$$\frac{m\,\overline{v^2}}{2} = \frac{3}{2}\,k\,T \qquad \text{und} \qquad \overline{v^2} = \frac{3\,k\,T}{m} ;$$

daher ist

$$\sqrt{\overline{v^2}} = \left(\frac{3 \cdot 1{,}38 \cdot 10^{-23} \text{ J K}^{-1} \cdot T}{32 \cdot 1{,}67 \cdot 10^{-27} \text{ kg}} \right)^{1/2} .$$

Dabei ist die Masse des Sauerstoffmoleküls mit

$$32 \, m_u = 32 \cdot 1{,}67 \cdot 10^{-27} \text{ kg}$$

eingesetzt und k ist die Boltzmannkonstante.

- 10 ^{o}C entsprechen 263,16 K, während + 10 ^{o}C 283,16 K sind. Man erhält daher

$$\sqrt{\overline{v^2}}_{+10^{o}C} = 468{,}4 \text{ m s}^{-1}$$
$$\underline{}$$

und

$$\sqrt{\overline{v^2}}_{-10^{o}C} = 468{,}4 \text{ m s}^{-1} \sqrt{\frac{263{,}16}{283{,}16}} = 468{,}4 \text{ m s}^{-1} \cdot 0{,}964 =$$

$$= 451{,}6 \text{ m s}^{-1} .$$
$$\underline{}$$

Der Zusammenhang zwischen Wurzel aus dem mittleren Geschwindigkeitsquadrat und der wahrscheinlichsten Geschwindigkeit lautet

$$\sqrt{\overline{v^2}} = 1{,}225 \, v_w \quad ,$$

und zwischen der mittleren Geschwindigkeit und der wahrscheinlichsten Geschwindigkeit besteht der Zusammenhang

$$\sqrt{\overline{v}} = 1{,}128 \, v_w .$$

Daraus ist zu ersehen, daß bei der Maxwellschen Geschwindigkeitsverteilung gilt

$$v_w < \overline{v} < \sqrt{\overline{v^2}} .$$

123. Aufgabe

In Wohnräumen treten Wärmeverluste durch Wärmeleitung hauptsächlich in den Fensterbereichen auf. Wieviel Wärmeenergie geht stündlich durch ein Fenster von 1,80 x 1,20 m^2 bei Einzelverglasung mit 4 mm dickem Glas verloren, wenn die Innentemperatur des Raumes 20 ^{o}C und die Außentemperatur - 10 ^{o}C beträgt?

Lösung

Nach der Wärmeleitungsgleichung gilt

$$\frac{\Delta Q}{\Delta t} = \frac{\lambda \ A \ (T_2 - T_1)}{\ell} \ .$$

Der Wärmeleitungskoeffizient λ_{Glas} ist mit 0,84 J s^{-1} m^{-1} K^{-1} tabelliert. Eingesetzt findet man

$$\frac{\Delta Q}{\Delta t} = \frac{0,84 \ J \ s^{-1} \ m^{-1} \ K^{-1} \cdot 2,16 \ m^2 \cdot 30 \ K}{4 \cdot 10^{-3} \ m} =$$

$$= 1,36 \cdot 10^4 \ J \ s^{-1} \ (W) \ .$$

In einer Stunde geht eine Wärmeenergie von 13,6 kWh verloren.

124. Aufgabe

Welche Wärmeleistung muß ein nackter Mensch aufbringen, der sich in einem Raum von 20 ^{o}C befindet, um den Konvektionswärmeverlust auszugleichen?

Lösung

Bei Heranziehung der Wärmeleitungsgleichung zur Lösung dieser Aufgabe sind folgende Voraussetzungen zu klären: Wie groß ist die Oberflächentemperatur des nackten Menschen? Wie groß ist die Oberfläche des Körpers? Wie groß ist der Wärmeübergangskoeffizient vom Körper auf die Raumluft?

Mit

$$\frac{\Delta Q}{\Delta t} = \gamma \ A \ (T_2 - T_1)$$

erhält man für $A_{Mensch} \simeq 1,5 \ m^2$, $T_2 = 33 \ ^{\circ}C$, $T_1 = 20 \ ^{\circ}C$ und $\gamma = 6 \ J \ m^{-2} \ s^{-1} \ K^{-1}$

$$\frac{\Delta Q}{\Delta t} = 117 \ W \ (J \ s^{-1}) \ .$$

Dem Körper müssen jede Sekunde 117 J zugeführt werden, um den Konvektionswärmeenergieverlust auszugleichen. Da der Körper aber auch Strahlungsverluste erleidet, ist die gesamte aufzubringende Energie noch um den Strahlungsanteil zu erhöhen.

125. Aufgabe

Die kritischen Daten zur Verflüssigung von Kohlendioxid lauten $p_k = 72,9$ atm und $T_k = 304,2$ K. Wie groß sind V_k/ν und die van der Waalsschen Konstanten a und b?

Lösung

Oberhalb der kritischen Temperatur T_k ist eine Gasverflüssigung unmöglich. Aus der van der Waalsschen Gleichung

$$(p + \frac{a}{V^2}) \ (V - b) = \nu \ R \ T$$

wird nach Multiplikation mit V^2/p

$$V^3 - V^2 \frac{pb + \nu RT}{p} + V \frac{a}{p} - \frac{ab}{p} = 0 \ .$$

Diese Gleichung besagt: werden p und T konstant gehalten, dann gibt es drei Wurzeln

$$(V - V_1) \ (V - V_2) \ (V - V_3) = 0 \ .$$

Im pV-Diagramm haben die Isothermen die in der Abbildung dargestellte Form. Für den Punkt C gelten die kritischen Bedingungen der Gasverflüssigung:

p_k ist der kritische Druck,

V_k ist das kritische Volumen und

T_k ist die kritische Temperatur.

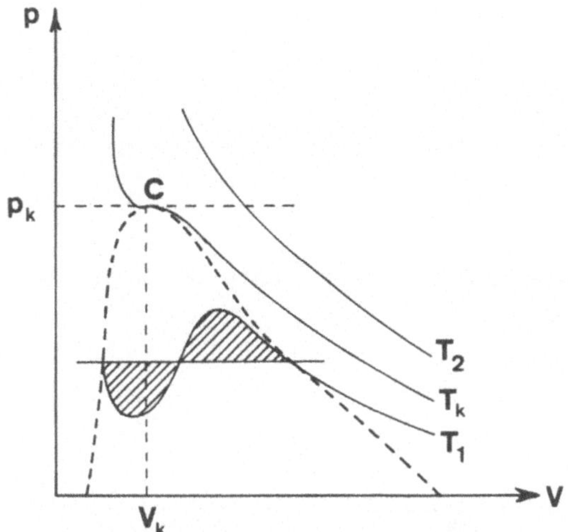

Da die kritische Kurve dritten Grades einen Wendepunkt hat und dort die Steigung Null ist, gilt

$$\frac{dp}{dV} = 0 \quad \text{(horizontale Tangente)}$$

und

$$\frac{d^2p}{dV^2} = 0 \quad \text{(Wendepunkt, Extremum ist Null)}.$$

Die van der Waalssche Gleichung nach p aufgelöst ergibt

$$p = \frac{\nu\,R\,T}{V-b} - \frac{a}{V^2} \quad \text{und} \quad \frac{dp}{dV} = 0 = -\frac{\nu\,R\,T}{(V-b)^2} + \frac{2\,a}{V^3}$$

sowie

$$\frac{d^2p}{dV^2} = 0 = \frac{2\,\nu\,R\,T}{(V-b)^3} - \frac{6\,a}{V^4}\ .$$

Aus dieser Gleichung a ausgerechnet ergibt

$$a = \frac{\nu\,R\,T\,V^4}{3\,(V-b)^3}\ ;$$

dieser Wert in die zweite Gleichung eingesetzt führt zu

$$-\frac{\nu\,R\,T}{(V-b)^2} = -\frac{2\,\nu\,R\,T\,V^4}{3\,(V-b)^3\,V^3} = -\frac{2\,\nu\,R\,T\,V}{3\,(V-b)^3}$$

oder

$$1 = \frac{+\,2\,V}{3\,(V-b)} \quad \text{mit} \quad 3\,(V-b) = +\,2\,V\ ;$$

$$V = 3\,b \qquad \text{bzw.} \qquad b = \frac{V}{3}\;.$$

b in a eingesetzt ergibt

$$a = \frac{\nu\,R\,T\,V^4}{3\,(\frac{2\,V}{3})^3} = \frac{27\,\nu\,R\,T\,V}{24}\;.$$

Für p_k und T_k sowie V_k werden a und b in die erste Gleichung eingesetzt und man erhält

$$p_k = \frac{3\,\nu\,R\,T_k}{2\,V_k} - \frac{27\,\nu\,R\,T_k\,V_k}{24\,V_k^2} =$$

$$= \frac{36\,\nu\,R\,T_k}{24\,V_k} - \frac{27\,\nu\,R\,T_k}{24} = \frac{3\,\nu\,R\,T_k}{8\,V_k}\;.$$

Nach V_k/ν ausgerechnet ist

$$V_k^\star = \frac{V_k}{\nu} = \frac{3\,R\,T_k}{8\,p_k}\;.$$

Eingesetzt wird

$$V_k^\star = \frac{3 \cdot 8{,}314\;J\,mol^{-1}\,K^{-1} \cdot 304{,}2\;K}{8 \cdot 72{,}9 \cdot 1{,}013 \cdot 10^5\;Pa} = 1{,}284 \cdot 10^{-4}\;m^3\,mol^{-1}$$

$$b = \frac{V_k^\star}{3} = 4{,}28 \cdot 10^{-5}\;m^3\,mol^{-1}$$

$$a = \frac{9}{8}\,R\,T\,V_k^\star = 3{,}65 \cdot 10^{-1}\;Pa\;m^6\,mol^{-2}\;.$$

126. Aufgabe

Auf welcher physikalischen Grundlage basiert die örtliche Vereisung und damit Schmerzfreimachung kleiner Hautpartien?

Lösung

Äthylchlorid (C_2H_5Cl) wird für die örtliche Vereisung und damit für die Betäubung der Haut bei kleineren Operationen benützt. Bei Normaldruck liegt der Siedepunkt von Äthylchlorid bei 13,1 $^\circ$C. Flüssiges C_2H_5Cl, auf die Haut aufgespritzt, führt wegen der Hauttemperatur von ca. 33 $^{\circ}$C zu virulentem Sieden und Verdampfen. Die erforderliche Wärmeenergie wird der Haut und dem unmittelbar darunter liegenden Gewebe entzogen. Diese Bereiche werden bis unter den Gefrierpunkt des Wassers, das einen Großteil des Gewebes bildet, abgekühlt und vereist. So beträgt die spezifische Verdampfungswärme z.B. von Äther mit einem Siedepunkt von 34,5 $^{\circ}$C (760 Torr) 384 kJ kg^{-1}. Für Chloräthyl C_2H_5Cl beträgt die spezifische Verdampfungswärme 410,3 kJ kg^{-1}. Sieden liegt vor, wenn der Dampfdruck innerhalb der Flüssigkeit größer oder gleich dem über der Flüssigkeit lastenden Gasdruck ist. Verdunstung heißt Verarmung der Teilchen, die die größte kinetische Energie haben und dadurch in der Lage sind, die Flüssigkeitsoberfläche zu verlassen; dadurch sinkt das mittlere $\overline{v^2}$ der zurückbleibenden Teilchen, was wegen der Beziehung

$$\frac{N \; m \; \overline{v^2}}{\nu \; 2} = \frac{3}{2} \; R \; T$$

eine Reduzierung von T zur Folge hat.

127. Aufgabe

    1 mol CO_2 nimmt bei 1 atm ein Volumen von 50 Liter ein. Welche Temperatur hat das Gas, falls es als ideales bzw. als reales Gas angesehen wird?

Lösung

Für das ideale Gas gilt p V = ν R T   und daraus

$$T = \frac{p \; V}{\nu \; R} = \frac{1,013 \cdot 10^5 \; Pa \cdot 0,05 \; m^3}{1 \; mol \cdot 8,314 \; J \; mol^{-1} \; K^{-1}} = 609,2 \; K = 336 \; ^{\circ}C \; .$$

Für reale Gase gilt die van der Waalssche Gleichung

$$(p + \frac{a}{V^2}) \; (V - b) = \nu \; R \; T \; ;$$

mit a = $3,65 \cdot 10^{-1}$ Pa m^6 mol^{-2} und   b = $4,28 \cdot 10^{-5}$ m^3 mol^{-1} wird

$$\left(1,013 \cdot 10^5 \; Pa + \frac{3,65 \cdot 10^{-1} \; Pa \; m^6 \; mol^{-2}}{25 \cdot 10^{-4} \; m^6 \; mol^{-2}}\right) \cdot$$

$$\cdot \left(0,05 \; m^3 \; mol^{-1} - 4,28 \cdot 10^{-5} \; m^3 \; mol^{-1}\right) = R \; T$$

$$(1{,}013 \cdot 10^5 \text{ Pa} + 1{,}46 \cdot 10^2 \text{ Pa}) \ (0{,}05 \text{ m}^3 - 0{,}000043 \text{ m}^3) = \nu\,R\,T$$

$$T = 609{,}6 \text{ K} \approx 336 \ ^\circ\text{C} \ .$$

Bei den vorgegebenen Bedingungen stimmen beide Temperaturen innerhalb der Meßgenauigkeiten überein.

128. Aufgabe

Welches Quantum an Lebensmitteln in Form von Kohlehydraten muß ein Durchschnittsmensch täglich zu sich nehmen, um in einer Umgebung von 22 $^\circ$C die durch Abstrahlung bewirkten Wärmeenergieverluste wieder auszugleichen?

Lösung

Die Wärmestrahlungsleistungs-Flächendichte lautet

$$\Delta P = \frac{\Delta Q}{\Delta t \cdot F} = \varepsilon\,\sigma\,(T_2^4 - T_1^4)$$

mit $\varepsilon \approx 0{,}3$ dem Strahlungsvermögen, $\sigma = 5{,}67 \cdot 10^{-8} \text{ W m}^{-2} \text{ K}^{-4}$ der Stefan Boltzmannkonstante und $F \approx 1{,}5 \text{ m}^2$ der Oberfläche des Menschen. Für die Energie ΔQ erhält man mit

$$\Delta t = 24 \cdot 3600 \text{ s} = 8{,}64 \cdot 10^5 \text{ s}$$

$$\Delta Q = \varepsilon\,\sigma\,F\,\Delta t\,(T_2^4 - T_1^4) =$$

$$= 0{,}3 \cdot 5{,}67 \cdot 10^{-8} \text{ W m}^{-2} \text{ K}^{-4} \cdot 1{,}5 \text{ m}^2 \cdot 8{,}64 \cdot 10^5 \text{ s} \cdot$$

$$\cdot \ (306^4 \text{ K}^4 - 295^4 \text{ K}^4) = 2{,}63 \cdot 10^7 \text{ Ws} = 2{,}63 \cdot 10^7 \text{ J} \ .$$

Die Oberflächentemperatur des Körpers wird mit 33 $^\circ$C = 306 K angenommen. Für Kohlehydrate ist der mittlere physikalische und physiologische Brennwert gleich; er lautet $W_{B,spez} = 1{,}72 \ 10^4 \text{ J g}^{-1}$. Weil täglich durch Abstrahlung $2{,}63 \cdot 10^7$ J verlorengehen, müssen

$$\frac{2{,}63 \cdot 10^7 \text{ J}}{1{,}72 \cdot 10^4 \text{ J g}^{-1}} = 1{,}53 \text{ kg Kohlehydrate}$$

dem Körper zugeführt werden.

Diese Überlegungen gelten für den nackten Menschen und für 24
Stunden. Kleidung und Bettzeug reduzieren die errechneten Ver-
luste beträchtlich.

129. Aufgabe

In den Jahren 1946 und 1947 betrug in Wien die tägliche
Schwerarbeiterration 2400 kcal. Welche Leistung war damit
für einen 10-Stunden-Arbeitstag möglich unter der Annahme,
daß während des Schlafens und Ausruhens im Vergleich zur
Arbeitsphase nur 10 % der Energie verbraucht werden?

Lösung

Im SI-System sind

$$2400 \text{ kcal} = 2,4 \cdot 10^6 \cdot 4,1865 \text{ J} = 1,0048 \cdot 10^7 \text{ J} .$$

Der mittlere spezifische physiologische Brennwert von Kohlehy-
draten beträgt $1,72 \cdot 10^4$ J g^{-1}, von tierischem Fett beträgt er
$3,89 \cdot 10^4$ J g^{-1} und von Eiweiß ist er ebenfalls $1,72 \cdot 10^4$ J g^{-1}.
Da die dem Körper durch Lebensmittel zugeführte Energie auf 10
Stunden Arbeit und 14 Stunden Ruhe und Schlaf aufzuteilen ist,
gilt

$$1,0048 \cdot 10^7 \text{ J} = 10 \text{ x} + 14 \text{ y}$$

mit y = x/10 oder $1,0048 \cdot 10^7$ J = 11,4 x ;

$$x = \frac{1,0048 \cdot 10^7 \text{ J}}{11,4 \text{ h}} = 244,8 \text{ W}$$

$$y = 0,1 \text{ x} = 24,48 \text{ W} .$$

Es dürfen verbraucht werden:
während der Schwerarbeit 244,8 W·3600·10 s = $8,813 \cdot 10^6$ J und
während der Ruhepause   24,48 W·3600·14 s = $1,234 \cdot 10^6$ J.

130. Aufgabe

Einfache Haushaltskaffeemaschinen werden aus Aluminium bzw. aus Edelstahl angeboten. Beide Arten haben gleiches Gewicht (580 p) und man kann mit jeder Maschine ein Viertel Liter Kaffee erzeugen. Wie groß ist der jeweilige Energieverbrauch und welche energetischen Verbesserungen sind zu empfehlen?

Lösung

Die der Kaffeemaschine zugeführte Wärmemenge lautet $Q = m\,c\,\Delta T$. Weil die Wärmemenge auf die Maschine und auf das zu erwärmende Wasser aufgeteilt wird, gilt für Aluminium

$$Q_{Al} = m_{Al}\,c_{Al}\,\Delta T_1 + m_{H_2O}\,c_{H_2O}\,\Delta T_2 \;.$$

m_{Al} ist die Masse,
c_{Al} ist die spezifische Wärme des Aluminiums und
m_{H_2O} bzw. c_{H_2O} sind die Masse und die spezifische Wärme des Wassers.

Wenn man nun Leitungswasser mit 15 $^{\circ}$C annimmt und 20 $^{\circ}$C für die Kaffeemaschine einsetzt, erhält man

$$\Delta T_1 = 80 \text{ K} \qquad \text{und} \qquad \Delta T_2 = 85 \text{ K} \; ;$$

weiters ist

$$c_{H_2O} = 4186,5 \text{ J kg}^{-1} \text{ K}^{-1}$$
$$c_{Al} = 900 \text{ J kg}^{-1} \text{ K}^{-1}$$
$$c_{Stahl} = 450 \text{ J kg}^{-1} \text{ K}^{-1}$$
$$m_{H_2O} = 0,25 \text{ kg} \quad \text{und}$$
$$m_{Al} = m_{Stahl} = 0,58 \text{ kg} \;.$$

Eingesetzt erhält man

$$Q_{Al} = 0,58 \text{ kg} \cdot 900 \text{ J kg}^{-1} \text{ K}^{-1} \cdot 80 \text{ K} +$$
$$+ 0,25 \text{ kg} \cdot 4186,5 \text{ J kg}^{-1} \text{ K}^{-1} \cdot 85 \text{ K} =$$
$$= 4,176 \cdot 10^4 \text{ J} + 8,896 \cdot 10^4 \text{ J} = 1,307 \cdot 10^5 \text{ J} \;.$$

Für die Stahlmaschine eingesetzt gilt

$$Q_{St} = m_{St}\, c_{St}\, \Delta T_1 + m_{H_2O}\, c_{H_2O}\, \Delta T_2 \; .$$

Eingesetzt erhält man

$$Q_{St} = 0,58 \text{ kg} \cdot 450 \text{ J kg}^{-1} \text{ K}^{-1} \cdot 80 \text{ K} +$$

$$+ \; 0,25 \text{ kg} \cdot 4186,5 \text{ J kg}^{-1} \text{ K}^{-1} \cdot 85 \text{ K} =$$

$$= 2,088 \cdot 10^4 \text{ J} + 8,896 \cdot 10^4 \text{ J} = 1,098 \cdot 10^5 \text{ J} \; .$$

Die Kaffeemaschine aus Aluminium verbraucht um 19 % mehr Energie als die rostfreie Stahlmaschine. Um noch mehr Energie einzusparen, wäre ein Material mit kleinerer spezifischer Wärme auszuwählen und die Masse der Kaffeemaschine zu reduzieren. Falls die gesamte Wärme in die Heißwassererzeugung gesteckt werden könnte, wäre eine Energieverminderung um 46,9 % gegenüber der Alu-Kaffeemaschine möglich.

131. Aufgabe

Eine mit einem Ventil versehene Glaskugel von 998 cm^3 Innenvolumen wiegt bei geöffnetem Ventil 126,8 g. Wieviel wiegt die Glaskugel nach Evakuierung mit einer Kapselpumpe, falls der Außendruck bei 20 $^\circ$C 750 Torr beträgt?

Lösung

$1,013 \cdot 10^5$ Pa = 760 Torr. 750 Torr sind daher $1,000 \cdot 10^5$ Pa. Wegen $p\,V = \nu\,R\,T$ wird

$$\nu = \frac{p\,V}{R\,T} = \frac{1 \cdot 10^5 \text{ Pa} \cdot 9,98 \cdot 10^{-4} \text{ m}^3}{8,314 \text{ J mol}^{-1} \text{ K}^{-1} \cdot 293,16 \text{ K}} = 0,041 \text{ mol} \; .$$

Trockene Luft besteht aus 20,99 % O_2, aus 0,94 % Ar, aus 0,03 % CO_2 und aus 78,04 % N_2 (Vol.%). 1 mol Luft entspricht daher einer Masse von

$$32 \cdot 0,2099 \text{ g} + 40 \cdot 0,0094 \text{ g} + 44 \cdot 0,0003 \text{ g} + 28 \cdot 0,7804 \text{ g} =$$

$$= 28,957 \text{ g} \; .$$

0,041 mol Luft hat eine Masse von

$$0,041 \text{ mol} \cdot 28,957 \text{ g mol}^{-1} = 1,19 \text{ g} \; .$$

Da die mit Luft gefüllte Glaskugel eine Masse von 126,8 g hatte, beträgt die Masse nach der Evakuierung 126,8 g - 1,19 g = 125,6 g.
=======

Die Kapselpumpe evakuiert bis zu einem Druck von ca. 10^{-3} Torr. Für die vorliegende Wägung wäre eine Evakuierung auf einige Torr ausreichend, weil dann der Fehler im Promillebereich liegen würde.

132. Aufgabe

In einem Hörsaal von 900 m^3 Volumen wird die relative Luftfeuchtigkeit mit 65 % gemessen. Die Raumtemperatur beträgt 25 $^{\circ}$C. Wie groß ist die absolute Luftfeuchtigkeit und wieviel Wasser enthält die Hörsaalluft?

Lösung

Die relative Luftfeuchtigkeit ϕ_{rel} ist die absolute Luftfeuchtigkeit f dividiert durch f_{max}, wobei f_{max} 100 % Luftfeuchte bzw. Regen bedeutet. Aus Tabellen findet man

$$f_{max,25^{\circ}C} = 23 \text{ g } m^{-3} = 2,3 \cdot 10^{-2} \text{ kg } m^{-3} \; .$$

Wegen

$$\phi_{rel} = \frac{f}{f_{max}}$$

wird die absolute Luftfeuchtigkeit

$$f = \phi_{rel} \cdot f_{max} = 0,65 \cdot 2,3 \cdot 10^{-2} \text{ kg } m^{-3} =$$

$$= 1,495 \cdot 10^{-2} \text{ kg } m^{-3} \; .$$
==================

Die gesamte Wasserdampfmasse

$$m_{H_2O} = f \cdot V = 1,495 \cdot 10^{-2} \text{ kg } m^{-3} \cdot 900 \text{ } m^3 = 13,46 \text{ kg } \; .$$
========

133. Aufgabe

Ein Trockenofen benötigt 2,5 Mcal Wärmeenergie in der Stunde. Wie muß der elektrische Heizkörper bemessen werden, damit er bei 220 V die erforderliche Heizleistung erbringt?

Lösung

$$2,5 \text{ Mcal} = 2,5 \cdot 10^6 \text{ cal} \; .$$

Umrechnung in Joule erfordert die Multiplikation mit 4,1865; daher ist $2,5 \cdot 10^6$ cal $= 1,0466 \cdot 10^7$ J (Ws). Da diese Energie jede Stunde aufzubringen ist, muß die Leistung

$$\frac{1,0466 \cdot 10^7 \text{ Ws}}{3,6 \cdot 10^3 \text{ s}} = 2,907 \cdot 10^3 \text{ W}$$

sein. Die Spannung ist mit 220 V vorgegeben und $W = U \cdot I$; daraus folgt

$$I = \frac{W}{U} = \frac{2,907 \cdot 10^3 \text{ W}}{2,2 \cdot 10^2 \text{ V}} = \underline{\underline{13,2 \text{ A}}}$$

und wegen $I = U/R$ folgt

$$R = \frac{220 \text{ V}}{13,2 \text{ A}} = \underline{\underline{16,67 \; \Omega}} \; .$$

Der Heizkörper muß einen Widerstand von 16,67 Ω haben und er muß mit 13,2 A dauerbelastbar sein.

134. Aufgabe

In einem Carnotschen Kreisprozeß werden bei der isothermen Expansion mit $T_1 = 220$ $^\circ$C 3500 J Wärmeenergie von der Umgebung aufgenommen. Welchen Wert hat die Entropie beim vierten Takt des Prozesses, der bei 15 $^\circ$C abläuft, und wie groß ist die Wärmemenge, die an die Umgebung abgegeben wird?

Lösung

Beim Carnot-Prozeß folgt auf eine isotherme Expansion bei T_1 eine adiabate Expansion auf T_2, hierauf eine isotherme Kompression bei T_2 und eine adiabate Kompression zum Ausgangspunkt und T_1 zurück.

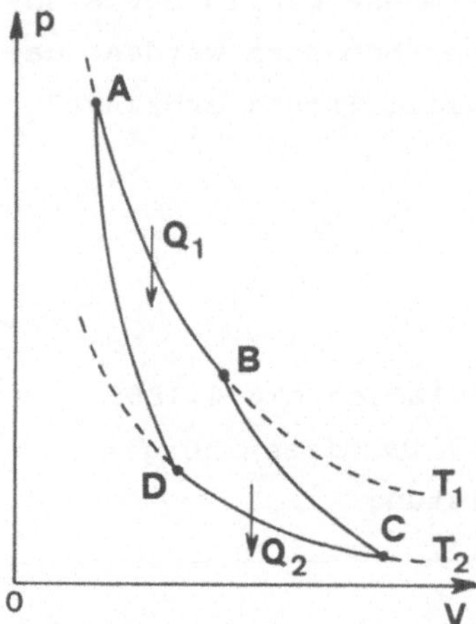

Da die beiden adiabaten Zustandsänderungen einander kompensieren, $m\,c_V\,(T_1 - T_2) = -m\,c_V\,(T_2 - T_1)$, sind nur die beiden isothermen Takte für den Prozeß relevant. Für die Entropieänderung gilt, weil der Ausgangspunkt A wieder erreicht wird, $\Delta S = 0$ oder

$$S_1 = S_2 = 0 = \frac{Q_1}{T_1} - \frac{Q_2}{T_2} = 0 \ .$$

Die Entropie des viertes Taktes muß gleich der Entropie des ersten Taktes sein

$$S_1 = S_2 = \frac{3500\ \text{J}}{493,2\ \text{K}} = \frac{x}{288,2} = 7{,}0965\ \text{J K}^{-1}$$

und

$$x = 2045\ \text{J} \ .$$

Die Entropie beim vierten Takt des Carnot-Prozesses hat den Wert $7{,}0965\ \text{J K}^{-1}$, und die an die Umgebung abgegebene Wärmemenge beträgt 2045 J.

Bei reversiblen Prozessen (Carnot-Prozeß) ist $\Delta S = 0$, während der Wirkungsgrad aus $Q_1/T_1 - Q_2/T_2$ mit

$$\eta = 1 - \frac{Q_2}{Q_1} = 1 - \frac{T_2}{T_1} = \frac{T_1 - T_2}{T_1}$$

ist. Bei irreversiblen Prozessen ist $\Delta S > 0$ und $\Delta S < 0$ ist unmöglich.

135. Aufgabe

Was bedeutet 1 mol Pb + 1 mol S = 1 mol PbS + 7,7 10^3 J?

Lösung

Um ein mol PbS zu bilden, benötigt man 207,19 g Blei und 32,064 g Schwefel. Blei besitzt die natürlichen Isotope im Verhältnis

$^{204}_{82}Pb$ mit 1,54 % , $^{206}_{82}Pb$ mit 22,62 %

$^{207}_{82}Pb$ mit 22,62 % und $^{208}_{82}Pb$ mit 53,22 % ,

während natürlicher Schwefel aus den Isotopen

$^{32}_{16}S$ mit 95,02 % , $^{33}_{16}S$ mit 0,75 %

$^{34}_{16}S$ mit 4,21 % und $^{36}_{16}S$ mit 0,02 %

zusammengesetzt ist. Man erhält 239,254 g PbS und die Aussage, daß 1 mol festes Blei und 1 mol fester Schwefel zusammen einen um 7700 J höheren Energieinhalt haben als 1 mol PbS. Es handelt sich um eine exotherme Reaktion. Will man 1 mol PbS wieder auftrennen, muß man 7700 J Wärmeenergie hineinstecken, um den Prozeß zu bewerkstelligen. Hier läge eine endotherme Reaktion vor. Bei den beschriebenen Vorgängen spricht man von Reaktionswärmen. Es gibt auch Lösungswärmen. Bei der Auflösung von Festkörpern in Flüssigkeiten treten meistens beide Wärmearten auf.

136. Aufgabe

Bei der Verflüssigung von Sauerstoff läßt man O_2-Gas von 200 atü aus einer 50 Liter Hochdruckflasche bei Zimmertemperatur (20 $^\circ$C) über einen Hampson-Wärmeaustauscher durch eine Drosselstelle in ein Dewargefäß entspannen. Wieso kommt es zur Luftverflüssigung, obwohl die Joule-Thomson-Konstante nur $\mu = 0,2$ K/at ist?

140

Lösung

Nach Gay-Lussac gilt für verdünnte Gase

$$\left(\frac{\partial U}{\partial V}\right)_{T=const} = 0 \; .$$

Bei realen, stark komprimierten Gasen ist jedoch

$$\left(\frac{\partial U}{\partial V}\right)_{T=const} \neq 0 \; .$$

Dieser von Joule-Thomson entdeckte Effekt kann bei der Entspannung des Hochdruckgases durch eine Drosselstelle zu einer Abkühlung oder Erwärmung des Gases führen, je nachdem ob man sich unterhalb oder oberhalb der Inversionstemperatur T_i befindet. Bei Anwendbarkeit der van der Waalsschen Gleichung ist die Inversionstemperatur gleich der doppelten Boyle-Temperatur.

Für die Boyle-Temperatur gilt p V = const; unterhalb dieser Temperatur durchläuft p V ein Minimum und oberhalb davon liegt ein stetiger Anstieg vor. Die Boyle-Temperatur für Luft beträgt 347 K, für H_2 aber nur 109 K. T_i ist mit den Konstanten der van der Waalsschen Gleichung verknüpft $T_i = 2 \, a/R \cdot b$. Beim Joule-Thomson-Effekt hat das Gas vor der Drosselstelle die Werte p_1, V_1, T_1 und nach der Drosselstelle p_2, V_2, T_2.

Charakteristikum beim Joule-Thomson-Effekt ist $\Delta H = 0$. Dies bedeutet, daß keine Enthalpieänderung vorliegt.

$$H_1 = H_2 \qquad \text{oder} \qquad U_1 + p_1 \, V_1 = U_2 + p_2 \, V_2$$

$$\left(\frac{\partial T}{\partial p}\right)_{H=const} = \mu = -\,0{,}2 \; K \, at^{-1} \; .$$

Diese Beziehung sagt aus, daß eine Temperaturerniedrigung von 0,2 K je Atmosphäre Druckänderung vorliegt. Voll abgebaut würden die 200 Atmosphären demnach 40 K Temperaturerniedrigung bewirken, was zur O_2-Verflüssigung nicht ausreicht. Aus diesem Grund verwendet man das abgekühlte Gas im Gegenstromverfahren, um das durch den Hampson-Wärmeaustauscher nachdrängende O_2-Gas kontinuierlich vorzukühlen. Durch diese Maßnahme wird schließlich die Verflüssigungstemperatur von ca. 90 K erreicht.

Druckflaschen mit einem wesentlich kleineren Volumen als 50 ℓ
wären trotz 200 atü Druck zu schnell erschöpft und würden daher
die Verflüssigung nicht bewirken können.

137. Aufgabe

Ein gesunder, ruhender 80 kp schwerer Mensch hat einen täg-
lichen Energiebedarf von 1600 kcal. Wie groß ist der Energiebedarf, falls eine fieberhafte Erkrankung eine Temperaturerhöhung um 1,8 $^\circ$C bewirkt?

Lösung

1600 kcal pro Tag entsprechen einer Leistung von

$$\frac{1600 \cdot 10^3 \cdot 4,1865}{24 \cdot 3600} \; W = 77,5 \; W \; .$$

Die Wärmemenge für 24 Stunden ist $Q = 6,523 \cdot 10^6$ J. Da eine Temperaturerhöhung von 1,8 $^\circ$C als Folge der fieberhaften Erkrankung
auftritt, muß zusätzliche Energie bereitgestellt werden, nämlich
$\Delta Q = m \, c \, \Delta T$; da $c \simeq c_{H_2O}$ und $m = 80$ kg ist, erhält man

$$\Delta Q = 80 \; kg \cdot 4,1865 \cdot 10^3 \; J \; kg^{-1} \; K^{-1} \cdot 1,8 \; K = 6,03 \cdot 10^5 \; J \; .$$

Daher ist für den Patienten

$$Q_{ges} = 6,523 \cdot 10^6 \; J + 6,03 \cdot 10^5 \; J = 7,126 \cdot 10^6 \; J \; .$$

Der Energieverbrauch steigt beim fiebernden Patienten um 9,2 %.

138. Aufgabe

Turbomolekularpumpstände werden mit einem Saugvermögen von
50 ℓ s^{-1} bis 3000 ℓ s^{-1} angeboten und der erreichbare End-
druck wird mit $< 1 \cdot 10^{-9}$ mbar garantiert. Wie groß ist die
Entgasungs- und Leckrate in einen 50 ℓ Rezipienten, falls
eine Pumpe mit einem Saugvermögen von 50 ℓ s^{-1} bzw. eine
mit einem Saugvermögen von 3000 ℓ s^{-1} verwendet wird?

142

Weil es sich um verdünnte Luft bei niedrigem Druck handelt, gelten die Zustandsgleichungen idealer Gase. In der Fragestellung ist keine Aussage bezüglich der Temperatur gemacht, daher darf Raumtemperatur angenommen werden (T = 293 K).

$$p = 1 \cdot 10^{-9} \text{ mbar} = 1 \cdot 10^{-12} \text{ bar} = 10^{-7} \text{ Pa} \;.$$

Aus $p\,V = \nu\,R\,T$ folgt

$$N = \frac{p\,V}{k\,T} = \frac{10^{-7} \text{ Pa} \cdot 5 \cdot 10^{-2} \text{ m}^3}{1{,}38 \cdot 10^{-23} \text{ J K}^{-1} \cdot 293 \text{ K}} = 1{,}2366 \cdot 10^{12} \;.$$

Bei einer Sauggeschwindigkeit von 50 ℓ s^{-1} dürfen je Sekunde $1{,}2366 \cdot 10^{12}$ Gasteilchen durch Leckage und/oder durch Desorption ins Vakuumgefäß kommen, und trotzdem wird ein Druck von 10^{-9} mbar aufrechterhalten.

Bei der Pumpe mit einem Saugvermögen von 3000 ℓ s^{-1} darf die Leck- und/oder Desorptionsrate 60 mal größer sein, nämlich $7{,}42 \cdot 10^{13}$ Gasteilchen pro Sekunde.

139. Aufgabe

Wie groß ist der durchschnittliche Abstand der Luftmoleküle untereinander bei 18 $^\circ$C und 760 Torr bzw. bei $2 \cdot 10^{-3}$ Torr?

Es gilt

$$N = \frac{p\,V}{k\,T} \;;$$

für $V = 1$ m^3 und 760 Torr $= 1{,}013 \cdot 10^5$ Pa erhält man

$$N = \frac{1{,}013 \cdot 10^5 \text{ Pa} \cdot 1 \text{ m}^3}{1{,}38 \cdot 10^{-23} \text{ J K}^{-1} \cdot 291{,}2 \text{ K}} = 2{,}52 \cdot 10^{25} \text{ Luftmoleküle} \;.$$

In einem m^3 Luft sind $2{,}52 \cdot 10^{25}$ Luftmoleküle bei 18 $^\circ$C und 760 Torr vorhanden.

Ein Luftmolekül nimmt daher den Raum

$$\frac{1 \ m^3}{2,52 \cdot 10^{25}} = 3,97 \cdot 10^{-26} \ m^3$$

ein. Die Kantenlänge eines Würfels von $V = 3,97 \cdot 10^{-26} \ m^3 = a^3$ führt zu

$$a = 39,7^{1/3} \cdot 10^{-9} \ m = 3,41 \cdot 10^{-9} \ m \ ;$$

$$p = 2 \cdot 10^{-2} \ \text{Torr entspricht} \quad \frac{1,013 \cdot 10^5 \ Pa \cdot 2 \cdot 10^{-2}}{760} = 2,6658 \ Pa$$

$$N' = \frac{2,6658 \ Pa \ \cdot \ 1 \ m^3}{1,38 \cdot 10^{-23} \ J \ K^{-1} \cdot 291,2} = 6,6337 \cdot 10^{20} \ \text{Luftmoleküle} \ ,$$

jedes davon mit einem Volumen $V' = 1,507 \cdot 10^{-21} \ m^3$.

$$a' = 1,1465 \cdot 10^{-7} \ m \ .$$

140. Aufgabe

Ein Kupfervollzylinder von 0,75 m Länge und 3 cm Durchmesser ist auf einer Seite mit einem Reservoir von siedendem Wasser und auf der anderen Seite mit Eis von 0 °C verbunden. Wieviel Eis schmilzt in einer Stunde?

Lösung

Die Wärmeleitungsgleichung lautet

$$\frac{\Delta Q}{\Delta t} = \frac{\lambda \ F \ \Delta T}{\ell} \ ;$$

daraus wird $\Delta Q = \dfrac{\lambda \ F \ \Delta T \ \cdot \ \Delta t}{\ell}$ mit $\lambda_{Cu} = 4,19 \cdot 10^2 \ W \ m^{-1} \ K^{-1}$;

$$\Delta Q = \frac{4,19 \cdot 10^2 \ J \ s^{-1} m^{-1} K^{-1} \ \cdot \ 2,25 \cdot 10^{-4} \ \pi \ m^2 \ \cdot \ 100 \ K \ \cdot \ 3600 \ s}{0,75 \ m} =$$

$$= 1,422 \cdot 10^5 \ J \ .$$

Um 1 kg Eis zu schmelzen, braucht man 335 K J; da 142,2 K J Wärme ins Eis geleitet wurden, sind in einer Stunde 0,424 kg Eis geschmolzen worden.

141. Aufgabe

Wie groß sind die Dampfdruckverminderung, die Siedepunkts-
erhöhung und die Gefrierpunktserniedrigung, falls 100 g
Kochsalz in 1 Liter Wasser gelöst werden?

Lösung

Nach dem Raoultschen Gesetz gilt

$$\frac{p - p_o}{p_o} = - \frac{\nu_1}{\nu_o + \nu_1}$$

wobei ν_1 die Stoffmenge des gelösten Stoffes und ν_o die Stoffmenge des Lösungsmittels bedeuten. Die Dampfdruckerniedrigung
erfolgt von p_o auf p. Weil NaCl in Na^+ und Cl^- dissoziiert und
beide Ionen zur Dampfdruckerniedrigung beitragen, gilt

$$\nu_1 = \frac{2\,m}{M_{molar}} = \frac{200\ g\ mol}{58,44\ g} = 3,42\ mol$$

und

$$\nu_o = \frac{1000\ g\ mol}{18\ g} = 55,56\ mol\ H_2O$$

$$\frac{p_o - p}{p_o} = \frac{3,42\ mol}{58,98\ mol} = 0,058$$

$$p_o - p = 0,058\ p_o$$

$$p = 0,942\ p_o\ ;$$

dies ist der erniedrigte Dampfdruck verursacht durch die Auflösung von 100 g NaCl in 1 Liter Wasser.

Für die relative Siedepunktsänderung gilt

$$\Delta T_S = \frac{M_{molar}}{\rho} \cdot \frac{R\ T_S^2}{Q_{Verd}}\ ,$$

wobei $Q_{Verd} = 2,26 \cdot 10^6\ J\ kg^{-1}$ bedeutet.

$$\Delta T_S = K_{S(H_2O)} \cdot \rho_{1\ St}\ ,$$

wobei $\rho_{St} = mol \cdot \ell^{-1}$ die Stoffmengenkonzentration ist und
$K_{S(H_2O)} = 5,13 \cdot 10^{-1}\ K\ \ell\ mol^{-1}$.

Eingesetzt wird

$$\Delta T_S = 5,13 \cdot 10^{-1} \text{ K } \ell \text{ mol}^{-1} \cdot 3,42 \text{ mol } \ell^{-1} = 1,8 \text{ K}.$$

Für $T_S = 100 \; ^{\circ}C$ gilt als erhöhter Siedepunkt $101,8 \; ^{\circ}C$.

Für die Gefrierpunktserniedrigung gilt dieselbe Gleichung, aber mit der Konstante $K_{Eis} = -1,95 \text{ K } \ell \text{ mol}^{-1}$. Wesentlich kleiner als die Verdampfungswärme Q_{Verd} ist die Schmelzwärme

$$Q_{Schmelz} = 3,35 \cdot 10^5 \text{ J kg}^{-1}.$$

$$\Delta T_E = -1,95 \text{ K } \ell \text{ mol}^{-1} \cdot 3,42 \text{ mol } \ell^{-1} = -6,7 \; ^{\circ}C.$$

Der Gefrierpunkt würde bei $-6,7 \; ^{\circ}C$ liegen.

142. Aufgabe

Das Blutplasma enthält unter anderem das Proteinmolekül Albumin. Wie groß ist die Molekülmasse des Proteins, wenn 2 g Albumin bei 300 K in 1 Liter Wasser aufgelöst einen osmotischen Druck von 7,4 mm Wassersäule erzeugen?

Lösung

Für den osmotischen Druck gilt aus der Hydrostatik $p_{osm} = \rho \, g \, h$, und aus der isothermen idealen Gasgleichung gilt $p_{osm} = \nu \, R \, T/V$. Beide Gleichungen verbunden führen zu

$$\rho \, g \, h = \frac{\nu \, R \, T}{V} = 1000 \text{ kg m}^{-3} \cdot 9,81 \text{ m s}^{-2} \cdot 7,4 \; 10^{-3} \text{ m} =$$

$$= 72,6 \text{ Pa}$$

und daher ist $\dfrac{\nu \, R \, T}{V} = 72,6$ Pa . Die Gleichung nach ν aufgelöst ergibt

$$\nu = \frac{72,6 \text{ Pa} \cdot 10^{-3} \text{ m}^3}{8,314 \text{ J mol}^{-1}\text{K}^{-1} \cdot 300 \text{ K}} = 2,911 \cdot 10^{-5} \text{ mol}$$

$$\nu = \frac{m}{M_{molar}}$$

und daher ist

$$M_{molar} = \frac{m}{\nu} = \frac{2 \text{ g}}{2,911 \cdot 10^{-5} \text{ mol}} = 68705 \text{ g mol}^{-1}.$$

143. Aufgabe

Welche Endtemperatur erreichen 20 g He-Gas von 27 $^\circ$C, falls bei konstantem Druck 1 kcal Wärmeenergie zugeführt wird?

Lösung

Aus der Gleichung $\Delta Q = \Delta U + p\,\Delta V$ ergibt sich für ein einatomiges Gas mit $V = $ const

$$\Delta Q = \Delta U = \frac{3}{2}\,N\,k\,\Delta T$$

oder

$$U_2 - U_1 = \frac{3}{2}\,N\,k\,(T_2 - T_1) = Q_2 - Q_1\;;$$

die gesamte zugeführte Wärmemenge wird in diesem Fall in die Erhöhung der inneren Energie bzw. der Temperatur gesteckt.

Für den Fall $p = $ const gilt, daß nur ein Teil der zugeführten Wärme der Erhöhung der inneren Energie zugute kommt, weil bei $p = $ const eine Volumsvergrößerung auftritt. Es gilt

$$\Delta Q = \Delta U + p\,\Delta V = \Delta U + p_1\,(V_2 - V_1)$$

oder

$$\Delta Q = \frac{3}{2}\,N\,k\,(T_2 - T_1) + p_1\,(V_2 - V_1)\;;$$

hier ist p_1 der Druck, der vor der Wärmeenergiezufuhr gegeben war. Weil aber für langsame Änderungen $p\,V = \nu\,R\,T = N\,k\,T$ gilt, wird

$$p_1\,(V_2 - V_1) = N\,k\,(T_2 - T_1)$$

und

$$\Delta Q = \frac{3}{2}\,N\,k\,(T_2 - T_1) + N\,k\,(T_2 - T_1) = \frac{5}{2}\,N\,k\,(T_2 - T_1)\;.$$

$$N\,k = \frac{N\cdot N_A\cdot k}{N_A} = \nu\,R\;;$$

daher erhält man

$$\Delta Q = \frac{5}{2}\,\nu\,R\,(T_2 - T_1)$$

$$1\text{ kcal} = 4186{,}5\text{ J}$$

$$\Delta T = \frac{4186,5 \text{ J} \cdot 2}{5 \cdot 5 \text{ mol} \cdot 8,314 \text{ J mol}^{-1} \text{ K}^{-1}} = 40,3 \text{ K} \; .$$

Da das He-Gas 27 $^{\circ}$C hatte, wird es durch Zuführung der Wärmeenergie bei konstantem Druck auf 67,3 $^{\circ}$C erwärmt.

144. *Aufgabe*

Wie groß ist der lineare Ausdehnungskoeffizient von Glas,
das bei einer Temperaturerhöhung von 20 $^{\circ}$C auf 80 $^{\circ}$C eine
relative Längenausdehnung um 0,05 % erfährt?

Lösung

Es gilt $\ell_{o} + \Delta \ell = \ell_{o} + \alpha \, \ell_{o} \, \Delta T$ oder $\Delta \ell = \alpha \, \ell_{o} \, \Delta T$ und

$$\alpha = \frac{\Delta \ell}{\ell_{o} \, \Delta T} = \frac{0,05 \text{ \%}}{60 \text{ K}} = \frac{5 \cdot 10^{-4}}{60 \text{ K}} = 8,33 \cdot 10^{-6} \text{ K}^{-1} \; .$$

Jenaer Glas 16 hat einen Ausdehnungskoeffizienten im relevanten
Bereich von $8 \cdot 10^{-6}$ K^{-1}, während Pyrexglas nur $3 \cdot 10^{-6}$ K^{-1} aufweist; für mittelhartes Glas gilt $\alpha = 9 \cdot 10^{-6}$ K^{-1}.

145. *Aufgabe*

Das Blutplasma und die Zellflüssigkeit der roten Blutkörperchen des gesunden Menschen sind isotonische Lösungen
von $p_{osm} = 7$ at. Wie groß ist der osmotische Druck bei
Fieber von 42 $^{\circ}$C?

Lösung

Aus $p_{osm} V = \nu R T$ wird mit $\nu/V = \rho_{St}$ die Stoffmengendichte.
Der gesunde Mensch wird mit $t = 37 \, ^{\circ}$C angenommen. Für den osmotischen Druck bei 37 $^{\circ}$C und 42 $^{\circ}$C erhält man

$$p_{osm \, 37} = \rho_{St} \cdot R \cdot 310,2 \text{ K}$$

$$p_{osm \, 42} = \rho_{St} \cdot R \cdot 315,2 \text{ K}$$

und weiter nach Division der beiden Gleichungen

$$\frac{7 \text{ at}}{x} = \frac{310,2 \text{ K}}{315,2 \text{ K}}$$

oder

$$x = \frac{7 \text{ at} \cdot 315,2 \text{ K}}{310,2 \text{ K}} = 7,113 \text{ at} \ .$$

Der osmotische Druck bei 42 ^{O}C beträgt 7,113 at.

146. Aufgabe

Eine Glühlampe von 60 W und eine Benzin-Gaslaterne haben gleiche Lichtstärke. Wieviel Brennstoff ist erforderlich, damit die Gaslaterne 25 Stunden brennen kann?

Lösung

Die Einheit der Lichtstärke ist das Candela (cd); es ist die Lichtstärke, mit der $(10^{-5}/6)\text{m}^2$ der Oberfläche eines schwarzen Strahlers bei der Temperatur des erstarrenden Platins und bei Normaldruck $(1,013 \cdot 10^5$ Pa) senkrecht zur Oberfläche leuchten.

$$60 \text{ W} \cdot 25 \text{ h} = 60 \text{ W} \cdot 3600 \cdot 25 \text{ s} = 5,4 \cdot 10^6 \text{ Ws (J)} \ .$$

Wird ein Gramm Benzin vollständig verbrannt, wird aufgrund der chemischen Reaktion eine Wärmeenergie von 46000 J frei. Die erforderliche Brennstoffmasse ist daher

$$\frac{5,4 \cdot 10^6 \text{ J}}{4,6 \cdot 10^4 \text{ J g}^{-1}} = 117,4 \text{ g} \ .$$

Würde die Lampe mit Stadtgas betrieben werden, dessen Wärmeinhalt 9600 kcal m^{-3} ist, dann würde dafür

$$9,6 \cdot 10^6 \cdot 4,1865 \text{ J m}^{-3} = 4,02 \cdot 10^7 \text{ J m}^{-3}$$

und somit

$$\frac{5,4 \cdot 10^6 \text{ J}}{4,02 \cdot 10^7 \text{ J m}^{-3}} = 1,34 \cdot 10^{-1} \text{ m}^3 = 134 \ \ell \text{ Stadtgas}$$

verbraucht werden. Wenn 1 kWh Stadtgas ö.S. 0,5 kostet, d.h. $3,6 \cdot 10^6$ J kosten ö.S. 0,5, dann würden $5,4 \cdot 10^6$ Joule ö.S. 0,75 kosten.

147. Aufgabe

Diagnostische Fieberthermometer funktionieren mit Hg als Füllsubstanz. Obwohl sich Quecksilber bei Erwärmung ausdehnt und bei Abkühlung zusammenzieht, kann der Wert auf dem Hg-Thermometer noch mit guter Genauigkeit abgelesen werden, wenn man das Thermometer nach der Messung der Körpertemperatur von etwa 37 $^{\circ}$C frei liegen läßt und es sich auf Zimmertemperatur (20°C) abkühlt. Wieso ist das möglich?

Lösung

Das Hg-Thermometer besteht aus einem Hg- Vorratsbehälter und einer Kapillare, die am unteren Ende eine Einschnürung aufweist. Quecksilbervolumen und Kapillardurchmesser müssen so aufeinander abgestimmt sein, daß der Temperaturmeßbereich zwischen 35 $^{\circ}$C und 42 $^{\circ}$C liegt. Bei einem Füllvolumen von 250 mm^3 Hg müßte die Kapillare einen Querschnitt von $5{,}5 \cdot 10^{-3}$ mm^2 haben. Es gilt

$$V_t = V_o \, (1 + \gamma t) \; ;$$

$\gamma_{Hg} = 1{,}8 \cdot 10^{-4}$ K^{-1} ist der Volumsausdehnungskoeffizient für Hg.

$$V_{42^{\circ}C} = V_{35^{\circ}C} \, (1 + \gamma \; 7 \; K) ; \Delta V = V_{35^{\circ}C} \cdot \gamma \cdot 7 \; K =$$

$$= 250 \; \text{mm}^3 \cdot 1{,}8 \cdot 10^{-4} \; K^{-1} \cdot 7 \; K = 0{,}32 \; \text{mm}^3 \; .$$

$0{,}32$ mm^3 für einen Kapillarenquerschnitt von $5{,}5 \cdot 10^{-3}$ mm^2 ergibt eine Längenänderung von $\Delta \ell$ aus $q \cdot \Delta \ell = 0{,}32$ mm^3 mit

$$\Delta \ell = \frac{0{,}32 \; \text{mm}^3}{5{,}5 \cdot 10^{-3} \; \text{mm}^2} = 58 \; \text{mm} \; .$$

Das Volumen von $0{,}32$ mm^3 wurde bei der Ausdehnung von 35 $^{\circ}$C auf 42 $^{\circ}$C in die Kapillare gepreßt. Wegen der Oberflächenspannung reißt der Hg-Faden beim Zusammenziehen an der Engstelle ab und eine Temperaturverminderung von 42 $^{\circ}$C auf 20 $^{\circ}$C ändert das Volumen von $0{,}32$ mm^3 um

$$\Delta V' = -0{,}32 \; \text{mm}^3 \cdot 1{,}8 \cdot 10^{-4} \; K^{-1} \cdot 22 \; K = 1{,}27 \cdot 10^{-3} \; \text{mm}^3 \; .$$

Damit wird der Fehler der Längenänderung des Hg-Fadens in der Kapillare kleiner als 0,4 %.

150

148. Aufgabe

Welcher Bereich in der Fahrenheit-Skala entspricht dem Fieberbereich 37 $^{\circ}$C bis 42 $^{\circ}$C?

Lösung

Die Fahrenheit-Skala wählt den Schmelzpunkt des Eises bei Normaldruck mit 32 $^{\circ}$F und den Siedepunkt des Wassers bei Normaldruck mit 212 $^{\circ}$F. Die Unterteilung dieses Bereiches erfolgt in 180 gleiche Teile. Als Ausdehnungssubstanz wird ebenfalls Hg verwendet. Es gilt

$$t_F = \frac{9}{5} t_C + 32 \,^{\circ}F \;;$$

mit $t_{1C} = 37 \,^{\circ}C$ und $t_{2C} = 42 \,^{\circ}C$ erhält man

$$t_{1F} = 98{,}6 \,^{\circ}F \qquad \text{und} \qquad t_{2F} = 107{,}6 \,^{\circ}F \;.$$

Der Fieberbereich in der Fahrenheit-Skala liegt zwischen 98,6 $^{\circ}$F und 107,6 $^{\circ}$F.

149. Aufgabe

Beim Thermomagneten wird eine Lötstelle des Fe-Konstantan-Elements in flüssige Luft getaucht, während die andere Verbindungsstelle mit einer Lötlampe auf 900 $^{\circ}$C erhitzt wird. Welcher Strom fließt im Thermoelementkreis, falls der Widerstand 0,3 mΩ beträgt?

Lösung

Die Thermokraftkonstante für das Element Fe-Konstantan beträgt $4{,}2 \cdot 10^{-5}$ V K^{-1}. Die Temperatur der ersten Elementverbindungsstelle in flüssiger Luft ist $T_1 = -180 \,^{\circ}C \;; \quad T_2 = 900 \,^{\circ}C$.

$$\Delta U = e \cdot \Delta T = 4{,}2 \cdot 10^{-5} \text{ V K}^{-1} \cdot 1080 \text{ K} = 4{,}536 \cdot 10^{-2} \text{ V} \;;$$

$$I = \frac{U}{R} = \frac{4{,}536 \cdot 10^{-2} \text{ V}}{3 \cdot 10^{-4} \,\Omega} = 151{,}2 \text{ A} \;.$$

150. Aufgabe

Der Widerstand eines Platinthermometers beträgt bei 0 $^{\circ}$C 10 Ω. Bei 50 $^{\circ}$C mißt man 12,02 Ω und bei 100 $^{\circ}$C 13,95 Ω. Das Widerstandsthermometer weicht von der Linearität durch die Beziehung $R = R_O (1 + a\Theta + b\Theta^2)$ ab. Falls Θ die Temperatur in $^{\circ}$C bedeutet, wie groß sind die Konstanten a und b?

Lösung

Wegen $R = R_O (1 + a\Theta + b\Theta^2)$ gilt für $\Theta = 0$ $^{\circ}$C

$$R = R_O = 10\ \Omega.$$

Die beiden weiteren Gleichungen lauten

$$R_{50} = 10\ \Omega \left(1 + a\ 50\ ^{\circ}C + b\ 2500\,(^{\circ}C)^2\right)$$

und

$$R_{100} = 10\ \Omega \left(1 + a\ 100\ ^{\circ}C + b\ 10^4\ (^{\circ}C)^2\right)$$

oder

$$\frac{13,95}{10} = 1 + 100\ a + 10^4\ b$$

sowie

$$\frac{12,02}{10} = 1 + 50\ a + 2500\ b$$

$$1,395 - 1 = 0,395 = 100\ a + 10^4\ b$$

$$1,202 - 1 = 0,202 = 50\ a + 2500\ b\ .$$

Die zweite dieser Beziehungen mit 2 multipliziert und von der ersten abgezogen eliminiert a und man erhält

$$0,395 - 0,404 = 5000\ b$$

mit

$$b = -\frac{9 \cdot 10^{-3}}{5 \cdot 10^3} = -1,8 \cdot 10^{-6}\ K^{-2}$$

und a aus $0,202 = 50\ a - 2500 \cdot 1,8 \cdot 10^{-6}$

$$0,202 + 4,5 \cdot 10^{-3} = 50\ a$$

$$\frac{0,2065}{50} = a = 4,13 \cdot 10^{-3}\ K^{-1}\ .$$

Elektrizität, Magnetismus und Elektrodynamik

151. Aufgabe

Mit welcher Geschwindigkeit umläuft ein Elektron das Proton im Wasserstoffatom?

Lösung

Nach dem dritten Newtonschen Axiom halten sich die elektrostatische Zentripetalkraft und die mechanische Fliehkraft die Waage. Es ist

$$\frac{1}{4\,\pi\,\varepsilon_{o}} \cdot \frac{(-Q_1)\,Q_2}{r^2} + \frac{m_e\,v^2}{r} = 0 \;.$$

Die Protonenladung und die Elektronenladung haben den gleichen Betrag von $1{,}602 \cdot 10^{-19}$ C, aber verschiedene Vorzeichen;

$$\varepsilon_{o} = 8{,}85 \cdot 10^{-12} \; \text{As} \; V^{-1} \; m^{-1}$$

ist die Influenzkonstante im SI-System. Die Elektronenmasse $m_e = 9{,}11 \cdot 10^{-31}$ kg und der Bohrsche Radius für das Elektron im H-Atom beträgt $r = 5{,}29 \cdot 10^{-11}$ m. Mit diesen Werten findet man für die Umlaufgeschwindigkeit v des Elektrons

$$v = \left(\frac{1}{4\,\pi\,\varepsilon_{o}} \cdot \frac{Q_1\,Q_2}{m_e\,r} \right)^{1/2} =$$

$$= \left(\frac{1{,}602 \cdot 10^{-19}\,C \cdot 1{,}602 \cdot 10^{-19}\,C}{4\pi \cdot 8{,}85 \cdot 10^{-12}\,\text{AsV}^{-1}m^{-1} \cdot 9{,}11 \cdot 10^{-31}\text{kg} \cdot 5{,}29 \cdot 10^{-11}m} \right)^{1/2} =$$

$$= 2{,}19 \cdot 10^{6} \; m \; s^{-1}$$
$$\underline{\underline{\phantom{= 2{,}19 \cdot 10^{6} \; m \; s^{-1}}}}$$

152. Aufgabe

Vier elektrische Elementarladungen besetzen die Gitterpunkte eines Quadrates mit a = 1 μm. Wie groß ist die resultierende Kraft, die auf jede einzelne Ladung wirkt?

Lösung

Da jeweils drei abstoßende Kräfte auf die vierte Ladung wirken, ist die Vektorsumme der drei Kräfte die auf die vierte Ladung wirkende Kraft.

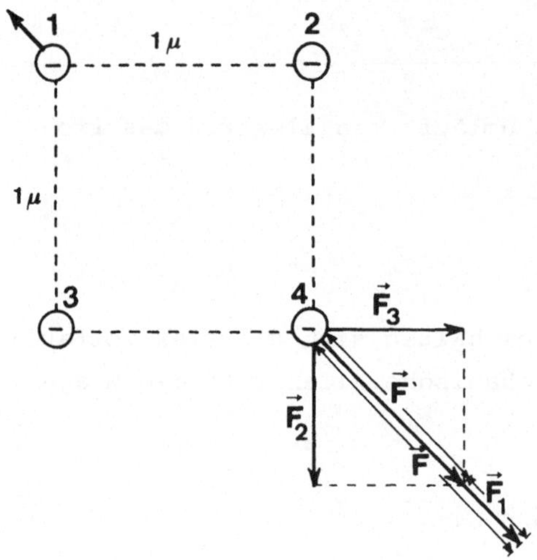

Unterbricht man die Kraft auf Ladung 4, dann wirken abstoßende Kräfte senkrecht aufeinander von Ladung 2 auf Ladung 4 und Ladung 3 auf Ladung 4, während Ladung 1 auf Ladung 4 in der Diagonale wirkt. Es gilt

$$\vec{F} = \vec{F}_1 + \vec{F}_2 + \vec{F}_3$$

$$F_2 = F_3 = \frac{1}{4\pi\varepsilon_o} \frac{(1{,}602 \cdot 10^{-19}\,C)^2}{10^{-12}\,m^2} = 2{,}31 \cdot 10^{-16}\,N$$

$$F' = \sqrt{F_2^2 + F_3^2} = \sqrt{2}\ F_2 = 3{,}27 \cdot 10^{-16}\,N$$

$$F_1 = \frac{1}{4\pi\varepsilon_o} \frac{(1{,}602 \cdot 10^{-19}\,C)^2}{2 \cdot 10^{-12}\,m^2} = 1{,}15 \cdot 10^{-16}\,N\ .$$

Da $\vec{F}'$ und $\vec{F}_1$ in dieselbe Richtung weisen, weist auch $\vec{F}$ in diese Richtung und hat den Wert

$$\vec{F} = \vec{F}_1 + \vec{F}' = 4{,}42 \cdot 10^{-16} \text{ N} .$$

Auf jede der vier Ladungen wirkt eine Kraft jeweils in der Diagonale mit $4{,}42 \cdot 10^{-16}$ N.

153. Aufgabe

Welche zusätzliche Ladung nimmt ein Plattenkondensator von 20 cm x 30 cm von einer 12 V Batterie auf, falls der Plattenabstand von 3 cm auf 2 mm geändert wird?

Lösung

Der Zusammenhang zwischen Kapazität, Spannung und Ladung ist durch die Gleichung $C = Q/U$ gegeben. Für die Kapazität des Plattenkondensators erhält man aus der Flächenladungsdichte

$$C = \frac{\varepsilon_o F}{d} ,$$

wobei F die Plattenfläche und d der Plattenabstand ist.

$$U\, C_1 = Q_1 \qquad \text{für } d = 3 \text{ cm}$$
$$U\, C_2 = Q_2 \qquad \text{für } d = 2 \text{ mm}$$

$$\Delta Q = Q_2 - Q_1 = U\, \varepsilon_o F \left(\frac{1}{d_2} - \frac{1}{d_1} \right) =$$

$$= 12\text{V} \cdot 8{,}85 \cdot 10^{-12} \text{AsV}^{-1}\text{m}^{-1} \cdot 0{,}2 \cdot 0{,}3\text{m}^2 \left(\frac{1}{2 \cdot 10^{-3}\text{m}} - \frac{1}{3 \cdot 10^{-2}\text{m}} \right) =$$

$$= 6{,}372 \cdot 10^{-12} \text{ As m } (500 \text{ m}^{-1} - 33{,}33 \text{ m}^{-1}) = 2{,}974 \cdot 10^{-9} \text{ As} .$$

Der Kondensator nimmt zusätzlich $2{,}974 \cdot 10^{-9}$ C auf.

154. Aufgabe

Zur genauen Blutdruckmessung wird unter anderem ein Katheter benützt, dessen blutgefüllte Druckleitung von einer Membran abgeschlossen wird. Mit der Membran verbunden sind zwei Widerstandsdrähte, die durch Zugbeanspruchung ihren Widerstand ändern. Das daraus resultierende elektrische Spannungs- oder Stromsignal kann leicht verstärkt werden. Welche relative Widerstandsänderung wird bewirkt, falls die beiden Widerstandsdrähte aus Cu-Draht mit $r = 10^{-4}$ m gefertigt sind und die Kraftänderung auf die Membran 0,5 N beträgt?

Lösung

Für den Widerstand eines Cu-Drahtes gilt $R = \rho \cdot \ell/A$; weil durch Zugbeanspruchung die Länge geändert wird und damit gleichzeitig eine Querkontraktion auftritt, erhält man

$$R = \rho \frac{\ell + \Delta\ell}{\pi(r+\Delta r)^2} = \rho \frac{\ell + \Delta\ell}{\pi(r^2 + 2r\,\Delta r + \Delta r^2)} \quad .$$

Weil Δr eine kleine Größe ist, kann man Δr^2 vernachlässigen und man erhält

$$R = \frac{\rho\,(\ell + \Delta\ell)}{\pi r^2\,(1+2\Delta r/r)} \quad .$$

Unter Bedachtnahme, daß

$$\frac{1}{1 + 2\Delta r/r} \approx 1 - \frac{2\Delta r}{r}$$

ist, wird schließlich

$$R = \frac{\rho(\ell + \Delta\ell)\,(1 - 2\Delta r/r)}{r^2\,\pi}$$

mit $\rho \cdot \ell/r^2\pi = R_1$ gilt

$$R = R_1 \left(1 + \frac{\Delta\ell}{\ell} \right) \left(1 - \frac{2\Delta r}{r} \right) \quad .$$

Nach der Formel $\frac{\Delta r}{r} = -\mu \frac{\Delta\ell}{\ell}$ für den Zusammenhang zwischen Längenänderung und Querkontraktion wird letztlich

$$R = R_1 \left(1 + \frac{\Delta \ell}{\ell}\right)\left(1 + 2\,\mu\,\frac{\Delta \ell}{\ell}\right)$$

und unter Vernachlässigung der quadratischen Glieder

$$R \simeq R_1 \left(1 + \frac{\Delta \ell}{\ell} + 2\,\mu\,\frac{\Delta \ell}{\ell}\right)$$

und mit

$$\frac{\Delta \ell}{\ell} = \frac{\Delta \sigma}{E} \quad , \quad \mu_{Cu} = 0,35 \quad \text{und} \quad E_{Cu} = 1,225 \cdot 10^{11} \ Pa \quad \text{wird}$$

$$\frac{R - R_1}{R_1} = \frac{\Delta R}{R_1} = (1 + 2\,\mu)\,\frac{\Delta \sigma}{E}$$

$$\frac{\Delta R}{R_1} = (1 + 2 \cdot 0,35)\,\frac{\Delta \sigma}{1,225 \cdot 10^{11} \ Pa}$$

$$\Delta \sigma = \frac{0,5 \ N}{2 \cdot \pi \cdot 10^{-8} \ m^2} = 7,96 \cdot 10^6 \ Pa \quad \text{wegen der beiden Drähte;}$$

$$\frac{\Delta R}{R_1} = \frac{1,7 \cdot 7,96 \cdot 10^6 \ Pa}{1,225 \cdot 10^{11} \ Pa} = \underline{\underline{1,1 \cdot 10^{-4}}} \ .$$

Die relative Widerstandsänderung beträgt $1,1 \cdot 10^{-4}$ oder 0,11 Promille.

155. *Aufgabe*

In welchem Verhältnis steht die elektrostatische Abstoßung zur Gravitationsanziehung zweier α-Partikel?

Lösung

α-Partikel sind doppelt geladene He-Atome. Die Masse eines α-Partikels ist $6,68 \cdot 10^{-27}$ kg, während die Masse des Protons $1,673 \cdot 10^{-27}$ kg ist und die Masse des Neutrons $1,675 \cdot 10^{-27}$ kg beträgt.

Für die Abstoßung gilt

$$F_E = \frac{1}{4\,\pi\,\varepsilon_o}\,\frac{Q_1\,Q_2}{r^2}$$

und für die Gravitationsanziehung gilt

$$F_G = G_o \, \frac{m_1 \, m_2}{r^2} \; .$$

Damit wird mit

$$Q_1 = Q_2 = 2 \cdot 1{,}602 \cdot 10^{-19} \; C$$

$$m_1 = m_2 = 6{,}68 \cdot 10^{-27} \; kg$$

$$G_o = 6{,}672 \cdot 10^{-11} \; N \; m^2 \; kg^{-2}$$

$$\varepsilon_o = 8{,}85 \cdot 10^{-12} \; As \; V^{-1} \; m^{-1}$$

$$\frac{F_E}{F_G} = \frac{Q_1 \, Q_2}{4 \, \pi \, \varepsilon_o \, G_o \, m_1 \, m_2} =$$

$$= \frac{(3{,}204 \cdot 10^{-19} \; C)^2}{4\pi \cdot 8{,}85 \cdot 10^{-12} \; AsV^{-1}m^{-1} \cdot 6{,}672 \cdot 10^{-11} Nm^2 kg^{-2} (6{,}68 \cdot 10^{-27} kg)^2} =$$

$$= 3{,}1 \cdot 10^{35}$$

Die elektrische Abstoßungskraft ist $3{,}1 \cdot 10^{35}$ größer als die Gravitationsanziehungskraft.

156. Aufgabe

Wie groß ist der Bohrsche Elektronenradius beim Wasserstoffatom?

Lösung

Die elektrostatische Anziehung des Elektrons durch das Proton muß der Fliehkraft des Elektrons auf der Bohrschen Kreisbahn entsprechen.

$$\frac{m \, v^2}{r} = \frac{1}{4 \, \pi \, \varepsilon_o} \cdot \frac{Q_1 \, Q_2}{r^2} \; ;$$

weiters muß für den Drehimpuls die Quantelung $L = m \, v \, r = \dfrac{h}{2 \, \pi}$ gelten

$$m^2 \, v^2 \, r^2 = \frac{h^2}{4\pi^2} \qquad \text{und} \qquad \frac{m \, v^2}{r} = \frac{h^2}{4 \, \pi^2 \, m \, r^3}$$

sowie

$$\frac{h^2}{4\,\pi^2\,m\,r^3} = \frac{1}{4\,\pi\,\varepsilon_o} \cdot \frac{Q_1\,Q_2}{r^2}$$

oder

$$r = \frac{h^2\,4\,\pi\,\varepsilon_o}{4\,\pi^2\,m\,Q_1\,Q_2}$$

mit

$$h = 6{,}626 \cdot 10^{-34}\ W\ s^2 \qquad und \qquad m_e = 9{,}11 \cdot 10^{-31}\ kg$$

$$r = \frac{(6{,}626 \cdot 10^{-34}\ W\ s^2)^2 \cdot 8{,}85 \cdot 10^{-12}\ As\ V^{-1}\ m^{-1}}{\pi \cdot 9{,}11 \cdot 10^{-31}\ kg \cdot (1{,}602 \cdot 10^{-19}C)^2} =$$

$$= 5{,}29 \cdot 10^{-11}\ m\ .$$

157. Aufgabe

Ein Heizgerät hat die Aufschrift 1,5 kW. Mit welcher Sicherung muß der 220 V-Netzkreis abgesichert sein, damit das Heizgerät problemlos angeschlossen werden kann?

Lösung

$$P = I \cdot U = 1500\ W$$

mit $U = 220\ V$ wird $\quad I = \dfrac{1500\ W}{220\ V} = 6{,}82\ A\ .$

Normsicherungen haben die Werte 4 A, 6 A, 10 A, 16 A, 20 A und 25 A. Da eine 6 A-Sicherung den Stromkreis für das Heizgerät unterbrechen würde, ist eine 10 A-Sicherung zu wählen. Falls weitere Verbraucher dieselbe Leitung benützen, wäre allenfalls eine größere Normsicherung zu verwenden, vorausgesetzt, die Zuleitungen haben den entsprechenden Querschnitt. Es gibt flinke (magnetische) und träge (Draht-) Sicherungen.

158. Aufgabe

Wie groß ist der Kurzschlußstrom einer Monozelle, die unbelastet eine Spannung von U = 1,65 V hat und bei Belastung mit einem äußeren Widerstand von 6,6 Ω eine Klemmspannung von 1,58 V aufweist?

Lösung

Der Kurzschlußstrom ist derjenige Strom, der vom inneren Widerstand der Stromquelle bestimmt wird. Bei U = 1,58 V und 6,6 Ω fließt

$$I = \frac{U}{R} = \frac{1,58 \text{ V}}{6,6 \ \Omega} = 0,24 \text{ A} \ .$$

Der innere Widerstand R_i ist

$$R_i = (1,65 \text{ V} - 1,58 \text{ V})/0,24 \text{ A} = 0,29 \ \Omega \ .$$

$$I_{Kurz} = \frac{1,65 \text{ V}}{0,29 \ \Omega} = 5,69 \text{ A} \ .$$

Der Kurzschlußstrom beträgt 5,69 Ampere.

159. Aufgabe

Die Lautsprecher einer Stereoanlage sind 7,4 m vom Verstärker entfernt. Welche Cu-Kabel eignen sich dafür, falls der Widerstand kleiner als 0,08 Ω sein soll?

Lösung

Die Leitfähigkeit von Kupfer $\sigma_{Cu} = 5,88 \cdot 10^7 \ \Omega^{-1} \ m^{-1}$. Für den spezifischen Widerstand ρ gilt $\rho = 1/\sigma = 1,7 \cdot 10^{-8} \ \Omega$ m. Der Widerstand des Cu-Kabels ist $R = \rho \cdot \ell/A$ und daher ist der Querschnitt

$$A = \frac{\rho \cdot \ell}{R} = \frac{1,7 \cdot 10^{-8} \ \Omega \text{ m} \cdot 14,8 \text{ m}}{0,08 \ \Omega} = 3,15 \cdot 10^{-6} \ m^2 = r^2 \pi$$

und r = 10^{-3} m.

Die Kupferkabel müssen einen Durchmesser von $\geq$ 2 mm haben.

160. Aufgabe

Ein an die Steckdose angeschlossener elektrischer Heizkörper zieht 8 A Strom . Wieviel kostet diese Heizung im Monat, falls sie durchschnittlich 55 % der Zeit in Betrieb ist?

Lösung

Bei einer Spannung von 220 V und einem Heizstrom von 8 Ampere ist die Leistung $P = U \cdot I = 220\ V \cdot 8\ A = 1760\ W$. Ein Monat mit 30 Tagen hat 720 Stunden. Die elektrische Arbeit würde demnach $1760\ W \cdot 720\ h = 1267,2$ kWh betragen. Da aber die Anlage nur durchschnittlich 55 % der Zeit in Betrieb ist, erhält man für die tatsächliche Arbeit $1267,2\ kWh \cdot 0,55 = 697$ kWh.

Mit einem Arbeitspreis von 1 kWh = ö.S. 1,61 einschließlich Mehrwertsteuer kostet die Heizung pro Monat

$$697\ kWh \cdot 1,61\ \text{ö.S.}/kWh = 1122,17\ \text{ö.S.}$$
$$\overline{\underline{}}$$

161. Aufgabe

Die elektrische Durchschlagsfestigkeit der Luft liegt bei $30\ kV\ cm^{-1}$. Welche Ladung kann man unter diesen Umständen maximal auf eine Kugel von 20 cm Durchmesser aufbringen?

Lösung

Aus dem Coulombschen Gesetz findet man für die elektrische Feldstärke

$$E = \frac{1}{4\pi\,\varepsilon_0} \cdot \frac{Q}{r^2} \qquad \text{und} \qquad q\,E = F_E$$

die elektrische Kraft auf die Ladung q.

Im SI-System ist $30\ kV\ cm^{-1} = 3 \cdot 10^6\ V\ m^{-1}$ und $r = 0,1$ m. Somit wird

$$3 \cdot 10^6\ V\ m^{-1} = \frac{Q}{4\pi\,\varepsilon_0 \cdot 10^{-2}\ m^2}$$

und

$$Q = 3 \cdot 10^6 \text{ V m}^{-1} \cdot 4\,\pi \cdot 8{,}85 \cdot 10^{-12} \text{ As V}^{-1}\text{m}^{-1} \cdot 10^{-2} \text{ m}^2 =$$

$$= 3{,}336 \cdot 10^{-6} \text{ As} \ .$$

162. Aufgabe

Ein Elektron der Geschwindigkeit $v_o = 3{,}5 \cdot 10^6$ m s^{-1} wird auf einer Strecke von 30 cm durch ein Potential von 150 V nachbeschleunigt. Wie groß sind die Beschleunigung und die Endgeschwindigkeit?

Lösung

Die elektrische Kraft ist

$$F_E = q \cdot E = 1{,}602 \cdot 10^{-19} \text{ C } \frac{150 \text{ V}}{0{,}3 \text{ m}} = 8{,}01 \cdot 10^{-17} \text{ N} \ .$$

Die Beschleunigung ist aus $m_e \cdot a = 8{,}01 \cdot 10^{-17}$ N zu ermitteln;

$$a = \frac{8{,}01 \cdot 10^{-17} \text{ N}}{9{,}11 \cdot 10^{-31} \text{ kg}} = 8{,}79 \cdot 10^{13} \text{ m s}^{-2} \ .$$

Die Nachbeschleunigung beträgt $8{,}79 \cdot 10^{13}$ m s^{-2}.

Letztlich ergibt sich die Endgeschwindigkeit aus

$$v^2 = v_o^2 + 2\,a \cdot 0{,}3 \text{ m} = 12{,}25 \cdot 10^{12} \text{ m}^2 \text{ s}^{-2} + 5{,}274 \cdot 10^{13} =$$

$$= 6{,}499 \cdot 10^{13} \text{ m}^2 \text{ s}^{-2}$$

$$v = 8{,}06 \cdot 10^6 \text{ m s}^{-1} \ .$$

Die Endgeschwindigkeit des Elektrons beträgt $8{,}06 \cdot 10^6$ m s^{-1}.

163. Aufgabe

Wie groß ist die elektrische Feldstärke in einem Aluminiumdraht von 3 mm Durchmesser, falls 4 Ampere Strom fließen?

Lösung

Aus der Beziehung $I = U/R$ wird durch Einsetzen von $R = \rho \cdot \ell / A$

$$I = \frac{U \cdot A}{\rho \cdot \ell} \quad ;$$

weil der spezifische Widerstand ρ gleich $1/\sigma$ der spezifischen Leitfähigkeit ist, gilt

$$I = \sigma \cdot A \frac{U}{\ell} \qquad \text{mit} \qquad \frac{U}{\ell} = E \quad ;$$

$I/A = j$ ist die Stromdichte; $j = \sigma E$ und schließlich ist

$$E = \frac{j}{\sigma} = j \cdot \rho$$

$$\rho_{Al} = 2,7 \cdot 10^{-8} \; \Omega \cdot m \quad \text{bei } 20 \; ^{O}C \; .$$

$$j = \frac{4 A}{r^2 \pi} = \frac{4 A}{2,25 \cdot 10^{-6} \, m^2 \cdot \pi} = \frac{4 \cdot 10^6 A}{7,069 \, m^2} = 5,659 \cdot 10^5 \; A \, m^{-2} \; .$$

$$E = 5,659 \cdot 10^5 \; A \, m^{-2} \cdot 2,7 \cdot 10^{-8} \; \Omega \, m = 1,528 \cdot 10^{-2} \; V \, m^{-1} \; .$$

Die elektrische Feldstärke im Alu-Draht ist $1,528 \cdot 10^{-2} \; V \, m^{-1}$.

164. Aufgabe

Wie groß ist der Energieinhalt eines Kugelkondensators von $r_a = 10$ cm und $r_i = 9$ cm in destilliertem Wasser, falls der Kondensator mit einer Spannungsquelle von 500 V aufgeladen wurde?

Lösung

Aus der Flächenladungsdichte

$$\frac{Q}{F} = \varepsilon \, \varepsilon_o \, E = \frac{\varepsilon \, \varepsilon_o \, U}{d} \qquad \text{und} \qquad Q = \frac{\varepsilon \, \varepsilon_o \, F}{d} \cdot U$$

folgt für die Kapazität des Plattenkondensators

$$C = \frac{\varepsilon \, \varepsilon_o \, F}{d} \; .$$

Für den Kugelkondensator gilt

$$U = \int_{r_i}^{r_a} E \, d\, r = \int_{r_i}^{r_a} \frac{Q \, dr}{4\pi\varepsilon_o r^2} = - \left|_{r_i}^{r_a} \frac{Q}{4\pi\varepsilon_o r} = \right.$$

$$= \frac{Q}{4\pi\varepsilon_o} \left(\frac{1}{r_i} - \frac{1}{r_a} \right) = \frac{Q \, (r_a - r_i)}{4\pi\varepsilon_o \, r_i \, r_a} \quad ;$$

damit ist wegen $U = Q/C$

$$C = \frac{4 \, \pi \, \varepsilon_o \, r_i \cdot r_a}{r_a - r_i} \quad .$$

Die Kapazität des Kugelkondensators im Vakuum ist

$$C = \frac{4 \, \pi \, \varepsilon_o \, r_i \cdot r_a}{r_a - r_i} \quad .$$

Die gespeicherte Energie W in Wasser mit $\varepsilon = 81$ ist

$$W = \frac{1}{2} \, C \, U^2 = \frac{2 \, \pi \, \varepsilon_o \, \varepsilon \, r_i \, r_a}{r_a - r_i} \cdot U^2 =$$

$$= \frac{2 \, \pi \cdot 8{,}85 \cdot 10^{-12} \, As \, V^{-1} \, m^{-1} \cdot 81 \cdot 0{,}09 \, m \cdot 0{,}1 \, m \, (500 \, V)^2}{0{,}01 \, m} =$$

$$= 1{,}013 \cdot 10^{-3} \, Ws \quad .$$
==============

165. Aufgabe

Wie groß ist der Strom, der von einer 12 V-Batterie ausgehend in folgendes Netzwerk fließt, wobei $R_1 = 30 \, \Omega$, $R_2 =$
$= 16 \, \Omega$, $R_3 = 6 \, \Omega$ und $R_4 = 12 \, \Omega$ ist?

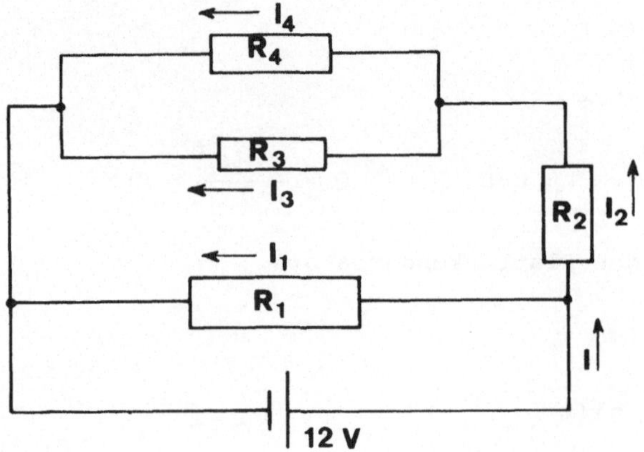

Lösung

Nach dem ersten Kirchhoffschen Gesetz gilt, daß der Gesamtstrom gleich den Teilströmen über R_1 plus über R_2 ist. Also

$$I = I_1 + I_2 \qquad \text{und} \qquad I_2 = I_3 + I_4 \ .$$

Für die parallel geschalteten Widerstände R_3 und R_4 gilt

$$\frac{1}{R^*} = \frac{1}{R_3} + \frac{1}{R_4} = \frac{1}{6\ \Omega} + \frac{1}{12\ \Omega} = \frac{3}{12\ \Omega}$$

$$R^* = 4\ \Omega .$$

Die Ersatzschaltung hat die Form

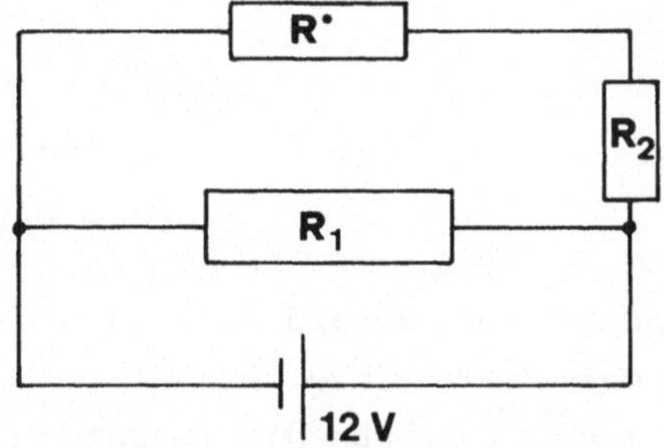

R_2 und R^* sind hintereinandergeschaltet. Es gilt daher

$$R' = R_2 + R^* = 16\ \Omega + 4\ \Omega = 20\ \Omega \ .$$

R' ist der Ersatzwiderstand, der zu R_1 parallel geschaltet ist; es gilt daher

$$\frac{1}{R} = \frac{1}{R_1} + \frac{1}{R'} = \frac{1}{30\ \Omega} + \frac{1}{20\ \Omega} = \frac{2}{60\ \Omega} + \frac{3}{60\ \Omega} = \frac{5}{60\ \Omega}$$

und der Gesamtwiderstand im Netzwerk ist $R = 12\ \Omega$. Wegen $I = U/R$ ist der Gesamtstrom

$$I = \frac{12\ V}{12\ \Omega} = 1\ A \ .$$

Wegen $I = I_1 + I_2$ und $I_1 = \frac{12\ V}{30\ \Omega} = 0{,}4\ A$ ist $I_2 = 0{,}6\ A$ und wegen $I_2 = I_3 + I_4$ ist

$$I_2\ R^* = U^* = 0{,}6\ A \cdot 4\ \Omega = 2{,}4\ V \ .$$

Nach dem zweiten Kirchhoffschen Gesetz liegt die Spannung von 2,4 V sowohl an R_3 als auch an R_4; daher muß der Strom

$$I_3 = \frac{2,4\text{ V}}{6\ \Omega} = 0,4\text{ A} \qquad \text{und} \qquad I_4 = \frac{2,4\text{ V}}{12\ \Omega} = 0,2\text{ A}$$

sein. Die Spannung an R_2 beträgt daher 9,6 V.

166. Aufgabe

Eine Kapazität von 0,5 µF wird über einen Vorwiderstand von 2 MΩ durch eine Spannungsquelle von 220 V aufgeladen. Wie lange dauert es, bis die Hälfte der möglichen Ladung am Kondensator aufgebracht ist?

Lösung

$$I_{max} = \frac{U}{R} = \frac{220\text{ V}}{2 \cdot 10^6\ \Omega} = 1,1 \cdot 10^{-4}\text{ A}\ .$$

Der Strom I_{max} existiert zum Zeitpunkt $t = 0$; sobald aber Ladung den Kondensator erreicht, wird der Strom I kleiner. Es gilt das Exponentialgesetz $I = I_{max} \cdot e^{-t/RC}$. Für die Ladung gilt zum Zeitpunkt $t = 0$ daher $Q = 0$.

$$Q = Q_m\ (1 - e^{-t/RC})\ ;$$

mit $Q = Q_m/2$ folgt

$$\frac{1}{2} = 1 - e^{-t/RC} \qquad \text{oder} \qquad \frac{1}{2} = e^{-t/RC}$$

beziehungsweise

$$\ln 2 = \frac{t}{R\,C}$$

und

$$t = R\,C \ln 2 = 2 \cdot 10^6\ \Omega\ \cdot\ 5 \cdot 10^{-7}\text{ F}\ \cdot\ 0,6932 =$$
$$= 6,932 \cdot 10^{-1}\text{ s} = 0,6932\text{ s}\ .$$

Der Strom zum Zeitpunkt $t = 0,6932$ s ergibt sich mit

$$I = 1,1 \cdot 10^{-4}\text{ A}\ e^{-0,6932\text{s}/1} = 5,55 \cdot 10^{-5}\text{ A}$$

$$Q_m = C \cdot U = 0,5 \cdot 10^{-6}\text{ F}\ \cdot\ 220\text{ V} = 1,1 \cdot 10^{-4}\text{ C}\ .$$

167. Aufgabe

Mit welcher Periode der Kippspannung muß ein Kathodenstrahl-
oszillograph betrieben werden, um für zwei, drei oder vier
Perioden der technischen Wechselspannung ein stehendes Bild
zu erhalten?

Lösung

Die Frequenz des technischen Wechselstroms ist $f = 50$ Hz. Außerdem ist $f = 1/T$ mit T der Periodendauer oder Schwingungsdauer.
Mit $f = 50 \ s^{-1}$ ist

$$T = \frac{1 \ s}{50} = 2 \cdot 10^{-2} \ s \ .$$

50 Schwingungen pro Sekunde sind 50 Perioden und

$$100 \text{ Perioden entsprechen} \quad T = \frac{1}{100} \ s = 10^{-2} \ s$$

$$150 \text{ Perioden entsprechen} \quad T' = \frac{1}{150} \ s = 6,7 \cdot 10^{-3} \ s$$

$$200 \text{ Perioden entsprechen} \quad T'' = \frac{1}{200} \ s = 5 \cdot 10^{-3} \ s \ .$$

168. Aufgabe

Für eine Notbeleuchtung mit fünf 12 Volt/30 W Glühlampen
stehen zwei Autobatterien zur Verfügung. Die eine Batterie
trägt die Aufschrift 12 V/50 Ah und die andere 12 V/75 Ah.
Wie müssen die Batterien geschaltet werden und wie lange
kann die Notbeleuchtung damit aufrechterhalten werden?

Lösung

Die fünf Notbeleuchtungslampen benötigen zusammen 150 W Leistung.
Werden die beiden voll geladenen Batterien parallel geschaltet,
dann ist die Energie

$$12 \text{ V} \cdot 50 \text{ Ah} + 12 \text{ V} \cdot 75 \text{ Ah} = 600 \text{ Wh} + 900 \text{ Wh} = 1500 \text{ Wh}$$

gespeichert. Weil die Leistung des Verbrauchers 150 W ist, kann
dieser 10 Stunden lang (150 W $\cdot$ 10 h = 1500 Wh) versorgt werden.
Die Parallelschaltung erhöht nur die Amperestundenkapazität,nicht

aber die Spannung. Bei genauerer Betrachtung wäre durch die Parallelschaltung eine Verringerung des inneren Widerstands der Batterien damit verbunden.

169. Aufgabe

Der Preis für Haushaltsstrom beträgt ö.S 1,61/kWh. Wie groß ist die monatliche Ersparnis, falls bei einer Brenndauer von 140 Stunden eine 40 W Lampe anstelle einer 60 W Lampe verwendet wird?

Lösung

Mit der 60 W Lampe ist der monatliche Energiebedarf

$$60 \text{ W} \cdot 140 \text{ h} = 8,4 \text{ kWh}$$

und für die 40 W Lampe beträgt er

$$40 \text{ W} \cdot 140 \text{ h} = 5,6 \text{ kWh} \ .$$

Die Einsparung beträgt

$$8,4 \text{ kWh} - 5,6 \text{ kWh} = 2,8 \text{ kWh} \ .$$

Bei dem gegebenen Strompreis von ö.S. 1,61/kWh bedeutet dies

$$2,8 \text{ kWh} \cdot 1,61 \text{ ö.S/kWh} = \text{ö.S. } 4,51 \ .$$

Diese Einsparung ist gering verglichen mit einer möglichen Schädigung der Augen.

170. Aufgabe

Ein Mikroamperemeter mit 20 µA Endausschlag und 50 Ω innerem Widerstand soll als Spannungsmeßgerät für 100 V Endausschlag verwendet werden. Was muß geschehen, damit das Instrument als Spannungsmesser im gewünschten Bereich verwendet werden kann?

169

Lösung

Es gilt I = U/R und U = I · R. Bei Vollausschlag liegt am Mikroamperemeter eine Spannung von

$$U = 2 \cdot 10^{-5} \, A \cdot 50 \, \Omega = 10^{-3} \, V = 1 \, mV \; .$$

Um bei diesem Gerät 100 V Endausschlag zu erhalten, muß

$$R = \frac{100 \, V}{2 \cdot 10^{-5} \, A} = 5 \cdot 10^{6} \, \Omega$$

sein. Weil aber 50 Ω Innenwiderstand des Gerätes vorhanden ist,
wäre dieser zu berücksichtigen, falls die Genauigkeit besser als
10^{-5} sein sollte. Diese Genauigkeit ist aber bei Mikroampereme-
tern nur mit großem Aufwand erreichbar.

171. Aufgabe

Wie groß sind das elektrische Feld, die elektrische Feldliniendichte und das elektrische Potential einer positiven
Punktladung? Wie sieht die potentielle Energie einer negativen Punktladung im Feld der positiven Ladung aus?

Lösung

Nach dem Coulombschen Gesetz ist die elektrische Feldstärke als
Funktion des Abstandes

$$E = \frac{Q}{4 \, \pi \, \varepsilon_{o} \, r^{2}}$$

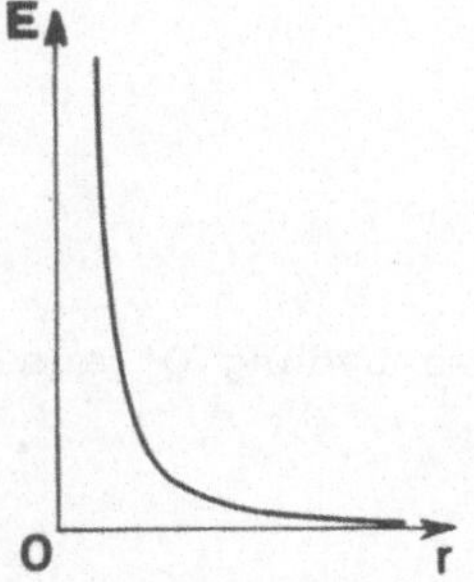

und die elektrische Feldliniendichte ist

$$E \cdot A = \frac{Q \, 4 \, \pi \, r^2}{4 \, \pi \, \varepsilon_o \, r^2} = \frac{Q}{\varepsilon_o}$$

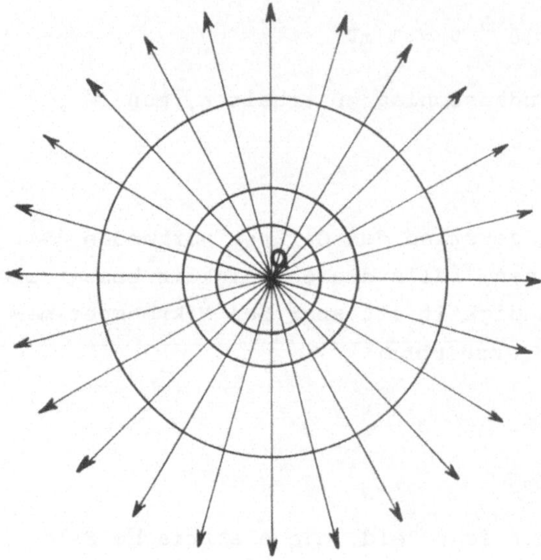

Das elektrische Potential hat die Form

$$\Delta U = E \, \Delta r \qquad \text{mit} \qquad U = \frac{1}{4 \, \pi \, \varepsilon_o} \cdot \frac{Q}{r}$$

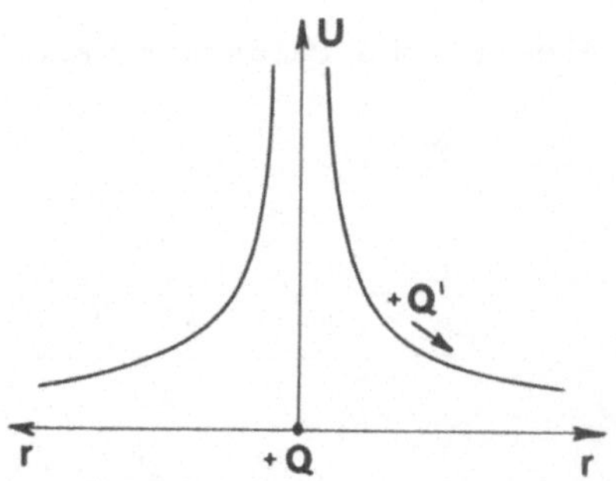

Die Arbeit, die erforderlich ist, um eine positive Ladung Q' aus dem Unendlichen bis zum Abstand r zu bringen, ist

$$Q' \, U = \frac{1}{4 \, \pi \, \varepsilon_o} \cdot \frac{Q \, Q'}{r} \ .$$

Für die potentielle Energie der negativen Punktladung erhält man
den Energietopf

$$- \frac{Q' \, Q}{4 \, \pi \, \varepsilon_o \, r} = - \, Q' \, U \qquad \text{mit } U = 0 \qquad \text{für } r = \infty \; .$$

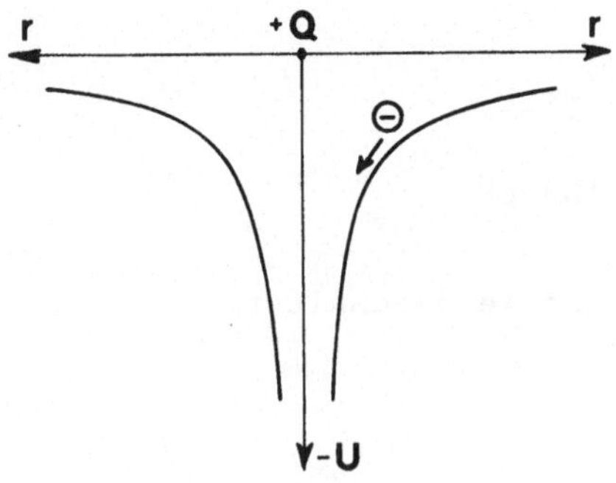

172. Aufgabe

Eine Spannungsquelle von 60 V versorgt über einen Widerstand
von 30 kΩ zwei parallel geschaltete Kondensatoren von 40 µF
und 60 µF, sowie eine Serienkapazität von 120 µF. Wie groß
ist die Zeitkonstante des Netzwerkes?

Lösung

Das Netzwerk enthält folgende Elemente

mit $U = 60$ V, $R = 30$ kΩ, $C_o = 120$ µF, $C_1 = 40$ µF und $C_2 = 60$ µF.

Für ein RC-Glied lautet die Zeitkonstante $\tau = R \cdot C$; sie gibt an, wie lange es dauert, bis

$$I = \frac{I_o}{e} = \frac{I_o}{2,7183}$$

erreicht wird. Es gilt vorerst die im Schaltkreis wirksame Kapazität zu ermitteln.

Für parallel geschaltete Kapazitäten gilt

$$C' = C_1 + C_2 = 40 \ \mu F + 60 \ \mu F = 100 \ \mu F \ .$$

Die Ersatzkapazität C' ist mit C_o in Serie geschaltet. Es gilt daher

$$\frac{1}{C} = \frac{1}{C'} + \frac{1}{C_o}$$

oder

$$C = \frac{C' \cdot C_o}{C' + C_o} = \frac{100 \ \mu F \cdot 120 \ \mu F}{100 \ \mu F + 120 \ \mu F} = 54,55 \ \mu F \ .$$

Damit wird

$$R \ C = 3 \cdot 10^4 \Omega \cdot 5,455 \cdot 10^{-5} \ F = 1,64 \ s \ .$$

Die Zeitkonstante τ des Netzwerkes ist 1,64 s.

173. Aufgabe

Welche Arbeit muß verrichtet werden, um eine Ladung von 10 C bei einer 12 V Batterie von einem Pol zum anderen zu bringen?

Lösung

Die Potentialdifferenz zwischen den beiden Polen der Batterie beträgt 12 V. Die elektrische Arbeit $W = Q \cdot U$. Falls die Ladung 10 C = 10 As beträgt, ist

$$W = 10 \ As \cdot 12 \ V = 120 \ Ws = 120 \ J \ .$$

Falls die Arbeit von der Kathode zur Anode aufzubringen ist, wird sie beim Rücktransport wieder gewonnen. Dabei ist zu beachten, daß die Ladung das Vorzeichen nicht ändert; hingegen ändert die Potentialdifferenz das Vorzeichen.

174. Aufgabe

Beim Ehrenhaft-Millikan-Versuch werden elektrisch geladene Öltröpfchen in einem Kondensator in Schwebe gehalten. Die Platten des Kondensators haben einen Abstand von 2 mm, die angelegte Spannung beträgt 245 V. Welche Ladung haben die Öltröpfchen, falls die Sinkgeschwindigkeit in Abwesenheit des Feldes $7,11 \cdot 10^{-5}$ m s^{-1} beträgt?

Lösung

Für die Gleichgewichtsbedingung im elektrischen Feld gilt m g = q E. Falls q negative Ladung hat, muß die obere Platte positiv gepolt werden, um dem Gewicht des Tröpfchens das Gleichgewicht halten zu können. Bei Abwesenheit des elektrischen Feldes gilt die Stokessche Reibung, nämlich

$$m\,g = 6\,\pi\,r\,\eta\,v \qquad \text{oder} \qquad \frac{\rho\,4\,\pi\,r^3}{3}\,g = 6\,\pi\,r\,\eta\,v$$

$$\frac{\rho\,2\,r^2}{3}\,g = 3\,v\,\eta\;.$$

Nach r^2 aufgelöst erhält man

$$r^2 = \frac{9\,v\,\eta}{2\,\rho\,g}\;;$$

mit η_{Luft} bei 20 $^\circ$C und 1 at ist

$$\eta_L = 1,82 \cdot 10^{-5} \text{ Ns m}^{-2}$$

$$\rho_{\text{Öl}} = 920 \text{ kg m}^{-3}$$

$$\rho'_{\text{Luft}} = 1,29 \text{ kg m}^{-3}\;,$$

wobei wegen des Auftriebes in Luft

$$\rho_{\text{Öl}} - \rho_{\text{Luft}} = \rho = 918,7 \text{ kg m}^{-3}$$

ist. Nach der Gleichung m g = q E = q·U/d gilt für

$$q = \frac{m\,g\,d}{U} = \frac{\rho\,4\,r^3\,\pi\,g\,d}{3\,U} = \frac{\rho\,4\,\pi\,g\,d}{3\,U} \cdot \frac{9\,v\,\eta}{2\,\rho\,g} \cdot \left(\frac{9\,v\,\eta}{2\,\rho\,g}\right)^{1/2} =$$

$$= \frac{2\,\pi\,d\,3\,v\,\eta\,3}{U} \cdot \left(\frac{v\,\eta}{2\,\rho\,g}\right)^{1/2} =$$

$$= \frac{18\,\pi \cdot 2 \cdot 10^{-3}\,m \cdot 7{,}11 \cdot 10^{-5}\,m\,s^{-1} \cdot 1{,}82 \cdot 10^{-5}\,Ns\,m^{-2}}{245\,V} \cdot$$

$$\cdot \left(\frac{7{,}11 \cdot 10^{-5}\,m\,s^{-1} \cdot 1{,}82 \cdot 10^{-5}\,Ns\,m^{-2}}{2 \cdot 918{,}7\,kg\,m^{-3} \cdot 9{,}81\,m\,s^{-2}}\right)^{1/2} =$$

$$= 5{,}9735 \cdot 10^{-13} \cdot 2{,}6794 \cdot 10^{-7}\,C = 1{,}601 \cdot 10^{-19}\,C \; .$$

175. Aufgabe

Eine Blitzlichtlampe wird von einer 6 V Batterie gespeist.
Die Lampe soll einen 80 µs dauernden Blitz von 225 W abge-
ben. Wie groß muß die Kapazität des Ladungsspeichers sein
und wie groß ist die Ladung?

Lösung

Der Energieinhalt einer aufgeladenen Kapazität ist $W = \frac{1}{2}\,C\,U^2$.
Die gespeicherte Energie des elektrischen Feldes muß dem Produkt
Leistung mal Zeit entsprechen. Man erhält

$$\frac{1}{2}\,C\,U^2 = N \cdot t$$

und

$$C = \frac{2\,N\,t}{U^2} = \frac{2 \cdot 225\,W \cdot 8 \cdot 10^{-5}\,s}{36\,V^2} = 1 \cdot 10^{-3}\,F = 1000\;\mu F \; .$$

Nach der Beziehung $C = Q/U$ ist

$$Q = C \cdot U = 10^{-3}\,F \cdot 6\,V = 6 \cdot 10^{-3}\,C \; .$$

<u>*176. Aufgabe*</u>

An einer Spannungsquelle wird bei 8 Ampere Entnahme eine
Klemmspannung von 41,5 Volt gemessen und bei einer Belastung
mit 13 Ampere 39 Volt. Wie groß ist die Spannung ohne Last
und wie groß ist der innere Widerstand der Spannungsquelle?

<u>*Lösung*</u>

Bei einem Stromfluß von 8 A gilt $U_1 = U_o - I_1 R_i$, wobei U_o die
gesuchte Leerlaufspannung ist und R_i der innere Widerstand der
Batterie. Bei 13 Ampere Belastung lautet die analoge Gleichung
$U_2 = U_o - I_2 R_i$. Beide Gleichungen nach U_o geordnet und gleich-
gesetzt führt zu

$$U_1 + I_1 R_i = U_2 + I_2 R_i \qquad \text{oder} \qquad U_1 - U_2 = R_i (I_2 - I_1)$$

mit

$$R_i = \frac{U_1 - U_2}{I_2 - I_1} = \frac{41,5 \text{ V} - 39 \text{ V}}{13 \text{ A} - 8 \text{ A}} = \frac{2,5 \text{ V}}{5 \text{ A}} = 0,5 \ \Omega \ .$$

Die Leerlaufspannung U_o wird aus der ersten oder zweiten Gleichung ermittelt

$$U_o = U_1 + I_1 R_i = 41,5 \text{ V} + 8 \text{ A} \cdot 0,5 \ \Omega = 45,5 \text{ V} \ .$$

<u>*177. Aufgabe*</u>

Ein Elektron der Geschwindigkeit $1,5 \cdot 10^7 \text{ m s}^{-1}$ soll durch
ein elektrisches Gegenfeld voll abgebremst werden. Wie groß
ist die erforderliche Potentialdifferenz?

<u>*Lösung*</u>

Die Energiegleichung für das Elektron lautet $q \cdot U = \frac{1}{2} m_e v^2$ und
daraus erhält man für die Potentialdifferenz

$$U = \frac{1}{2} \frac{m_e}{q} \cdot v^2 \ ;$$

mit m_e = $9{,}11 \cdot 10^{-31}$ kg und q = $1{,}602 \cdot 10^{-19}$ C wird

$$U = \frac{9{,}11 \cdot 10^{-31} \text{ kg } (1{,}5)^2 \cdot 10^{14} \text{ m}^2 \text{ s}^{-2}}{2 \cdot 1{,}602 \cdot 10^{-19} \text{ C}} = 640 \text{ V} .$$

178. Aufgabe

Welcher Strom muß durch eine 60 cm lange Spule mit 300 Windungen geschickt werden, um die Horizontalkomponente des magnetischen Erdfeldes von 0,312 Gauß zu kompensieren?

Lösung

Ein Gauß entspricht 10^{-4} Tesla; daher sind 0,312 G = $3{,}12 \cdot 10^{-5}$ T. Tesla ist die Einheit der magnetischen Induktion mit der Dimension $[T] = [\text{Vs m}^{-2}]$. Es gilt

$$B = \mu_o H \qquad \text{und} \qquad H = \frac{B}{\mu_o}$$

mit $\mu_o = 4 \pi\, 10^{-7}$ Vs A^{-1} m^{-1} der Induktionskonstante.

Das Magnetfeld für eine lange Spule lautet $H = \dfrac{n \cdot I}{\ell}$, wobei ℓ die Spulenlänge und n die Anzahl der Windungen bedeutet. Aufgrund der beiden Gleichungen für das Magnetfeld erhält man für den Strom

$$I = \frac{B \cdot \ell}{n \cdot \mu_o} = \frac{3{,}12 \cdot 10^{-5} \text{ T} \cdot 0{,}6 \text{ m}}{300 \cdot 4 \pi \cdot 10^{-7} \text{ Vs } A^{-1} \text{ m}^{-1}} = 50 \text{ mA} .$$

179. Aufgabe

Ein 14 cm langer Kupferdraht befindet sich in einem Magnetfeld der Flußdichte von 1,8 T. Der Draht wird von 12 Ampere Strom durchflossen und steht unter 45° zum Vektor der magnetischen Induktion. Welche Kraft wirkt auf den Draht?

Lösung

Die magnetische Kraft (Lorentz-Kraft) auf den stromdurchflossenen Leiter lautet

$$F = I \cdot \ell \cdot B \sin (\vec{I}, \vec{B})$$

und eingesetzt erhält man

$$F = 12 \text{ A} \cdot 0,14 \text{ m} \cdot 1,8 \text{ T} \sin 45^{\circ} = 2,14 \text{ N} .$$

180. Aufgabe

Welche magnetische Energie hat eine Spule von 1200 Windungen, 40 cm Länge und 10 cm Durchmesser gespeichert, falls
sie mit 3 Ampere Strom durchflossen wird?

Lösung

Die in einer Spule gespeicherte Energie $W_{magn} = \frac{1}{2} L I^2$. Die Induktivität L der Spule ist

$$L = \frac{n^2 \mu_0 F}{\ell} = \frac{n^2 \mu_0 r^2 \pi}{\ell} .$$

Eingesetzt wird

$$W_{magn} = \frac{(1,2)^2 \cdot 10^6 \cdot 4\pi \cdot 10^{-7} \text{ Vs A}^{-1} \text{ m}^{-1} \cdot 25 \cdot 10^{-4} \text{ m}^2 \cdot \pi \cdot 9 \text{ A}^2}{2 \cdot 0,4 \text{ m}} =$$

$$= 1,6 \cdot 10^{-1} \text{ Ws} .$$

181. Aufgabe

Zur Messung der Strömungsgeschwindigkeit des Blutes bedient
man sich des Hall-Effektes. Wie groß ist die Blutgeschwindigkeit, falls an den 8 mm voneinander entfernten Hall-Elektroden bei $2,5 \cdot 10^{-2}$ T magnetischer Induktion $4 \cdot 10^{-5}$ Volt
Hall-Spannung gemessen wird?

Lösung

Die Hall-Spannung ist das Resultat der Lorentz-Kraft auf bewegte Ladungen. Die Lorentz-Kraft hat die Form $\vec{F} = q \cdot \vec{v} \times \vec{B}$; diese Kraft entspricht der elektrischen Kraft $\vec{F} = q \vec{E}$; daher kann man $\vec{v} \times \vec{B} = \vec{E}$ gleichsetzen.

Die elektrische Feldstärke $E = U/d$ mit U der Spannungsdifferenz zwischen den Hall-Elektroden und d dem Elektrodenabstand. Aus der letzten Gleichung ist ersichtlich, daß in die Hall-Spannung weder die Ladungsanzahl noch die Masse des Blutes eingeht, weil die Beziehung

$$U = d \cdot v \cdot B \sin (\vec{v}, \vec{B})$$

gilt; falls $\vec{v} \perp \vec{B}$ steht, dann wird

$$v = \frac{U}{d \cdot B} = \frac{4 \cdot 10^{-5}\ V}{8 \cdot 10^{-3}\ m \cdot 2,5 \cdot 10^{-2}\ T} = 0,2\ m\ s^{-1}\ .$$

182. Aufgabe

6 gleiche Akkumulatoren von U = 2 V und dem inneren Widerstand von $R_i = 0,15\ \Omega$ werden in Serie an einen Lastwiderstand R_L gelegt. Wie groß muß der Widerstand R_L gewählt werden, damit die nach außen abgegebene Leistung ein Maximum ist?

Lösung

Mit n = 6, U = 2 V und $R_i = 0,15\ \Omega$ wird nach Serienschaltung der Akkus und Einschaltung des Lastwiderstandes R_L die Stromstärke

$$I = \frac{n \cdot U}{n\ R_i + R_L}\ .$$

Für die Leistung gilt

$$P = R_L \cdot I^2 = \frac{R_L\ n^2\ U^2}{(n\ R_i + R_L)^2}\ .$$

Für $d\,P/d\,R_L = 0$ folgt $n\ R_i = R_L = 6 \cdot 0,15\ \Omega = 0,9\ \Omega$.

Die Differentiation geht nach der Formel

$$y(x) = \frac{y_1(x)}{y_2(x)}$$

und

$$\frac{dy(x)}{dx} = \frac{1}{\left(y_2(x)\right)^2} \left(y_2(x) \cdot \frac{dy_1(x)}{dx} - y_1(x) \cdot \frac{dy_2(x)}{dx} \right)$$

$$\frac{dP}{dR_L} = \frac{1}{(nR_i + R_L)^4} (nR_i + R_L)^2 \, n^2 U^2 - R_L n^2 U^2 \cdot 2(nR_i + R_L) = 0 \; ;$$

daraus folgt

$$nR_i + R_L = 2\,R_L$$

und weiter

$$nR_i = R_L \; .$$

Weil

$$P = \frac{R_L \, n^2 \, U^2}{4\,R_L^2} = \frac{36 \cdot 4 \, V^2}{4 \cdot 0,9 \, \Omega} = \underline{\underline{40 \; W}} \; .$$

Wegen $R_L = 0,9 \; \Omega$ ist

$$I^2 = \frac{40 \; W}{0,9 \; \Omega} = 44,444 \; A^2$$

und

$$I = \underline{\underline{6,667 \; A}} \; .$$

Die am Lastwiderstand liegende Spannung ergibt sich aus

$$U_L = I \cdot R_L = 6,667 \; A \cdot 0,9 \; \Omega = \underline{\underline{6 \; V}} \; .$$

183. Aufgabe

Schichtwiderstände haben einen positiven Temperaturkoeffizienten von $0,1\% \cdot K^{-1}$. Im Handel erhältliche NTC-Widerstände haben einen Temperaturkoeffizienten von $-4\% \cdot K^{-1}$. Wie muß ein temperaturunabhängiger Widerstand von 10 kΩ bestehend aus Schicht- und NTC-Widerstand zusammengesetzt sein?

Lösung

Die beiden Widerstände zusammen lauten $R_1 + R_2 = 10^4 \ \Omega$; außerdem muß bei Temperaturunabhängigkeit gelten

$$10^{-3} \ R_1 - 4 \cdot 10^{-2} \ R_2 = 0 \ .$$

Daraus wird

$$R_1 = \frac{4 \cdot 10^{-2} \ R_2}{10^{-3}} = 40 \ R_2 \ .$$

Diesen Wert in die erste Gleichung eingesetzt ergibt

$$40 \ R_2 + R_2 = 40^4 \ \Omega$$

und

$$R_2 = \frac{10^4 \ \Omega}{41} = 243{,}9 \ \Omega \qquad \text{sowie} \qquad R_1 = 9756{,}1 \ \Omega \ .$$

Der Schichtwiderstand muß 9756,1 Ω und der NTC-Widerstand muß 243,9 Ω haben, dann ist der 10 kΩ-Widerstand temperaturunabhängig.

184. Aufgabe

Wie lange müssen 100 A Strom durch einen Leiter fließen, bis 1 g Elektronen durch diesen Querschnitt gewandert sind?

Lösung

Ladung und Strom sind durch die Beziehung $Q = I \cdot t$ mit einander verknüpft. Die Elektronenladung beträgt $1{,}602 \cdot 10^{-19}$ C. Da die Elektronenmasse $9{,}11 \cdot 10^{-31}$ kg beträgt, sind für 1 g

$$\frac{10^{-3} \ \text{kg}}{9{,}11 \cdot 10^{-31} \ \text{kg}} = 1{,}0977 \cdot 10^{27} \ \text{Elektronen}$$

notwendig. Diese Anzahl von Elektronen repräsentieren

$$1{,}0977 \cdot 10^{27} \cdot 1{,}602 \cdot 10^{-19} \ \text{C} = 1{,}7585 \cdot 10^8 \ \text{C} \ .$$

Weil 100 A Strom fließen, wird

$$t = \frac{1{,}7585 \cdot 10^8 \ \text{C}}{100 \ \text{A}} = 1{,}7585 \cdot 10^6 \ \text{s} = 20{,}35 \ \text{Tage} \ .$$

185. Aufgabe

Ein torusförmiger Eisenkern mit einem mittleren Durchmesser
von d = 25 cm und einem Luftspalt von 5 mm ist gleichmäßig
mit 600 Windungen bewickelt. Wie groß ist die magnetische
Induktion B im Luftspalt und wie groß ist das totale Magnetfeld bei 1,2 A und μ = 2000?

Lösung

Für das gesamte Feld gilt

$$\oint H \, d \, s = n \cdot I = H_{Fe} + H_{Sp} \, .$$

H_{Fe} ist das Feld im Eisentorus und H_{Sp} ist das Feld im Luftspalt.

$$600 \cdot 1,2 \; A = \frac{H}{2000} \; (0,25 \cdot \pi - 5 \cdot 10^{-3}) m + \frac{H \cdot 5 \cdot 10^{-3} \; m}{1} =$$

$$= H \cdot 3,9 \cdot 10^{-4} \; m + H \cdot 5 \cdot 10^{-3} \; m = 5,39 \cdot 10^{-3} \; H \cdot m$$

und

$$H = \frac{600 \cdot 1,2 \; A}{5,39 \cdot 10^{-3} \; m} = 1,3358 \cdot 10^{5} \; A \; m^{-1} \, .$$

Das gesamte Feld hat den Wert H = $1,3358 \cdot 10^{5}$ A m^{-1} .

Die magnetische Induktion oder Flußdichte im Luftspalt ist

$$B = \mu_{o} \; \mu \; H = 4\pi \cdot 10^{-7} \; Vs \; A^{-1} \; m^{-1} \cdot 1 \cdot 1,3358 \cdot 10^{5} \; A \; m^{-1} =$$

$$= 1,6786 \cdot 10^{-1} \; T \, .$$

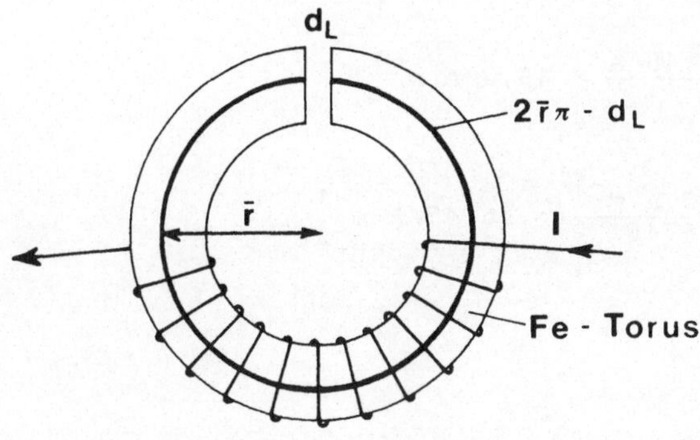

Die magnetische Flußdichte im Eisentorus ist wegen der Stetig-
keit von B gleich groß wie im Luftspalt; hingegen gilt

$$H_{Sp} = \mu \, H_{Fe} \; .$$

186. Aufgabe

Im Mittelpunkt einer zylindrischen Spule von 120 Windungen
pro Meter, deren Achse senkrecht zum Erdmagnetfeld steht,
befindet sich eine Magnetnadel. Wie groß ist die Horizontalkomponente des Erdfeldes, wenn die Nadel für einen Spu-
lenstrom von 160 mA um 34° abgelenkt wird?

Lösung

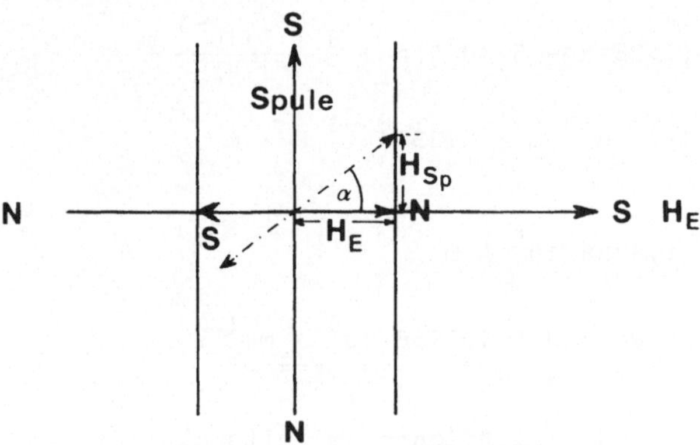

Nach der Zeichnung ist

$$tg \, \alpha = \frac{H_{Sp}}{H_E}$$

mit

$$H_{Sp} = \frac{n \cdot I}{\ell} = \frac{120 \cdot 0,16 \text{ A}}{1 \text{ m}} = 19,2 \text{ A m}^{-1}$$

und

$$H_E = \frac{19,2 \text{ A m}^{-1}}{tg \, 34^{\circ}} = \frac{19,2 \text{ A m}^{-1}}{0,6745} = 28,47 \text{ A m}^{-1} \; .$$

187. Aufgabe

Eine 20 kV Hochspannungsleitung, deren Kupferdrähte von
d = 8 mm 25 cm voneinander entfernt sind, erleidet nach
3 km einen satten Kurzschluß. Mit welcher Kraft ziehen
sich die beiden Leiter an?

Lösung

Unter der Annahme, daß der innere Widerstand der Spannungsquelle
vernachlässigbar ist, gilt für den Widerstand der beiden Cu-Kabel
$R = \rho \cdot \ell / q$ mit $\rho_{Cu} = 1{,}8 \cdot 10^{-8}$ Ωm dem spezifischen Widerstand,
ℓ der Länge in Meter und q dem Querschnitt des Cu-Kabels in m^2.
Danach wird für die Länge der beiden nach dem Kurzschluß in Serie liegenden Kabeln

$$R = \frac{1{,}8 \cdot 10^{-8}\ \Omega m \cdot 2 \cdot 3 \cdot 10^3\ m}{16 \cdot 10^{-6}\ m^2 \cdot \pi} = 2{,}15\ \Omega \ .$$

Mit $R = 2{,}15\ \Omega$ ist der maximale Strom in den beiden Kabeln

$$I = \frac{U}{R} = \frac{2 \cdot 10^4\ V}{2{,}15\ \Omega} = 9302\ A \ .$$

Für die Kraft, die zwei stromdurchflossene Leiter aufeinander
ausüben, gilt

$$K = I \cdot B \cdot \ell \qquad \text{falls } \vec{I} \perp \text{ auf } \vec{B} \text{ steht.}$$

Da $B = \mu_o H$ ist und für einen stromdurchflossenen geraden Leiter
$H = I/2\,r\,\pi$ gilt, wird

$$K = \frac{\mu_o\ I^2\ \ell}{2\ r\ \pi} \ .$$

Eingesetzt erhält man

$$K = \frac{4\ \pi \cdot 10^{-7}\ Vs\ A^{-1}\ m^{-1} \cdot (9{,}302)^2 \cdot 10^6\ A^2 \cdot 3 \cdot 10^3\ m}{2\ \pi \cdot 0{,}25\ m} =$$

$$= 2{,}077 \cdot 10^5\ N \ .$$

184

188. Aufgabe

Im Zyklotron werden elektrisch geladene Teilchen durch ein
Magnetfeld auf Kreisbahnen gezwungen und nach jedem halben
Umlauf durch ein elektrisches Feld beschleunigt. Wie groß
ist die Kreisfrequenz für Protonen in einem Magnetfeld von
73085 A m^{-1}?

Lösung

Die Zentrifugalkraft der im Kreis geführten Protonen muß gleich
der Lorentz-Kraft von $m v^2/r = q \cdot v \cdot B$ sein, falls $\vec{v} \perp \vec{B}$ steht.
Daraus folgt

$$\frac{v}{r} = \frac{q}{m} B$$

und weil $v/r = \omega$ ist, gilt für die Kreisfrequenz

$$\omega = \frac{q}{m} B = \frac{q}{m} \mu_o H \ .$$

Eingesetzt erhält man mit $m_P = 1{,}6726 \cdot 10^{-27}$ kg

$$\omega = \frac{1{,}602 \cdot 10^{-19} \ C \cdot 4 \ \pi \cdot 10^{-7} \ Vs \ A^{-1} \ m^{-1} \cdot 73085 \ A \ m^{-1}}{1{,}6726 \cdot 10^{-27} \ kg} =$$

$$= 8{,}7965 \cdot 10^6 \ Hz \ .$$

Wegen $f = \omega/2 \ \pi$ wird

$$F = 1{,}4 \cdot 10^6 \ Hz \ oder \ 1{,}4 \ MHz.$$

189. Aufgabe

Magnetisiert man in einer Spule Eisen bis zur Sättigung, so
ist das vom Eisen erzeugte Sättigungsfeld $1{,}8 \cdot 10^6$ A m^{-1}.
Man denke sich dieses Feld durch parallel ausgerichtete
Kreisströme in den Eisenatomen erzeugt. Wie groß ist das
magnetische Moment des einzelnen Eisenatoms verglichen mit
dem Bohrschen Magneton?

Lösung

Das Bohrsche Magneton

$$P_{Bohr} = \frac{e}{2\,m} \cdot \frac{h}{2\,\pi} = \frac{1{,}602 \cdot 10^{-19}\ C \cdot 6{,}626 \cdot 10^{-34}\ W\,s^2}{2 \cdot 9{,}11 \cdot 10^{-31}\ kg \cdot 2\,\pi} =$$

$$= 9{,}27 \cdot 10^{-24}\ A\ m^2\ .$$

Im Einheitsvolumen 1 m^3 können N Kreisströme zur Magnetisierung beitragen; auf 1 m^2 Fläche passen s = 1 m^2/F Kreisströme (Solenoide). Damit wird N/s = N $\cdot$ F Kreisströme pro Meter.

$$H = N \cdot F \cdot I = N \cdot p_{magn}$$

und daraus folgt

$$P_{magn} = \frac{H}{N}\ ;$$

hier bedeutet N die Anzahl der Eisenatome pro m^3.

Die Dichte von Eisen ist ρ_{Fe} = 7860 kg m^{-3}, die Masse des Eisenatoms ist

$$m_{Fe} = 55{,}847 \cdot m_U = 55{,}847 \cdot 1{,}6604 \cdot 10^{-27}\ kg =$$

$$= 9{,}2728 \cdot 10^{-26}\ kg$$

$$\frac{\rho_{Fe}}{m_{Fe}} = N = \frac{7860\ kg\ m^{-3}}{9{,}2728 \cdot 10^{-26}\ kg} = 8{,}4764 \cdot 10^{28}\ \text{Fe-Atome}\ m^{-3}\ .$$

Danach wird

$$P_{magn} = \frac{1{,}8 \cdot 10^6\ A\ m^{-1}}{8{,}4764 \cdot 10^{28}\ \text{Fe-Atome}\ m^{-3}} = 2{,}12 \cdot 10^{-23}\ \frac{A\ m^2}{\text{Fe-Atom}}\ .$$

Weil ein Bohrsches Magneton $9{,}27 \cdot 10^{-24}\ A\ m^2$ hat, entsprechen jedem ausgerichteten Fe-Atom

$$\frac{2{,}12 \cdot 10^{-23}\ A\ m^2}{0{,}927 \cdot 10^{-23}\ A\ m^2} = 2{,}29\ \text{Bohrsche Magnetonen.}$$

190. Aufgabe

Zur Auftrennung der verschiedenen Globulin- und Albuminarten bedient man sich der Elektrophorese. Die Molekülmassen der Globulin-Eiweiße liegen bei 180000 und die der Albumine bei ca. 72000. Die Beweglichkeiten der Albumin- und Globulinmoleküle im Serum sind rund hundert mal kleiner als die einfacherer Ionen in wässriger Lösung. Wie groß ist die Wanderungsgeschwindigkeit der Eiweiße in einem Feld von $500 \ V cm^{-1}$?

Lösung

Für die Ionenbeweglichkeit gilt $v = \lambda \cdot E$ mit $[\lambda] = [\frac{m^2}{Vs}]$.
In einer wässrigen Lösung von 20 ^{O}C ist

$$\lambda_{Na^+} = 4,5 \cdot 10^{-8} \ m^2 \ V^{-1} \ s^{-1} \ ;$$

falls $\lambda_{Eiweiß} \overset{\sim}{=} 5 \cdot 10^{-10} \ m^2 \ V^{-1} \ s^{-1}$ ist, erhält man

$$v = 5 \cdot 10^{-10} \ m^2 \ V^{-1} \ s^{-1} \cdot 5 \cdot 10^4 \ V \ m^{-1} = 2,5 \cdot 10^{-5} \ m \ s^{-1} \ .$$

In einer Stunde würden die Eiweiße etwa 9 cm weit wandern. Es ist zu beachten, daß die Ionenbeweglichkeit vom pH-Wert abhängt und die verschiedenen Eiweißsorten verschiedene Ladung besitzen. Die Ionenbeweglichkeit wird durch das Verhältnis elektrische Kraft $Q \cdot E$ durch Reibungskraft $6 \pi r \eta v$ bestimmt. Es gilt $\lambda = Q/6 \pi r \eta$ und daraus ersieht man, daß λ umso größer ist, je größer die Ladung und je kleiner der Radius der bewegten Ionen und der Reibungskoeffizient η sind.

191. Aufgabe

Wieviel Strom wird der Batterie im folgenden Netzwerk entnommen?

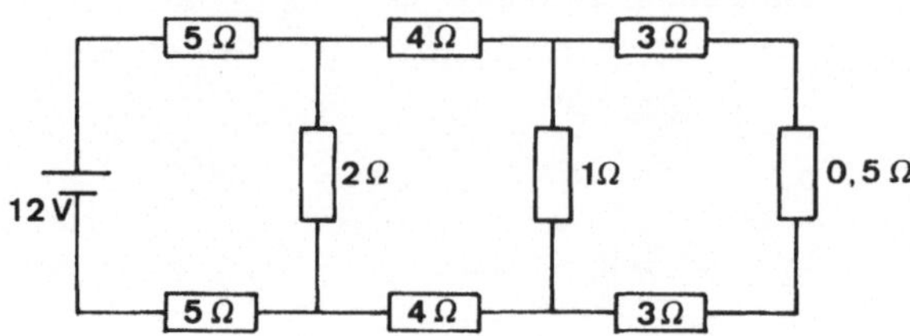

Lösung

Zur Lösung der Aufgabe beginnt man bei der äußersten Masche. Zum Widerstand 1 Ω liegt parallel der Widerstand

$$3\ \Omega + 0,5\ \Omega + 3\ \Omega = 6,5\ \Omega\ .$$

Für den Ersatzwiderstand der äußersten Masche gilt daher

$$\frac{1}{R_{Ers}} = \frac{1}{1\ \Omega} + \frac{1}{6,5\ \Omega} \qquad \text{mit} \qquad R_{Ers} = \frac{6,5}{7,5}\ \Omega = \underline{\underline{0,867\ \Omega}}\ .$$

Das Schaltbild hat folgendes Aussehen

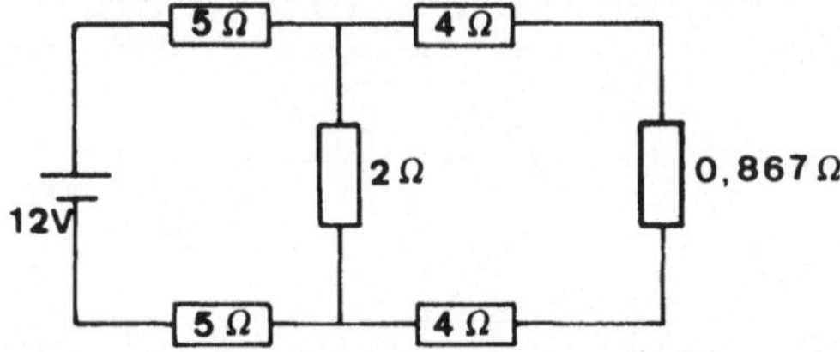

Nunmehr ist der Ersatzwiderstand für den 2 Ω Widerstand, der durch den Parallelwiderstand 4 Ω + 0,867 Ω + 4 Ω = 8,867 Ω bestimmt wird, zu ermitteln. Es gilt

$$\frac{1}{R'_{Ers}} = \frac{1}{2\ \Omega} + \frac{1}{8,867\ \Omega} = \frac{8,867 + 2}{17,734\ \Omega} = \frac{10,867}{17,734\ \Omega}$$

$$R'_{Ers} = \underline{\underline{1,632\ \Omega}}\ .$$

Der letzte Schritt gilt der Feststellung des Serienwiderstandes

$$R = 5\ \Omega + 1,632\ \Omega + 5\ \Omega = \underline{\underline{11,632\ \Omega}}\ .$$

Wegen I = U/R wird

$$I = \frac{12\ V}{11,632\ \Omega} = \underline{\underline{1,032\ A}}\ .$$

192. Aufgabe

Nach Niels Bohr umkreist im Wasserstoffatom ein Elektron das Proton im Abstand von $5,3 \cdot 10^{-11}$ m. Wie groß ist das magnetische Moment des H-Atoms?

Lösung

Nach Ampere ist $p_m = I \cdot F$ mit

$$F = r^2 \pi = (5,3)^2 \cdot 10^{-22} \cdot \pi \ m^2 = 8,8 \cdot 10^{-21} \ m^2 \ .$$

Um den Strom I zu ermitteln, bedient man sich der Kraftgleichungen

$$\frac{m_e \ v^2}{r} = \frac{Q_1 \ Q_2}{4 \ \pi \ \varepsilon_o \ r^2} \qquad \text{oder} \qquad v^2 = \frac{Q_1 \ Q_2}{4 \ \pi \ \varepsilon_o \ r \ m_e}$$

und

$$v = \frac{Q}{(4 \ \pi \ \varepsilon_o rm_e)^{1/2}} = \frac{1,602 \cdot 10^{-19} \ C}{2 (\pi \ \varepsilon_o \ r \ m_e)^{1/2}} =$$

$$= \frac{0,801 \cdot 10^{-19} \ C}{(\pi \cdot 8,85 \cdot 10^{-12} \ AsV^{-1}m^{-1} \cdot 5,3 \cdot 10^{-11}m \cdot 9,11 \cdot 10^{-31} \ kg)^{1/2}} =$$

$$= \frac{0,801 \cdot 10^{-19}}{0,3664 \cdot 10^{-25}} \ m \ s^{-1} = 2,186 \cdot 10^6 \ m \ s^{-1} \ .$$

Der Umfang des Kreises, den das Elektron umläuft, ist

$$2 \ r \ \pi = 2 \cdot 5,3 \cdot 10^{-11} \ m \cdot \pi = 3,33 \cdot 10^{-10} \ m \ .$$

Die Anzahl der Umläufe pro Sekunde ist

$$\frac{v}{2 \ r \ \pi} = \frac{2,186 \cdot 10^6 \ m \ s^{-1}}{3,33 \cdot 10^{-10} \ m} = 6,56 \cdot 10^{15} \ s^{-1} \ .$$

Strom bedeutet per definitionem Durchgang von Ladungen in der Zeiteinheit; daher ist I der Durchgang der Elektronenladung durch einen bestimmten Punkt der Kreisbahn in der Zeiteinheit oder

$$I = 1,602 \cdot 10^{-19} \ C \cdot 6,56 \cdot 10^{15} \ s^{-1} = 1,051 \cdot 10^{-3} \ A$$

und daraus wird

$$p_m = I \cdot F = 1{,}051 \cdot 10^{-3} \, A \cdot 8{,}8 \cdot 10^{-21} \, m^2 =$$

$$= 9{,}25 \cdot 10^{-24} \, A \, m^2 = \mu = \text{das Bohrsche Magneton.}$$

193. Aufgabe

Das elektrische Feld der Erde beträgt an der Oberfläche etwa 300 V m^{-1}. Es ist zum Erdmittelpunkt gerichtet. Falls die Erde als leitende Kugel angesehen wird, wie groß ist dann die Flächenladungsdichte und wie groß ist die Gesamtladung der Erde?

Lösung

Für die Flächenladungsdichte gilt

$$\sigma = \frac{Q}{F} = \varepsilon_o \, E = 8{,}85 \cdot 10^{-12} \, As \, V^{-1} \, m^{-1} \cdot 300 \, V \, m^{-1} =$$

$$= 2{,}655 \cdot 10^{-9} \, C \, m^{-2} \, .$$

Der mittlere Radius der Erde beträgt $6{,}36 \cdot 10^6$ m; daher ist die Oberfläche

$$4 \, r^2 \, \pi = 4 \cdot (6{,}36)^2 \cdot 10^{12} \cdot \pi \, m^2 = 5{,}083 \cdot 10^{14} \, m^2 \, .$$

Die gesamte Ladung der Erde ist

$$2{,}655 \cdot 10^{-9} \, C \, m^{-2} \cdot 5{,}083 \cdot 10^{14} \, m^2 = 1{,}35 \cdot 10^6 \, C \, .$$

194. Aufgabe

Welcher Strom kann von einem 50 cm breiten van de Graaff-Generatorband maximal gefördert werden, wenn die Bandgeschwindigkeit 30 m s^{-1} und die Durchschlagsfeldstärke der Luft $3 \cdot 10^6$ V m^{-1} betragen?

Lösung

$$I = \frac{b \cdot v \cdot Q}{F} = b \cdot v \cdot \sigma = b \cdot v \cdot \varepsilon_o \cdot E.$$

Eingesetzt findet man

$$I = 0,5 \text{ m} \cdot 30 \text{ m s}^{-1} \cdot 8,85 \cdot 10^{-12} \text{ As V}^{-1} \text{ m}^{-1} \cdot E =$$

$$= 15 \text{ m}^2 \text{ s}^{-1} \cdot 8,85 \cdot 10^{-12} \text{ As V}^{-1} \text{ m}^{-1} \cdot 3 \cdot 10^6 \text{ V m}^{-1} =$$

$$= 3,98 \cdot 10^{-4} \text{ A} .$$

195. Aufgabe

Ein U-Rohr enthält eine paramagnetische Lösung. Ein Schenkel des Rohres ist zwischen den Polen eines Magneten von $H = 10^6$ A m^{-1} angeordnet, während sich der andere Schenkel außerhalb des Feldes befindet. Die Lösung wird in das Feld hineingezogen. Zwischen beiden Schenkeln stellt sich eine Höhendifferenz von 1,5 cm ein. Wie groß ist die magnetische Suszeptibilität der Lösung, falls ihre Dichte 1,05 g cm^{-3} beträgt?

Lösung

Aus der Energiedichte des Magnetfeldes $w = (\mu - 1) \dfrac{\mu_o H^2}{2}$ wird

$$\frac{W}{V} = \frac{K \cdot \ell}{F \cdot \ell} = (\mu - 1) \frac{\mu_o H^2}{2}$$

oder

$$\frac{K}{F} = (\mu - 1) \frac{\mu_o H^2}{2} .$$

Weil die Lösung im Magnetfeld um 1,5 cm angehoben wurde, gilt $K/F = \rho \, g \, \Delta h$ und für

$$\mu - 1 = X = \frac{2 \, \rho \, g \, \Delta h}{\mu_o H^2} =$$

$$= \frac{2 \cdot 1050 \text{ kg m}^{-3} \cdot 9,81 \text{ m s}^{-2} \cdot 1,5 \cdot 10^{-2} \text{ m}}{4 \, \pi \cdot 10^{-7} \text{ Vs A}^{-1} \text{ m}^{-1} \cdot 10^{12} \text{ A}^2 \text{ m}^{-2}} =$$

$$= 2,46 \cdot 10^{-4} .$$

196. Aufgabe

Die magnetische Induktion als Funktion der magnetischen
Feldstärke für Transformatorblech ergibt folgende Meßwerte:

H in A m^{-1}	B in Vs m^{-2}
0	0
60	0,15
100	0,38
150	0,66
200	0,80
300	1,00
400	1,10
600	1,20
800	1,30
1000	1,38
1200	1,42

Wie groß ist die Permeabilität des Trafobleches?

Lösung

Die Permeabilität ferromagnetischer Stoffe ist im allgemeinen
nicht konstant. Wie aus den Meßpunkten ersichtlich, nimmt die
magnetische Induktion mit wachsender Magnetisierung des Bleches
immer weniger zu. Sobald volle Sättigung erreicht ist, fällt μ
auf den Wert 1 ab.

Die magnetische Induktion lautet allgemein

$$B = \mu \, \mu_o \, H$$

und daher ist

$$\mu = \frac{B}{\mu_o \, H} = \frac{B}{4 \, \pi \cdot 10^{-7} \, Vs \, A^{-1} \, m^{-1} \cdot H} = 7{,}958 \cdot 10^5 \, \frac{Am}{Vs} \, \frac{B}{H} \, .$$

Eingesetzt erhält man folgende Werte:

μ	H in A m^{-1}	B in Vs m^{-2}
1990	60	0,15
3024	100	0,38
3502	150	0,66
3183	200	0,80
2653	300	1,00
2188	400	1,10
1592	600	1,20
1293	800	1,30
1098	1000	1,38
942	1200	1,42

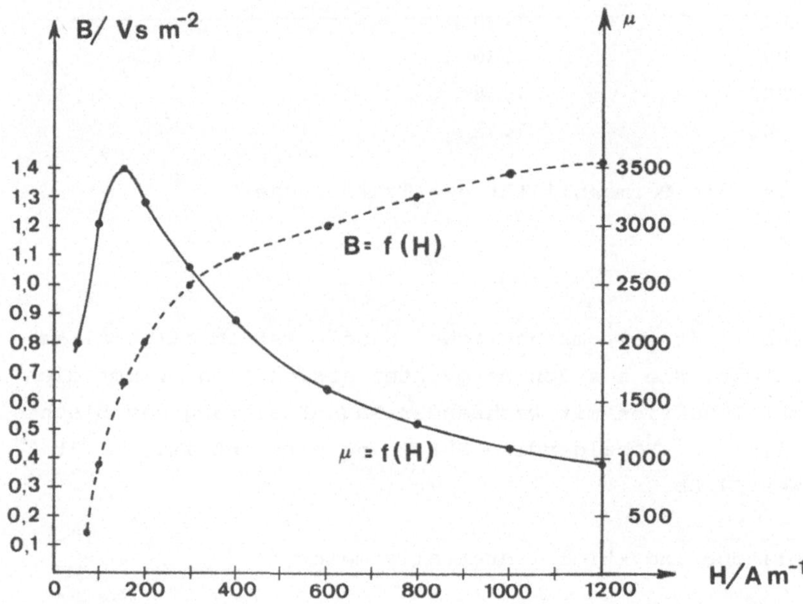

197. Aufgabe

Welches Gewicht an Trafoblech kann ein-U-förmiger Elektro-
magnet aus demselben Material halten, wenn seine beiden Pol-
flächen, zusammen 18 cm^2, mit 600 Amperewindungen erregt
werden und die mittlere geschlossene Feldlinienlänge 60 cm
beträgt?

Lösung

Die Zugkraft des Elektromagneten ergibt sich aus der Energie des Magnetfeldes im Luftspalt der Fläche F und der Höhe h .

$$W = \frac{H^2 \, \mu_O \, F \, h}{2} = \frac{H^2 \, \mu_O \, V}{2} \qquad \text{mit} \quad \mu = 1 \; .$$

Ist $\mu = 1$, dann ist für $H = \mu H$ zu setzen.

Die Kraft des Haltemagneten lautet

$$K = \frac{(\mu H)^2 \, \mu_O \, F}{2} \qquad \text{mit} \quad H = \frac{n \, I}{\ell} = \frac{600 \text{ A}}{0,6 \text{ m}} =$$

$$= 1000 \text{ A m}^{-1} \; .$$

μ des Trafobleches bei $H = 1000$ A m^{-1} ist 1098. Damit erhält man für die Haltekraft

$$K = \frac{(1098)^2 \cdot 10^6 \text{ A}^2 \text{ m}^{-2} \cdot 4 \, \pi \cdot 10^{-7} \text{ Vs A}^{-1} \text{ m}^{-1} \cdot 1,8 \cdot 10^{-3} \text{ m}^2}{2} =$$

$$= 1363,5 \text{ N} = 139 \text{ kp} \; .$$

198. Aufgabe

> Wieviel Wasser wird zersetzt, wenn 2 A drei Stunden lang
> im Wasserzersetzungsapparat wirksam sind?

Lösung

Nach dem 1. Faradayschen Gesetz ist die abgeschiedene Stoffmenge gleich dem Produkt aus dem elektrochemischen Äquivalent und der Ladung.

$$m = c \cdot Q = c \cdot I \cdot t \; .$$

Das 2. Faradaysche Gesetz besagt $F = 96490$ As/Grammäquivalent. 1 Mol H_2O sind $6,022 \cdot 10^{23}$ H_2O Moleküle, die eine Masse von 18 g haben. Zur Bildung von 1 g Äquivalent H_2 werden 96490 As benötigt; dabei entsteht gleichzeitig ein Grammäquivalent Sauerstoff. Wegen der positiven und negativen Ionen entstehen mit 96490 As 1,008 g H_2 und $(16/2)$g = 8 g Sauerstoff; zusammen werden also 9,008 g H_2O zersetzt.

Weil die Ladung aber

$$6 \text{ Ah} = 6 \text{ A} \cdot 3600 \text{ s} = 21600 \text{ As}$$

beträgt, werden insgesamt

$$\frac{21600 \text{ As} \cdot 9{,}008 \text{ g}}{96490 \text{ As}} = 2{,}02 \text{ g } H_2O$$

zersetzt.

199. Aufgabe

Welcher Strom fließt bei einem Thermomagneten, der aus einem Eisen- und einem Konstantandraht von je 12 cm Länge und 2,2 cm^2 Querschnitt besteht, falls eine Lötstelle in flüssige Luft eingetaucht und die andere Lötstelle mittels Gasflamme auf 850 $^{\circ}$C erhitzt wird?

Lösung

Für Eisen-Konstantan ist $\Delta U \simeq 5 \cdot 10^{-5} \text{ V K}^{-1}$; das ergibt bei $\Delta T = -180 \, ^{\circ}C + 850 \, ^{\circ}C = 1030 \text{ K}$ eine Spannung von

$$U = 5 \cdot 10^{-5} \text{ V K}^{-1} \cdot 1030 \text{ K} = 5{,}15 \cdot 10^{-2} \text{ V} \; ;$$

für R gilt

$$R = \frac{\rho \cdot \ell}{F} = (\rho_{Fe} + \rho_{Konst}) \frac{\ell}{F} \; ;$$

für $\rho_{Fe} = 0{,}1 \; \Omega \text{ mm}^2 \text{ m}^{-1}$ und $\rho_{Konst} = 0{,}5 \; \Omega \text{ mm}^2 \text{ m}^{-1}$ wird

$$R = \frac{0{,}6 \; \Omega \text{ mm}^2 \text{ m}^{-1} \cdot 0{,}12 \text{ m}}{220 \text{ mm}^2} = 3{,}27 \; 10^{-4} \; \Omega \; .$$

$$I = \frac{U}{R} = \frac{5{,}15 \cdot 10^{-2} \text{ V}}{3{,}27 \cdot 10^{-4} \text{ V}} = 157{,}5 \text{ A} \; .$$

200. Aufgabe

Eine zylindrische Spule von 30 cm Länge und 5 cm Durchmesser ist mit 2200 Windungen versehen. Wie groß ist die Induktivität, falls der Zylinder mit Eisen von μ = 1400 bzw. mit Luft gefüllt ist?

Lösung

Für die Induktivität gilt

$$L = \frac{n^2 \, \mu \, \mu_o \, F}{\ell} \quad .$$

In Luft ist μ = 1 .

$$L_{Luft} = \frac{2,2^2 \cdot 10^6 \cdot 4 \, \pi \cdot 10^{-7} \, Vs \, A^{-1} \, m^{-1} \cdot 2,5^2 \cdot 10^{-4} \, m^2}{0,3 \, m} =$$

$$= 1,267 \cdot 10^{-2} \, H \quad .$$

$$L_{Eisen} = 1,267 \cdot 10^{-2} \cdot 1400 \, H = 17,74 \, H \quad .$$

201. Aufgabe

Wieviel Antimon-Atome werden zur Dotierung eines 15 cm^3 Germaniumkristalls benötigt, um bei Raumtemperatur die freien Ladungsträger des Kristalls auf $1,5 \cdot 10^{17}$ anzuheben?

Lösung

Ein perfekter Leiter würde den spezifischen Widerstand Null haben und ein idealer Isolator den spezifischen Widerstand Unendlich. Metalle liegen bei etwa 10^{-8} Ωm, während Isolatoren Werte von etwa 10^8 Ωm aufweisen. Halbleiter liegen dazwischen. Kohlenstoff beispielsweise hat $\rho = 3,5 \cdot 10^{-5}$ Ωm, Germanium hat einen Wert von $\rho = 0,6$ Ωm und Silizium von $\rho = 2300$ Ωm.

Die Ursache der Leitfähigkeit von Halbleitern ist die Entstehung von freien Elektronen und Defektelektronen (Löchern) im ungestörten Gitter durch Temperaturanregung. Reines Germanium hat bei Zimmertemperatur etwa $n = 1 \cdot 10^{13}$ freie Elektronen und die gleiche Anzahl $p = 1 \cdot 10^{13}$ Löcher in einem cm^3. Die Anzahl der erzeugten Paare Elektronen und Defektelektronen (Löcher) im Volumen und in der Zeiteinheit ist nur von der Temperatur abhängig. Das Produkt $n \cdot p = const$. Es entspricht dem Verhältnis der Paarerzeugung zur Rekombination.

Bildet man für reines Germanium bei Zimmertemperatur das Produkt $n \cdot p$, dann gilt

$$n \cdot p = 1 \cdot 10^{13} \; cm^{-3} \cdot 1 \cdot 10^{13} \; cm^{-3} = 1 \cdot 10^{26} \; cm^{-6} \; .$$

$1,5 \cdot 10^{17}$ freie Ladungen in 15 cm^3 Germanium entsprechen $1 \cdot 10^{16}$ freie Ladungen pro cm^3. Germanium ist vierwertig. Dotiert man Germanium mit dem chemisch fünfwertigen Antimon, so entstehen an den Stellen des Ge-Gitters, wo sich Antimon-Atome befinden, Störstellen mit einem Elektronenüberschuß. Für die Eigenleitung gilt $n = p$; nach der Dotation ist $n' \gg p'$. Trotzdem gilt auch

$$n' \cdot p' = const = n \cdot p$$

und daher gilt für die negativen Ladungen

$$n' = 1 \cdot 10^{16} \; cm^{-3} = \frac{1 \cdot 10^{26} \; cm^{-6}}{p'}$$

$$\text{mit } p' \; (\text{Löcher}) = \frac{1 \cdot 10^{26} \; cm^{-6}}{1 \cdot 10^{16} \; cm^{-3}} = 1 \cdot 10^{10} \; cm^{-3} \; .$$

Die Gesamtzahl der Ladungsträger nimmt von ursprünglich $n + p = 2 \cdot 10^{13} \; cm^{-3}$ auf $(10^{16} + 10^{10}) \; cm^{-3}$ zu. Die Defektelektronen (Löcher) sind in diesem Fall vernachlässigbar; sie betragen nur 10^{-6} der negativen Ladungsträger. Um dem 15 cm^3 Kristall die $1,5 \cdot 10^{17}$ freien Ladungsträger zuzuführen, müssen $1,5 \cdot 10^{17}$ Antimon-Atome in den Ge-Kristall implantiert werden.
========================

202. Aufgabe

Eine Vakuumtriode ändert den Anodenstrom von 10 mA auf 20 mA, wenn bei $U_A = const$ die Gitterspannung um + 0,8 V geändert wird. Das Verhältnis Anodenspannung zu Anodenstrom wird mit 4000 Ω bei $U_g = const$ gemessen. Wie groß ist die Spannungsverstärkung der Triode?

Lösung

Die Steilheit der Vakuumtriode lautet

$$S = \frac{\Delta I_A}{\Delta U_g} = \frac{10 \text{ mA}}{0,8 \text{ V}} = 1,25 \cdot 10^{-2} \text{ A V}^{-1} \; .$$

Liegt im Anodenstromkreis der Widerstand R, so ist

$$R = \frac{\Delta U_A}{\Delta I_A} = 4000 \; \Omega \; .$$

Nach der ersten Gleichung ist

$$\Delta U_g = \Delta I_A \cdot 80 \text{ V A}^{-1}$$

und nach der zweiten Gleichung ist

$$\Delta U_A = 4000 \; \Omega \; \Delta I_A \; .$$

Die Verstärkung V ist

$$V = \frac{\Delta U_A}{\Delta U_g} = \frac{4000}{80} = 50 \quad .$$

Der Spannungsverstärkungsfaktor ist 50 . Es ist zu beachten, daß diese Verstärkung nur im geradlinigen Teil der Triodenkennlinie erfüllt ist; durch geeignete Vorspannung des Gitters ist obige Bedingung leicht zu erfüllen. Der oben angegebene Verstärkungsfaktor kann auch aus der Gleichung S · R · D = 1 ermittelt werden, wobei D der Durchgriff

$$D = \frac{1}{V} = \frac{\Delta U_g}{\Delta U_A}$$

ist. Die Vakuumtrioden wurden in letzter Zeit durch die Halbleitertransistoren abgelöst, die prinzipiell gleichartig arbeiten, aber keinen Heizstrom für die Kathode benötigen.

203. Aufgabe

Ein 200 V Gleichstrommotor hat einen Anlaufstrom von 25 A. Bei voller Geschwindigkeit des Motors geht der Strom auf 3,5 A zurück. Wie groß ist die induktive Gegenspannung?

Lösung

Zum Zeitpunkt des Anlaufens ist die induktive Gegenspannung
nicht vorhanden. Der Motorstrom wird nur von dem Ohmschen Widerstand der Spulenwicklungen bestimmt. Es gilt

$$R = \frac{U}{I} = \frac{200 \text{ V}}{25 \text{ A}} = 8 \ \Omega \ .$$

Bei voller Geschwindigkeit des Motors wird eine Gegenspannung
induziert, so daß der Strom auf 3,5 A herabgesetzt wird. Es muß
daher gelten

$$U_{ind} = R \cdot I_{ind} = 8 \ \Omega \cdot (3,5 - 25) \text{ A} =$$

$$= 8 \ \Omega \cdot (- 21,5 \text{ A}) = - 172 \text{ V} \ .$$

Die induzierte Gegenspannung ist - 172 V; am Gleichstrommotor
ist daher eine Spannung von 200 V - 172 V = 28 V wirksam.

Falls der Gleichstrommotor mit einer flinken 6 A Sicherung abgesichert ist, würde die Sicherung bei jedem Einschaltvorgang aus-
gelöst werden. Man verwendet in diesem Fall eine träge Drahtsi-
cherung oder einen Einschaltwiderstand, der den Strom auf maximal 6 A begrenzt. Dieser Vorwiderstand wäre nach dem Anlauf suk-
zessive auf Null zu vermindern.

204. Aufgabe

Eine Spule mit 1200 Windungen und der Permeabilität der Luft
ist 0,7 m lang und hat einen Durchmesser von 22 cm. Der Ohm-
sche Widerstand wird in einer Brückenschaltung mit 4,5 Ω gemessen. Welcher Wechselstrom fließt durch die Spule, falls
sie an das Haushaltsstromnetz angeschlossen wird?

Lösung

Die Wheatstonesche Brückenmessung des Ohmschen Widerstandes basiert auf der Nullstrommethode.

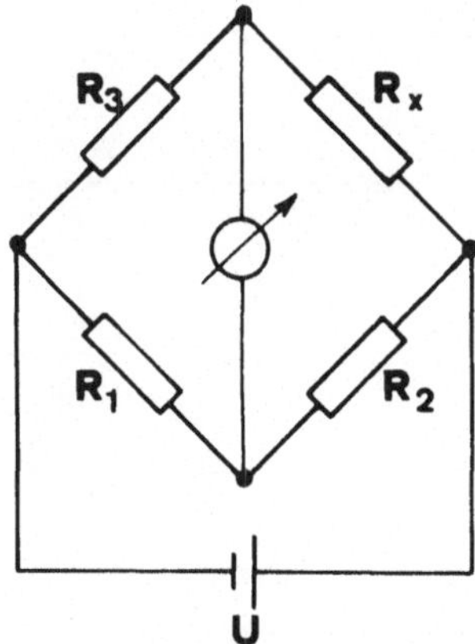

Wenn zwischen den Anschlußpunkten des Strommessers Nullstrom existiert, dann muß aufgrund der Kirchhoffschen Gesetze gelten

$$\frac{R_3}{R_1} = \frac{R_x}{R_2}$$

oder R_x der gesuchte Widerstand ist

$$R_x = \frac{R_2 \, R_3}{R_1} \ .$$

Meistens stehen R_2/R_1 in einem fixen Verhältnis und R_3 wird abgeglichen.

Für den Wechselstromwiderstand gilt

$$Z = \sqrt{R^2 + (\omega L)^2}$$

und für die Induktivität der Spule gilt

$$L = \frac{n^2 \, \mu \, \mu_0 \, F}{\ell} \ ;$$

für Luft ist $\mu = 1$, daher wird

$$L = \frac{(1,2)^2 \cdot 10^6 \cdot 4 \, \pi \cdot 10^{-7} \, \text{Vs} \, \text{A}^{-1} \, \text{m}^{-1} \cdot \pi \cdot (1,1)^2 \cdot 10^{-2} \, \text{m}^2}{0,7 \, \text{m}} =$$

$$= 9,827 \cdot 10^{-2} \, \text{H} \ .$$

Für das Haushaltsnetz gilt $U_{eff} = 220$ V mit 50 Hz. Daher ist

$$\omega = 2 \, \pi \, f = 314,16 \, \text{Hz}$$

und für den Wechselstromwiderstand erhält man eingesetzt

$$Z = \sqrt{(4,5)^2\ \Omega^2 + (314,16\ s^{-1} \cdot 9,827\cdot10^{-2}\ \Omega s)^2} =$$

$$= \sqrt{20,25\ \Omega^2 + 953,11\ \Omega^2} = 31,2\ \Omega.$$

$$I = \frac{U}{R} = \frac{220\ V}{31,2\ \Omega} = 7,05\ A$$

In der Spule fließen 7,05 A.

205. Aufgabe

Ein 40 W Radio für 110 V ∿ soll mit 220 V ∿ betrieben werden. Es stehen Glühlampen für 110V/20 W zur Verfügung. Welche Schaltung muß gewählt werden, damit das Radio funktio-
niert und die verwendeten Glühlampen normal leuchten?

Lösung

Um das Radio mit der richtigen Spannung von 110 V ∿ betreiben zu
können, muß die vorhandene Spannung von 220 V ∿ halbiert werden.
Die 40 Watt erfordern einen Strom von P = I · U = 40 W oder
I = 40 W/ 110 V = 0,364 A.

Weil eine Glühlampe von 110 V/20 W nur die Hälfte des erforder-
lichen Stroms, nämlich 0,182 A verbraucht, müssen zwei Glühlampen parallel und diese in Serie zum Radio geschaltet werden, um
die geforderten Bedingungen zu erfüllen.

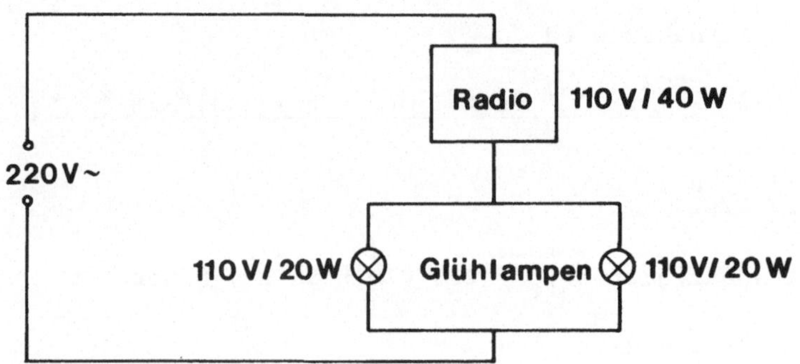

206. Aufgabe

Ein Ohmscher Widerstand von 30 Ω, eine Induktivität von 50 mH und eine Kapazität von 10 µF werden in Serie an einen 350 Hz Wechselstromgenerator von 180 V angeschlossen. Welcher Strom fließt in dem Netzwerk und welche Spannungen liegen an den einzelnen Widerständen?

Lösung

Der Wechselstromwiderstand lautet

$$Z = \sqrt{R^2 + (\omega L - \frac{1}{\omega C})^2} \ .$$

Mit f = 350 Hz wird $\omega = 2\pi f = 2\pi \cdot 350$ Hz = 2199 Hz und

$$Z = \sqrt{900\ \Omega^2 + \left(2199 \cdot 5 \cdot 10^{-2} - \frac{10^5}{2199}\right)^2 \Omega^2} =$$

$$= \sqrt{900\ \Omega^2 + (109{,}95 - 45{,}48)^2 \Omega^2} =$$

$$= \sqrt{5056{,}38\ \Omega^2} = 71{,}11\ \Omega \ .$$

Bei einer Generatorspannung von 180 V wird $I = \frac{180\ V}{71{,}11\ \Omega} = 2{,}53$ A.

Die Spannungen an den einzelnen Serienwiderständen lauten

$$U_R = 2{,}53\ A \cdot 30\ \Omega = 75{,}9\ V$$

$$U_L = 2{,}53\ A \cdot 109{,}95\ \Omega = 278{,}2\ V$$

$$U_C = 2{,}53\ A \cdot 45{,}48\ \Omega = 115{,}1\ V \ .$$

Die Spannung am Ohmschen Widerstand ist 75,9 V, am induktiven Widerstand 278,2 V und an der Kapazität 115,1 V, obwohl die Generatorspannung nur 180 V beträgt.

Im Wechselstrom-Serienkreis wird Maximalstrom erreicht, falls

$$\omega L = \frac{1}{\omega C}$$

ist. Man nennt diese Situation Spannungsresonanz. Es ist dabei die Phasenverschiebung zwischen Strom und Spannung aufgehoben. Im RLC-Kreis ist in Vektordarstellung

$$\cos \phi = \frac{R}{Z} = \frac{30\ \Omega}{71{,}11\ \Omega} = 0{,}422 \qquad \text{mit } \phi = 65^{\circ} \ .$$

207. Aufgabe

Die Solarkonstante hat den Wert 1,374 kW m^{-2}. Wie groß ist die elektrische Feldstärke, falls die Sonne unter 45° zur Flächennormale auftrifft?

Lösung

Elektromagnetische Strahlung wie Licht ist in der Lage, Energie zu transportieren. Die Energiedichte lautet

$$w = \frac{1}{2} (\varepsilon \, \varepsilon_O \, E^2 + \mu \, \mu_O \, H^2) \; .$$

[w] wird in [Ws m^{-3}] gemessen. Die Energiestromdichte lautet

$$S = w \cdot c = \frac{c}{2} (\varepsilon \, \varepsilon_O \, E^2 + \mu \, \mu_O \, H^2) = E \cdot H \; .$$

$\vec{S}$ wird der Poytingsche Vektor genannt, der senkrecht auf $\vec{E}$ und $\vec{H}$ steht

$$\vec{S} = \vec{E} \times \vec{H} \; .$$

Zwischen $\vec{E}$ und $\vec{H}$ einer elektromagnetischen Welle besteht die Verknüpfung

$$H = \sqrt{\frac{\varepsilon_O}{\mu_O}} \cdot E \; .$$

In die Energiestromdichte eingesetzt, die gleich der Solarkonstante ist, erhält man

$$S = \sqrt{\frac{\varepsilon_O}{\mu_O}} \cdot E^2$$

$$1,374 \cdot 10^3 \; W \, m^{-2} = \sqrt{\frac{8,85 \cdot 10^{-12} \; As \; Am}{4 \, \pi \cdot 10^{-7} \; Vm \; Vs}} \cdot E^2$$

$$E^2 = \frac{1,374 \cdot 10^3 \; W \, m^{-2} \; V}{2,654 \cdot 10^{-3} \; A}$$

$$E = 720 \; V \, m^{-1} \; .$$

Diese Feldstärke existiert auf der Erdoberfläche, wo die Energiestromdichte wegen Absorption nur mehr etwa 1/10 der Solarkonstante ist, nicht.

Für 140 W m^{-2} wird E_E an der Erdoberfläche

$$E_E^2 = \frac{140 \ \text{W m}^{-2} \ \text{V}}{2,654 \cdot 10^{-3} \ \text{A}}$$

$$E_E = 230 \ \text{V m}^{-1} \ ;$$

das entsprechende Magnetfeld hätte den Wert

$$H = \frac{140 \ \text{W m}^{-2}}{230 \ \text{V m}^{-1}} = 0,61 \ \text{A m}^{-1} \ .$$

Die berechneten Werte für E und H sind Maximalwerte.

208. Aufgabe

Wie groß ist die Wellenlänge eines Radiosenders von 102 MHz
und welche Induktivität und Kapazität benötigt ein Mittel-
wellensender, dessen Wellenlänge 300 m beträgt?

Lösung

Die Verknüpfung zwischen Wellenlänge und Frequenz bildet die
Lichtgeschwindigkeit, nämlich $c = \lambda \cdot f$. Daraus folgt

$$\lambda = \frac{c}{f} = \frac{3 \cdot 10^8 \ \text{m s}^{-1}}{1,02 \cdot 10^8 \ \text{s}^{-1}} = 2,94 \ \text{m} \ .$$

Andererseits ist $f = \dfrac{c}{\lambda} = \dfrac{3 \cdot 10^8 \ \text{m s}^{-1}}{3 \cdot 10^2 \ \text{m}} = 10^6 \ \text{Hz}$

und

$$\omega = 2 \ \pi \ f = 6,283 \cdot 10^6 \ \text{Hz} \ .$$

Aus der Resonanzbedingung ist

$$\omega = \frac{1}{\sqrt{L \ C}} \qquad \text{und} \qquad L \ C = \frac{1}{\omega^2} \ .$$

Eingesetzt muß

$$L \ C = \frac{1}{6,283^2 \cdot 10^{12} \ \text{s}^{-2}} = 2,533 \cdot 10^{-14} \ \text{s}^2$$

sein.

209. Aufgabe

Ein Ultraschallschwingquarz entzieht einem Hochfrequenzgenerator 120 W Wirkleistung. Der Wirkungsgrad dieses elektroakustischen Wandlers ist 65 %. Der Durchmesser der kreisrunden Quarzplatte beträgt 5 cm. Welche Ultraschallintensität kann maximal abgestrahlt werden?

Lösung

Beim Schwingquarz wird der piezoelektrische Effekt ausgenützt. Der Quarzkristall SiO_2 hat eine polare Achse. Die Einheitszelle des Quarzkristalls besteht aus drei positiv geladenen vierwertigen Si-Atomen und sechs negativ geladenen zweiwertigen Sauerstoffatomen. Bei Druck auf die polare Achse entsteht auf einer Seite ein Überschuß an negativer Ladung und auf der gegenüberliegenden Seite ein Überschuß an positiver Si-Ladung. Umgekehrt wird bei Anlegung eines elektrischen Feldes Dehnung bzw. Verkürzung des Kristalls bewirkt. Falls ein hochfrequentes Wechselfeld zur Anwendung kommt, entstehen entsprechend hochfrequente Ultraschall-Druckschwankungen. Die dem Generator entzogene Leistung ist 120 W; bei $\eta = 0{,}65$ ist die vom Schwinger abgegebene Leistung

$$P_{Quarz} = 120 \text{ W} \cdot 0{,}65 = 78 \text{ W} .$$

Die Ultraschallintensität ist $W \, m^{-2}$. Der Schwinger hat 5 cm Durchmesser; daher ist seine Fläche

$$F = \pi \, r^2 = \pi \, (2{,}5)^2 \cdot 10^{-4} \text{ m}^2 = 1{,}964 \cdot 10^{-3} \text{ m}^2$$

$$I_{US} = \frac{78 \text{ W}}{1{,}964 \cdot 10^{-3} \text{ m}^2} = 3{,}97 \cdot 10^4 \text{ W } m^{-2} .$$

Diese Intensität entspricht Schallwechseldrücken von $\pm$ 2 at.

210. Aufgabe

Bei einem Schwingkreis von 400 kHz beträgt das Verhältnis $\sqrt{\dfrac{L}{C}} = 2 \ \Omega$. Wie groß sind die Induktivität und die Kapazität?

Lösung

Aus $\sqrt{\dfrac{L}{C}} = 2\ \Omega$ folgt durch Quadrieren $L = C \cdot 4\ \Omega^2$. Die zweite
Gleichung folgt aus der Resonanzbedingung

$$f = \frac{1}{2\ \pi}\sqrt{\frac{1}{L\ C}} \qquad \text{oder} \qquad f^2 = \frac{1}{4\ \pi^2\ L\ C}$$

und

$$C = \frac{1}{4\ \pi^2\ f^2\ L} \quad .$$

Dieser Ausdruck in die erste Gleichung eingesetzt ergibt

$$L = \frac{4\ \Omega^2}{4\ \pi^2\ f^2\ L}$$

bzw.

$$L = \frac{2\ \Omega}{2\ \pi\ f} = \frac{1}{\pi\ \cdot\ 4\cdot 10^5}\ \Omega \cdot s = 7,96\cdot 10^{-7}\ H \quad .$$

Für die Kapazität erhält man

$$C = \frac{L}{4\ \Omega^2} = \frac{7,96\cdot 10^{-7}\ \Omega\ \cdot\ s}{4\ \Omega^2} = 1,99\cdot 10^{-7}\ F \quad .$$

211. Aufgabe

Die lebende Zelle hat in Ruhe eine Membranpotentialdiffe-
renz von 90 mV. Der Extrazellularraum hat positive Ladungen
und das Zellplasma im Inneren hat negative Ladung. Welche
Feldstärke herrscht in der Membran und was geschieht, wenn
durch Reizung eine Depolarisation um 20 mV auftritt?

Lösung

Der Extrazellularraum enthält hauptsächlich Na^+ und Cl^- Ionen.
Im Zellplasma ist das Natrium weitgehend durch Kalium ersetzt,
dessen Konzentration etwa das 40fache des Gehaltes außerhalb
der Zelle ist. Die Zellmembran ist eine Moleküldoppelschicht
aus Lipiden und Proteinen. Die Membrandicke ist etwa $6\cdot 10^{-9}$ m.
Die elektrische Feldstärke, die nach innen gerichtet ist, hat
den Wert

$$E = \frac{9\cdot 10^{-2} V}{6\cdot 10^{-9}\ m} = 1,5\cdot 10^{+7} Vm^{-1} \quad .$$

Durch die hohe Feldstärke tritt eine Diffusionsspannung auf. Weil
die Membran wie ein Kondensator wirkt, ist seine Ladungsdichte

$$\sigma = \frac{Q}{F} = \frac{C}{F}\, U$$

mit $\frac{Q}{F} = \varepsilon\, \varepsilon_o\, E$, wobei $\varepsilon_{Membran} \approx 5$ ist.

$$\frac{Q}{F} = 5 \cdot 8,85 \cdot 10^{-12}\ As\ V^{-1}\ m^{-1} \cdot 1,5 \cdot 10^{7}\ V\ m^{-1} =$$

$$= 6,64 \cdot 10^{-4}\ As\ m^{-2}\ .$$

Für die Zelle in Ruhe ist die Na^{+} Permeabilität gering, während
die K^{+} Permeabilität groß ist. Bei Erregung der Zelle ändert sich
die Na^{+} Permeabilität um das 100fache und Na^{+} strömt in die Zelle, wodurch die Potentialdifferenz von - 90 mV auf + 30 mV geändert wird. Diese Ladungsänderung heißt Depolarisation; sie hält
nur kurzzeitig an, und durch Einströmung von Kalium wird das ursprüngliche Ruhepotential wieder hergestellt. Dieser Vorgang
heißt Repolarisation.

212. Aufgabe

    Eine Kapazität von 2 µF liegt in einem Wechselstromkreis
$U = U_o \sin \omega t$ mit $U_o = 250$ V und f = 50 Hz. Welcher Strom
I fließt in dem Kreis und wie groß ist I_o?

Lösung

Es gilt $I = U/R_C$ mit $R_C = 1/\omega C$ und $\omega = 2\,\pi\,f$.

$$R_C = \frac{1}{2\,\pi\,50\ s^{-1} \cdot 2 \cdot 10^{-6}\ F} = 1591,5\ \Omega\ .$$

In der ersten Gleichung sind I und U die Effektivwerte; es gilt
daher

$$U = \frac{U_o}{\sqrt{2}} = \frac{250\ V}{1,4142} = 176,8\ V$$

und

$$I = \frac{176,8\ V}{1591,5\ \Omega} = 111,1\ mA$$

und

$$I_o = I \cdot \sqrt{2} = 157,1\ mA\ .$$

213. Aufgabe

Ein Gleichstrommotor von 1,5 kW wird von einer Spannungsquelle mit 200 V versorgt. Die Kupferwicklungen des Motors
haben einen Widerstand von 2,5 Ω. Welche maximale mechanische Leistung steht von dem Motor zur Verfügung?

Lösung

Die Leistung $P = I \cdot U$ und $I = \dfrac{P}{U} = \dfrac{1500\ \text{W}}{200\ \text{V}} = 7,5$ A. Weil die Kup-
ferwindungen des Gleichstrommotors 2,5 Ω Widerstand haben, ist
die Wärmeleistung

$$P_W = I^2 \cdot R = 56,25\ \text{A}^2 \cdot 2,5\ \Omega = 140,63\ \text{W}\ .$$

Für die mechanische Leistung verbleibt demnach

$$P_{mech} = P - P_W = 1500\ \text{W} - 140,63\ \text{W} = 1359,37\ \text{W}\ .$$

214. Aufgabe

Ein Plattenkondensator wird in Luft auf 1000 V aufgeladen
und hernach mit einem Dielektrikum von ε = 7, aber nur zur
Hälfte, gefüllt. Welche Werte haben dadurch die Spannung
und die elektrische Feldstärke?

Lösung

Durch Einbringung des Dielektrikums, das den Kondensator nur zur
Hälfte ausfüllt, entsteht eine Parallelschaltung der Hälfte der
ursprünglichen Kapazität plus der Hälfte der ursprünglichen Kapazität mit Dielektrikum. Es gilt

$$C = \frac{1}{2} C_o + \frac{\varepsilon}{2} C_o = \frac{C_o}{2} (1 + \varepsilon)\ .$$

Die ursprünglich aufgebrachte Ladung ist $Q_o = U_o \cdot C_o$. Im Fall
mit eingeschobenem Dielektrikum wurde die Ladung nicht geändert;
daher ist $Q_o = Q$ und daraus wird

$$U = \frac{Q}{C} = \frac{2\,U_o\,C_o}{C_o\,(1 + \varepsilon)} = \frac{2\,U_o}{1 + \varepsilon_o} = \frac{2000\ \text{V}}{1 + 7} = 250\ \text{V}$$

$$E = \frac{U}{d} = \frac{2\,U_o}{8\,d} = \frac{U_o}{4\,d} = \frac{E_o}{4}$$

215. *Aufgabe*

Für einen Mittelwellenempfänger steht für den Schwingkreis
eine Induktivität von 1 mH zur Verfügung. Wie muß der Drehkondensator dimensioniert werden, um elektromagnetische Wellen zwischen 200 m und 600 m empfangen zu können?

Lösung

Der Resonanzkreis gehorcht der Beziehung

$$\omega = \frac{1}{\sqrt{L \cdot C}} \qquad \text{oder} \qquad L \cdot C = \frac{1}{\omega^2} \ .$$

Damit wird

$$C = \frac{1}{\omega^2 \cdot L} \ .$$

Für die Frequenz f der elektromagnetischen Welle gilt $f = c/\lambda$.
Im vorliegenden Fall sind die Grenzfrequenzen

$$f_1 = \frac{c}{\lambda_1} = \frac{3 \cdot 10^8\ \text{m s}^{-1}}{200\ \text{m}} = 1{,}5 \cdot 10^6\ \text{Hz}$$

und

$$f_2 = \frac{c}{\lambda_2} = \frac{3 \cdot 10^8\ \text{m s}^{-1}}{600\ \text{m}} = 5 \cdot 10^5\ \text{Hz} \ .$$

Die Grenzfrequenzen in C eingesetzt ergeben

$$C_1 = \frac{1}{4\,\pi^2 \cdot (1{,}5)^2 \cdot 10^{12}\ \text{s}^{-2} \cdot 10^{-3}\ \text{H}} = 1{,}126 \cdot 10^{-11}\ \text{F} =$$

$$= 11{,}26\ \text{pF} \simeq 11\ \text{pF}$$

$$C_2 = \frac{1}{4\,\pi^2 \cdot 25 \cdot 10^{10}\ \text{s}^{-2} \cdot 10^{-3}\ \text{H}} = 1{,}013 \cdot 10^{-10}\ \text{F} =$$

$$= 101{,}3\ \text{pF} \simeq 102\ \text{pF}$$

Falls der Drehkondensator voll herausgedreht eine Kapazität von
11 pF und ganz hineingedreht eine Kapazität von 102 pF hat, können mit Sicherheit alle Wellenlängen zwischen 200 m und 600 m
empfangen werden.

216. Aufgabe

Eine Neon-Leuchtreklame soll mit 20 kV und 100 mA Strom betrieben werden. Wie muß der Transformator ausgelegt werden
und wie ist primärseitig abzusichern, falls die Netzspan-
nung 220 V $\sim$ beträgt?

Lösung

Ein Transformator übersetzt Spannungen im Verhältnis der Windungs-
zahlen primär zu sekundär.

$$\frac{N_2}{N_1} = \frac{U_2}{U_1} = \frac{2 \cdot 10^4 \text{ V}}{2,2 \cdot 10^2 \text{ V}} = 90,9 \ .$$

Bei einem idealen Transformator muß aus Energieerhaltungsgründen
die primärseitig hineingesteckte Energie gleich der sekundärsei-
tig entnommenen sein. Auf die Leistung bezogen gilt

$$U_1 \, I_1 = U_2 \, I_2$$

und

$$I_1 = \frac{U_2}{U_1} \, I_2 = 90,9 \cdot 100 \text{mA} = 9090 \text{mA} \ .$$

Die Primärleitung muß mit 9,09 A gesichert sein, damit sekun-
därseitig 100 mA Strom nicht überschritten wird.

Der Strom im Primärkreis hängt von der Sekundärleistung ab. Bei
Sekundärleistung Null liegt primär eine Phasenverschiebung von
$\pi/2$ zwischen Spannung und Strom vor. Bei Belastung des Sekundärkreises wird die Phasenverschiebung kleiner. Bei Ohmscher Belastung des Sekundärkreises liegt in der Sekundärspule kein Pha-
senunterschied zwischen Spannung und Strom vor. Der Phasenunter-
schied zwischen U_1 und U_2 beträgt π. Falls der Transformatorkern
aus lamelliertem Eisenblech besteht und dadurch die Wirbelströme
minimiert sind, kann ein Wirkungsgrad von 99 % erreicht werden.

217. Aufgabe

In einem Massenspektrometer sollen die Isotope des Kaliums getrennt werden, deren Ionenenergie 2 keV beträgt. Der Ablenkmagnet hat eine Flußdichte von 0,07 T. Um wieviel Prozent unterscheiden sich die Krümmungsradien der beiden Kaliumisotope?

Lösung

Kalium hat zwei Isotope $^{39}_{19}K$ und $^{41}_{19}K$ mit den relativen Häufigkeiten von 93,08 % und 6,92 % ($^{40}_{19}K$ hat nur 0,01 % Häufigkeit).

Aus $\dfrac{m\,v^2}{r} = q\,v\,B$ folgt $r = \dfrac{m\,v}{q\,B}$ und aus dem Energiesatz

$$W = \frac{m\,v^2}{2} = q \cdot U \qquad \text{wird} \qquad v = \left(\frac{2\,W}{m}\right)^{1/2} .$$

Somit erhält man

$$r = \frac{(2\,m\,W)^{1/2}}{q\,B} .$$

Die beiden Krümmungsradien sind

$$r_{39} = \frac{(2\,m_{39}\,W)^{1/2}}{q\,B} \qquad \text{und} \qquad r_{41} = \frac{(2\,m_{41}\,W)^{1/2}}{q\,B}$$

$$\frac{\Delta r}{r} = \frac{r_{41} - r_{39}}{r_{39}} = \frac{\sqrt{m_{41}} - \sqrt{m_{39}}}{\sqrt{m_{39}}} = \sqrt{\frac{m_{41}}{m_{39}}} - 1 =$$

$$= 1,025 - 1 = 2,5 \% .$$

Der Krümmungsradius für $^{39}_{19}K$ ist

$$r_{39} = \frac{(2\,m_{39}\,W)^{1/2}}{q\,B}$$

$$2 \text{ keV} = 2 \cdot 1,602 \cdot 10^{-19}\ C \cdot 10^3\ V = 3,204 \cdot 10^{-16}\ Ws$$

$$m_{39} = 38,9637\ m_U = 38,9637 \cdot 1,6604 \cdot 10^{-27}\ kg =$$

$$= 6,4695 \cdot 10^{-26}\ kg$$

$$r_{39} = \frac{(2 \cdot 6,4695 \cdot 10^{-26} \text{ kg} \cdot 3,204 \cdot 10^{-16} \text{ Ws})^{1/2}}{1,602 \cdot 10^{-19} \text{ C} \cdot 0,07 \text{ T}} =$$

$$= \frac{6,4387 \cdot 10^{-21} \text{ m}}{1,1214 \cdot 10^{-20}} = 5,7417 \cdot 10^{-1} \text{ m}$$

$$r_{39} = 57,417 \text{ cm}$$

und

$$r_{41} = 58,852 \text{ cm}$$

und

$$\Delta r = 1,435 \text{ cm} .$$

In der Praxis ist eine Trennung von Isotopen möglich, wenn $\Delta r / r \geq 1\ \%$ ist.

218. Aufgabe

Man ermittle die Energie, die mindestens erforderlich ist, um eine Tonne Aluminium aus einer Aluminium-Kryolith-Schmelze bei 2,5 V abzuscheiden?

Lösung

Die Aluminiumabscheidung ist ein elektrolytischer Prozeß. Nach Faraday ist die abgeschiedene Masse

$$m = \frac{I \cdot t \cdot M}{Z \cdot F} \ ;$$

dabei ist I die Stromstärke in Ampere, t die Zeit in Sekunden, M die molare Masse $M = 26,9815$ kg kmol^{-1}, Z die Wertigkeit (für Al ist $Z = 3$) und F ist die Faradaysche Konstante $F = 96486,7 \cdot 10^{3}$ As kmol^{-1}.

Für die erforderliche elektrische Arbeit gilt $W_{el} = U \cdot I \cdot t$. Nach der ersten Gleichung ist

$$I \cdot t = \frac{m \cdot Z \cdot F}{M} \qquad \text{und daher ist}$$

$$W_{el} = \frac{U\, m\, Z\, F}{M} = \frac{2,5 \text{ V} \cdot 1000 \text{ kg} \cdot 3 \cdot 96486,7 \cdot 10^{3} \text{ As kmol}^{-1}}{26,9815 \text{ kg kmol}^{-1}} =$$

$$= 2,682 \cdot 10^{10} \text{ Ws} = 7450 \text{ kWh} .$$

Weil zur Herstellung der Schmelze Energie erforderlich ist und
beträchtliche Wärmeverluste auftreten, ist in der Praxis üblicherweise der dreifache Energieaufwand für die Aluminiumherstel-
lung erforderlich.Produktionsstandorte mit geringen Energieko-
sten bieten entscheidende Kostenvorteile.

219. Aufgabe

Welche Wärmemenge wird von einem Bügeleisen mit der Aufschrift 220 V/900 W bei zweistündigem Einsatz verbraucht?

Lösung

Die Leistung P ist das Produkt aus Spannung mal Strom $P = U \cdot I$.

$$W_{el} = P \cdot t = 900 \text{ W} \cdot 2 \cdot 3600 \text{ s} = 6{,}48 \cdot 10^6 \text{ Ws} .$$

Im SI-System gilt 1 Nm = 1 J = 1 Ws. Weil $W_{el} = W_{Wärme}$ ist, gilt
$W_{Wärme} = 6{,}48 \cdot 10^6$ Ws. Der Wärmeinhalt des elektrischen Stromes,
die sogenannte Joulesche Wärme, ist

$$W_{Joule \ Wärme} = R \cdot I^2 \cdot t \ ;$$

bei $900 \text{ W} = 220 \text{ V} \cdot I$ ist $I = \dfrac{900 \text{ W}}{220 \text{ V}} = 4{,}091 \text{A};$ daraus folgt für

$$R = \frac{U}{I} = \frac{220 \text{ V}}{4{,}091 \text{ A}} = 53{,}78 \ \Omega$$

$$W_{Joule \ Wärme} = 53{,}78 \ \Omega \cdot 4{,}091^2 \text{ A}^2 \cdot t =$$

$$= 900 \text{ W} \cdot 7200 \text{ s} = 6{,}48 \cdot 10^6 \text{ Ws (J)} .$$
$$================$$

220. Aufgabe

Ein Transformator besteht aus zwei Spulen, die sich auf
einem Torus vom mittleren Umfang ℓ = 30 cm und μ = 950 sowie dem Querschnitt F = 12 cm^2 befinden. N_1 = 500 Windungen und N_2 = 700 Windungen. Wie groß ist die Sekundärspannung im Leerlauf und wie groß ist die zeitliche Stromände-
rung bei 220 V $\sim$?

Lösung

$$U = U_O \sin \omega t = 220 \text{ V} .$$

Die induzierte Gegenspannung ist

$$U = - \mu \, \mu_O \, N_1 \, F \, \frac{dH}{dt} = - \frac{\mu \, \mu_O \, N_1^2 \, F}{\ell} \cdot \frac{dI}{dt}$$

oder

$$\frac{dI}{dt} = - \frac{U \cdot \ell}{\mu \, \mu_O \, N_1^2 \, F} =$$

$$= - \frac{220 \text{ V} \cdot 0,3 \text{ m}}{950 \cdot 4 \cdot \pi \cdot 10^{-7} \text{ Vs A}^{-1} \text{ m}^{-1} \cdot 25 \cdot 10^4 \cdot 1,2 \cdot 10^{-3} \text{ m}^2} =$$

$$= - 184,3 \text{ A s}^{-1} .$$

Da die Wechselstromfrequenz 50 Hz beträgt, entspricht das einem Strom von

$$- \frac{184,3 \text{ A s}^{-1}}{50 \text{ s}^{-1}} = - 3,69 \text{ A} .$$

Dieser Induktionsstrom kompensiert den Primärstrom auf den Wert Null. Für U_2 findet man

$$U_2 = \frac{\mu \, \mu_O \, N_2 \, F \, N_1}{\ell} \cdot \frac{dI}{dt} =$$

$$= - \frac{950 \cdot 4 \cdot \pi \cdot 10^{-7} \text{ As V}^{-1} \text{m}^{-1} \cdot 700 \cdot 1,2 \cdot 10^{-3} \text{ m}^2 \cdot 500 \cdot 184,3 \text{ A s}^{-1}}{0,3 \text{ m}} =$$

$$= - 308 \text{ V} .$$

Das Minuszeichen heißt: Die Sekundärspannung ist um π gegen die Primärspannung phasenverschoben. Man erhält dieses Resultat auch aus

$$\frac{N_2}{N_1} \, U_1 = - U_2 = - \frac{700}{500} \, 220 \text{ V} = - 308 \text{ V} .$$

Atom- und Kernphysik

221. Aufgabe

Ein unbekanntes Kathodenmaterial wird mit Licht von $0,419\mu$
Wellenlänge bestrahlt und dann mit Licht von $0,633\,\mu$. Im ersten Fall benötigt man eine Gegenspannung von 2 V, um die
Photoelektronen am Austritt zu hindern, und bei $0,6\,\mu$ ist
die erforderliche Gegenspannung 1 V. Wie groß ist die Austrittsarbeit des Kathodenmaterials und wie groß ist das
Plancksche Wirkungsquantum?

Lösung

Die Energie eines Photons ist $h \cdot f$, die Austrittsarbeit ist Φ.
Der Zusammenhang zwischen Wellenlänge und Frequenz ist $f = c/\lambda$.
Aus den experimentellen Daten resultieren zwei Gleichungen, näm-
lich

$$e\,V_1 = hf - \Phi$$

und

$$e\,V_2 = hf' - \Phi \qquad \text{mit } f = \frac{3 \cdot 10^8 \text{ m s}^{-1}}{0,419 \cdot 10^{-6} \text{ m}} = 7,16 \cdot 10^{14} \text{ Hz}$$

$$\text{und } f' = \frac{3 \cdot 10^8 \text{ m s}^{-1}}{0,633 \cdot 10^{-6} \text{ m}} = 4,74 \cdot 10^{14} \text{ Hz} \ .$$

Zieht man die Gleichung $e\,V_2$ von der Gleichung $e\,V_1$ ab, dann
erhält man

$$e(V_1 - V_2) = h(f - f')$$

und somit wird

$$h = \frac{e(V_1 - V_2)}{f - f'} = \frac{1{,}602 \cdot 10^{-19}\ C\ (2-1)V}{(7{,}16 - 4{,}74) \cdot 10^{14}\ s^{-1}} = 6{,}62 \cdot 10^{-34}\ Ws^2 \ .$$

Für die Austrittsarbeit gilt

$$\Phi = hf' - eV_2 = 6{,}62 \cdot 10^{-34} Ws^2 \cdot 4{,}74 \cdot 10^{14} s^{-1} - 1{,}602 \cdot 10^{-19} C \cdot 1V =$$

$$= 3{,}138 \cdot 10^{-19}\ Ws - 1{,}602 \cdot 10^{-19}\ Ws = 1{,}536 \cdot 10^{-19}\ Ws =$$

$$= 0{,}96\ eV \ .$$

Die Austrittsarbeit des Kathodenmaterials ist $\sim$ 1 eV.

222. *Aufgabe*

Wieviel Becquerel Aktivität hat ein mg ^{131}I?

Lösung

Die Aktivität einer radioaktiven Substanz ist die Anzahl der Zerfälle pro Sekunde. Ein Zerfall pro Sekunde ist ein Becquerel. Früher wurde als Maß der Aktivität das Curie verwendet

$$1\ Ci = 3{,}7 \cdot 10^{10}\ \text{Zerfälle}\ s^{-1} = 3{,}7 \cdot 10^{10}\ Bq \ .$$

$$\frac{\Delta N}{\Delta t} = \text{Aktivität}$$

oder

$$\frac{\Delta N}{\Delta t} = \lambda N \qquad \text{mit } \lambda \text{ der Zerfallskonstante in } s^{-1}.$$

Aus $N = N_0\ e^{-\lambda t}$ folgt für die Halbwertszeit $T_{1/2}$

$$\frac{N_0}{2} = N_0\ e^{-\lambda\,T_{1/2}}$$

oder

$$2 = e^{\lambda T_{1/2}}$$

und nach Logarithmieren gilt

$$\ln 2 = \lambda\,T_{1/2} \qquad \text{und} \qquad \lambda = \frac{\ln 2}{T_{1/2}} = \frac{0{,}6931}{T_{1/2}} \ .$$

Eingesetzt erhält man für die Aktivität

$$\lambda \cdot N = \frac{0{,}6931}{T_{1/2}} \cdot N$$

$$1 \text{ mol } {}^{131}\text{I} \text{ sind } 131 \text{ g mit } N_A = 6{,}02 \cdot 10^{23} \; {}^{131}_{53}\text{I-Atome}$$

$$1 \text{ mg } {}^{131}_{53}\text{I entsprechen } \frac{6{,}02 \cdot 10^{23} \cdot 10^{-3} \text{ g}}{131 \text{ g}} = 4{,}6 \cdot 10^{18} \text{ Jod-Atome .}$$

Die Halbwertszeit für ${}^{131}_{53}\text{I}$ findet man in Tabellen mit

$$T_{1/2} = 8{,}04 \text{ d} = 6{,}9466 \cdot 10^{5} \text{ s .}$$

Für die Aktivität erhält man schließlich

$$\frac{0{,}6931 \cdot 4{,}6 \cdot 10^{18}}{6{,}9466 \cdot 10^{5} \text{ s}} = 4{,}59 \cdot 10^{12} \text{ Bq}$$

oder, in Curie ausgedrückt, 124,05 Ci.

223. Aufgabe

Bei der thermischen Spaltung von 1 g ${}^{235}\text{U}$ ist die Energietönung etwa 1 MWd. Wieviel kWh würden bei der Fusion von
1 g Deuterium zu Helium frei werden?

Lösung

Der Massenverlust bei der Fusion lautet

$$\Delta M = \frac{(2\,M_D - M_{He})\,m_U}{2\,M_D \cdot m_U}$$

$m_U = 1{,}6604 \cdot 10^{-27}$ kg ist die Masseneinheit

$m_U = $ Masse von $\frac{1}{12}$ ${}^{12}\text{C}$-Atom .

$$\frac{\Delta M}{1g} = \frac{2\,M_D - M_{He}}{2\,M_D} \; .$$

Die relative Masse von He ist $M_{He} = 4{,}0026$ und die von
$2\,M_D = 4{,}0282$. Damit wird

$$\Delta M = \frac{4{,}0282 - 4{,}0026}{4{,}0282} \text{ g} = \frac{0{,}0256}{4{,}0282} \text{ g} = 6{,}355 \cdot 10^{-3} \text{ g .}$$

1 g ${}^{2}_{1}\text{D}$ hat bei der Fusion die Energietönung

$$W_D = \Delta M \, c^2 = 6{,}355 \cdot 10^{-6} \text{ kg} \cdot 9 \cdot 10^{16} \text{ m}^2 \text{ s}^{-2} =$$

$$= 5{,}7195 \cdot 10^{11} \text{ Ws} = 1{,}589 \cdot 10^{5} \text{ kWh .}$$

1 g $^{235}_{92}$U hat bei der Spaltung die Energietönung

$$W_U = 1 \text{ MWd} = 2,4 \cdot 10^4 \text{ kWh} .$$

Dagegen ist der Heizwert von 1 g Kohle je nach Qualität nur $5 \cdot 10^{-3}$ kWh bis $7 \cdot 10^{-3}$ kWh oder 18000 Ws bis 25200 Ws.

224. *Aufgabe*

Wie groß ist die Grenzfrequenz der Bremsstrahlung und ihre entsprechende Wellenlänge, wenn die Röntgenröhre mit 40 kV betrieben wird?

Lösung

Es gilt hf = q U und somit

$$f_{max} = \frac{q\,U}{h} = \frac{1,602 \cdot 10^{-19} \text{ C} \cdot 4 \cdot 10^4 \text{ V}}{6,626 \cdot 10^{-34} \text{ Ws}^2} = 9,671 \cdot 10^{18} \text{ Hz} .$$

Aus $c = \lambda_{min} \cdot f_{max}$ folgt für

$$\lambda_{min} = \frac{c}{f_{max}} = \frac{3 \cdot 10^8 \text{ m s}^{-1}}{9,671 \cdot 10^{18} \text{ s}^{-1}} = 3,102 \cdot 10^{-11} \text{ m} .$$

Neben der diskontinuierlichen Bremsstrahlung, die durch Abbremsung der aus der Kathode beschleunigten Elektronen in den Feldern der Atome der Bremssubstanz entstehen, gibt es auch eine für die Bremssubstanz diskontinuierliche charakteristische Strahlung. Die Quanten der charakteristischen Strahlung entstehen durch Änderung des Energieniveaus von Elektronen innerhalb der innersten Schalen.

225. *Aufgabe*

Zu welchen Isotopen führen die Kernrekationen ^{10}B(n,α), ^{40}Ar(α,n) und ^{25}Mg(d,p)?

Lösung

Prinzipiell sind Kernumwandlungen aller Elemente und deren Isotope möglich, vorausgesetzt, die entsprechenden Energien sind verfügbar. Bei Kernreaktionen beobachtet man zwei Erhaltungssätze, nämlich, die Summe der Kernladungen bleibt konstant und ebenso die Summe der relativen Massen.

Diese beiden Sätze auf die vorliegenden Reaktionen angewandt ergeben

$$^{10}_{5}B + ^{1}_{0}n \rightarrow ^{4}_{2}He + ^{7}_{3}Li \ .$$

Die Summe der Massenzahlen links sowie die Summe der Kernladungszahlen links muß der auf der rechten Seite entsprechen. Da $^{10}_{5}B$ und das Neutron $^{1}_{0}n$ sowie $^{4}_{2}He$ vorgegeben sind, muß das zweite Reaktionsprodukt die Kernladungszahl 3 und die Massenzahl 7 haben und das ist $^{7}_{3}Li$.

$$^{40}_{18}Ar + ^{4}_{2}He \rightarrow ^{43}_{20}Ca + ^{1}_{0}n$$

und schließlich ist

$$^{25}_{12}Mg + ^{2}_{1}H \rightarrow ^{26}_{12}Mg + ^{1}_{1}H \ .$$

226. Aufgabe

Zur Prüfung der Schilddrüsenfunktion wird einem Patienten $^{131}_{53}I$ verabreicht. Aktivitätsmessungen im Bereich der Schilddrüse ergeben eine Halbwertszeit von $T_{1/2}' = 5$ d. Was kann zur Funktion der Schilddrüse ausgesagt werden?

Lösung

Die physikalische Halbwertszeit von $^{131}_{53}I$ ist $T_{1/2} = 8{,}04$ d. Diese Halbwertszeit ist durch den radioaktiven Zerfall verursacht. Die auftretende Strahlung ist β,γ-Strahlung. Neben der physikalischen Halbwertszeit gibt es auch eine biologisch wirksame Halbwertszeit, die besagt, nach welcher Zeit die Hälfte der aufgenommenen Jod-Atome durch Stoffwechselvorgänge auf die Hälfte reduziert werden. Es gilt

$$N = N_0 \, e^{-(\lambda_{phys}+\lambda_{biol})t} \quad ;$$

für die Halbwertszeit $T_{1/2}$ gilt

$$\frac{N_0}{2} = N_0 \, e^{-(\lambda_{phys}+\lambda_{biol})T_{1/2}}$$

$$\ln 2 = (\lambda_{phys} + \lambda_{biol})T_{1/2}$$

oder

$$\frac{\ln 2}{T_{1/2}} = \lambda_{phys} + \lambda_{biol} = \lambda^*$$

$$\frac{0,6931}{5\cdot24\cdot3600 \text{ s}} = 1,6\cdot10^{-6} \text{ s}^{-1} = \lambda_{phys} + \lambda_{biol};$$

daraus folgt

$$\lambda_{biol} = 1,6\cdot10^{-6} \text{ s}^{-1} - 1\cdot10^{-6} \text{ s}^{-1} = 6\cdot10^{-7} \text{ s}^{-1} .$$

Damit ist die biologische Halbwertszeit dieses Patienten

$$T_{1/2 \text{ biol}} = 1,155\cdot10^{6} \text{ s} = 13,37 \text{ d} .$$

Die biologische Halbwertszeit für Jod beim gesunden Menschen beträgt 138 d.

227. Aufgabe

Ein Ionendosisleistungsmesser zeigt in einem Strahlenbetrieb 7 mR h^{-1} an. Wieviele einfach geladene Ionen werden pro Sekunde in einem m^3 Normalluft erzeugt?

Lösung

Die ursprüngliche Definition der Ionendosis lautete

$$1 \text{ R} = \frac{1 \text{ e.s.E.}}{1 \text{ cm}^3 \text{(Normalluft)}} = \frac{1 \text{ e.s.E.}}{1,293 \text{ mg(Luft)}}$$

1 cm^3 Normalluft heißt $1,013\cdot10^{5}$ Pa bei 0 $^{\circ}$C trockener Luft der Dichte $\rho = 1,293$ kg m^{-3}. Eine elektrostatische Einheit der Ladung im c g s-System entspricht

$$1 \text{ e.s.E.} = \frac{C}{3 \cdot 10^9} = \frac{1}{3} \cdot 10^{-9} \text{ C} .$$

Damit wird

$$1 \text{ R} = \frac{1 \cdot 10^{-9} \text{ C}}{3 \cdot 1,293 \cdot 10^{-6} \text{ kg}} = 2,578 \cdot 10^{-4} \text{ C kg}^{-1}$$

$$7 \text{ mR h}^{-1} = \frac{7 \cdot 10^{-3} \cdot 2,578 \cdot 10^{-4} \text{ As kg}^{-1}}{3600 \text{ s}} = 5 \cdot 10^{-10} \text{ A kg}^{-1} ;$$

1 m^3 (Normalluft) hat eine Masse von 1,293 kg. Der Strom in einem m^3 Normalluft ist daher $6,465 \cdot 10^{-10}$ A.

Die Ionenzahl pro Sekunde

$$z_{\text{Ionen}} = \frac{6,465 \cdot 10^{-10} \text{ A}}{1,602 \cdot 10^{-19} \text{ As}} = 4,0356 \cdot 10^9 \text{ s}^{-1} .$$

Die Einheit der Energiedosis ist das rad (radiation absorbed dose)

$$1 \text{ rad} = 100 \text{ erg g}^{-1} = 10^{-2} \text{ Ws kg}^{-1}$$

$$1 \text{ Ws kg}^{-1} = 1 \text{ Gy (Gray)} = \text{die SI-Einheit der Energiedosis.}$$

Um die unterschiedliche Empfindlichkeit lebender biologischer Bereiche auszudrücken, wurde das REM (Radiation Equivalent Men) eingeführt. Definitionsgemäß ist das REM

$$1 \text{ REM} = \text{Qualitätsfaktor} \cdot \text{rad} .$$

228. Aufgabe

$1,4$ g $^{140}_{56}$Ba zerfallen unter Aussendung von β und γ Strahlen mit einer Halbwertszeit von 13 Tagen in $^{140}_{57}$La, das seinerseits unter β,γ Emission mit $T_{1/2} = 40$ h in das stabile $^{140}_{58}$Ce zerfällt. Wieviel Lanthankerne sind nach 15 h vorhanden?

Lösung

Die Muttersubstanz $^{140}_{56}$Ba bildet in der Zeiteinheit eine gewisse Anzahl von Tochterkernen $^{140}_{57}$La, die aber ihrerseits wieder zerfallen. Die Lösung der Differentialgleichung unter der Annahme, daß die Produktionsrate der Tochterkerne während der 15 h konstant ist, lautet

$$N_T = \frac{\lambda_M}{\lambda_T} \, N_M \, (1 - e^{-\lambda_T t})$$

mit

$$\lambda_M = \frac{0,6931}{T_{M1/2}} = 6,17 \cdot 10^{-7} \ s^{-1}$$

der Zerfallskonstante von Barium und mit

$$\lambda_T = \frac{0,6931}{T_{T1/2}} = 4,81 \cdot 10^{-6} \ s^{-1}$$

der Zerfallskonstante von Lanthan. Eingesetzt erhält man mit
$N_M = 6,022 \cdot 10^{21}$ $(1,4 \ g \ ^{140}Ba)$

$$N_T = \frac{6,17 \cdot 10^{-7} \ s^{-1}}{4,81 \cdot 10^{-6} \ s^{-1}} \cdot 6,022 \cdot 10^{21} \ (1 - e^{-4,81 \cdot 10^{-6} s^{-1} \cdot 5,4 \cdot 10^4 s}) =$$

$$= 7,72 \cdot 10^{20} \ (1 - e^{-0,26}) = 7,72 \cdot 10^{20} \ (1 - 0,77) =$$

$$= 1,78 \cdot 10^{20} \ .$$

Die Anzahl der Tochterkerne nach 15 Stunden ist $1,78 \cdot 10^{20}$; im Gleichgewicht würde die Anzahl der Tochterkerne $7,72 \cdot 10^{20}$ betragen.

229. Aufgabe

Für Röntgenstrahlung von $\lambda = 1 \cdot 10^{-11}$ m ist der Massenabsorptionskoeffizient von Blei $0,38 \ m^2 \ kg^{-1}$ und für Aluminium $0,16 \ cm^2 \ g^{-1}$. Um wieviel dicker muß der Alu-Absorber sein, um die gleiche Abschirmwirkung zu haben, falls anstelle von Blei Aluminium verwendet wird?

Lösung

Der Massenabsorptionskoeffizient hat die Dimension

$$\left[\frac{\mu}{\rho}\right] = \left[\frac{m^{-1} \ m^3}{kg}\right] = \left[m^2 \ kg^{-1}\right] \ .$$

Für die Strahlungsschwächung mittels Absorber gilt das Absorptionsgesetz $I = I_o \, e^{-\mu \cdot d}$ mit d der Absorberdicke. Nun soll
$\mu_{Pb} \cdot d_1 = \mu_{Al} \cdot d_2$ sein oder

$$d_2 = \frac{\mu_{Pb}}{\mu_{Al}} \cdot d_1$$

$$\frac{\mu_{Pb}}{\rho_{Pb}} = 0,38 \ m^2 \ kg^{-1} \quad \text{mit} \quad \rho_{Pb \ 20^{\circ}C} = \frac{11340 \ kg}{m^3}$$

$$\mu_{Pb} = 0,38 \ m^2 \ kg^{-1} \cdot 11340 \ kg \ m^{-3} = 4309,2 \ m^{-1} \ .$$

Analog erhält man für Aluminium

$$\mu_{Al} = 0,016 \ m^2 \ kg^{-1} \cdot 2700 \ kg \ m^{-3} = 43,2 \ m^{-1} \ .$$

Eingesetzt erhält man

$$d_2 = \frac{4309,2}{43,2} \ d_1 = 99,75 \ d_1 \ .$$

Bei einer Röntgenstrahlung mit $\lambda = 10^{-10}$ m ist $d_2 = 21 \ d_1$.

230. Aufgabe

Innerhalb von 14 Stunden zerfallen 15 % einer radioaktiven Substanz. Wie groß sind die Zerfallskonstante und die Halbwertszeit dieser Substanz?

Lösung

Aus dem Zerfallsgesetz $N = N_o e^{-\lambda t}$ ergibt sich

$$N_o - 0,15 \ N_o = N_o e^{-\lambda t} \quad \text{oder} \quad 0,85 = e^{-\lambda t} \ .$$

$$\frac{1}{0,85} = e^{\lambda t}$$

$$1,1765 = e^{\lambda t}$$

$$\ln 1,1765 = \lambda t$$

$$\lambda = \frac{0,1625}{14 \cdot 3600 \ s} = 3,225 \cdot 10^{-6} \ s^{-1} \ .$$

$$T_{1/2} = \frac{0,6931}{3,225 \cdot 10^{-6} \ s^{-1}} = 2,1491 \cdot 10^5 \ s = 2,4874 \ d \ .$$

231. Aufgabe

$^{60}_{27}$Co hat zwei charakteristische γ-Linien bei 1,17 MeV und
1,33 MeV. Der Qualitätsfaktor hat den Wert o,7 REM rad^{-1}.
Der Qualitätsfaktor vom Neutronenstrahler ist 3 REM rad^{-1}.
Welche Neutronendosis ist erforderlich, um 1200 rad Co-
Strahlung bei einer Tumorbestrahlung zu entsprechen?

Lösung

Radiation Equivalent Men, die biologisch äquivalente Dosis, ist
REM = Q · F · rad mit Q·F dem Qualitätsfaktor. Die biologisch
äquivalente Co-Dosis ist

$$0,7 \text{ REM rad}^{-1} \cdot 1200 \text{ rad} = 840 \text{ REM ;}$$

für die Neutronendosis gilt

$$\frac{840 \text{ REM}}{3 \text{ REM rad}^{-1}} = \underline{\underline{280 \text{ rad}}} \ .$$

232. Aufgabe

Man zeichne das Energieniveauschema für die Unterniveaus
der ersten vier Elektronenschalen und die Elektronenkon-
figuration der Halbleiter-Dopingelemente Phosphor und
Arsen.

Lösung

Die Elektronen der Atomhülle sind auf verschiedene Energieniveaus verteilt. Es gibt Energiehauptniveaus, die Schalen n = 1,
2,3,4 ..., oft auch K,L,M,N ... genannt werden, und zu jedem
Hauptniveau gibt es Energieunterniveaus (s,p,d,f ...). Die erste Schale hat ein, die zweite Schale hat zwei, die dritte Schale drei und die vierte Schale hat vier Unterniveaus. Zwei weitere Quantenzahlen sind beim Atomaufbau wesentlich, nämlich die
magnetische Quantenzahl und die Spinquantenzahl. Weitere Krite-
rien sind, daß die energieärmsten Orbitale zuerst besetzt werden, sowie das Pauli-Prinzip, daß in jedem Orbitale maximal zwei
Elektronen mit entgegengesetztem Spin sein können. Letztlich

gilt noch die Hundsche Regel, daß energiegleiche Orbitale zunächst einfach besetzt werden.

Ein typisches Energieniveauschema bis zur vierten Schale hat folgendes Aussehen:

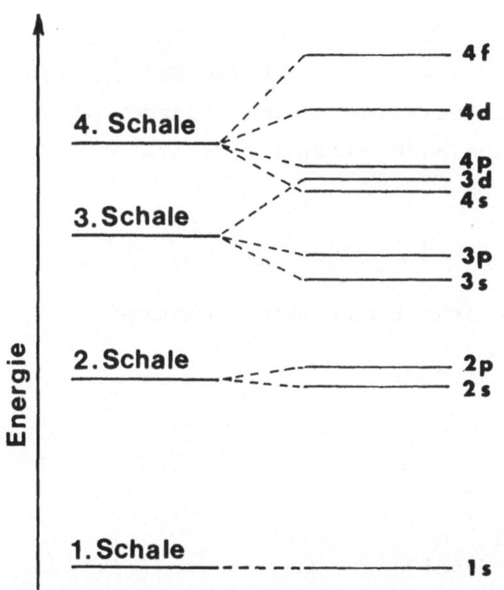

Das Orbitalschema für Phosphor und Arsen zeigt unvollständig besetzte Unterniveaus in den äußersten Schalen. Da Phosphor und Arsen zur 5. Gruppe im Periodischen System der Elemente gehören, sind in den beiden äußersten Schalen je fünf Elektronen zu finden, nämlich zwei im s-Orbital und drei in den p-Orbitalen. Die Pfeile im Schema zeigen die Elektronen mit ihren Spins.

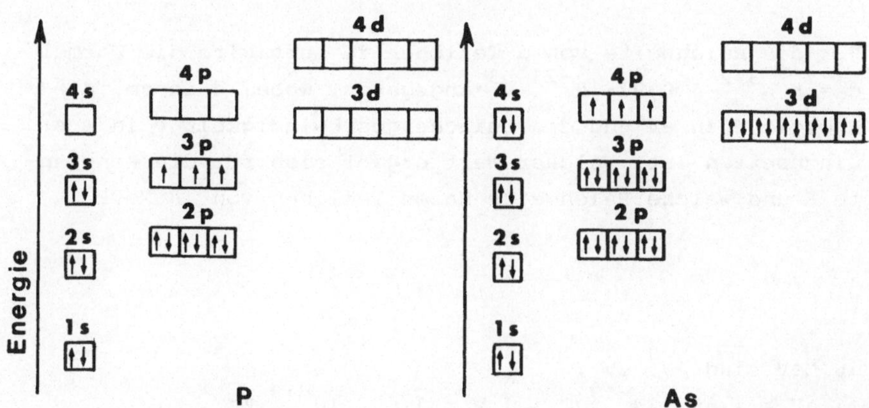

233. Aufgabe

Die Aktivität einer strahlenden Substanz klingt innerhalb von 3 Stunden von 7 mCi auf 6,2 mCi ab. Wie groß ist die Halbwertszeit des Strahlers?

Lösung

Das radioaktive Zerfallsgesetz $N = N_o \, e^{-\lambda t}$ gibt die Teilchenzahl an, die nach einer bestimmten Zerfallszeit noch vorhanden ist. Die Teilchenzahl N kann natürlich auch durch die Aktivität A ersetzt werden; dann gilt

$$A = A_o \, e^{-\lambda t} \; .$$

A, A_o und t sind bekannt; daher erhält man nach Einsetzen

$$6,2 \text{ mCi} = 7 \text{ mCi } e^{-\lambda \cdot 3h} \qquad \text{und weiter} \qquad \frac{7}{6,2} = e^{\lambda \cdot 3h}$$

$$\ln 1,129 = 3 \, \lambda$$

sowie

$$\lambda = \frac{\ln 1,129 \; h^{-1}}{3} = 4,05 \cdot 10^{-2} \; h^{-1} \; .$$

Die Halbwertszeit hängt mit der Zerfallskonstante durch folgende Beziehung zusammen

$$T_{1/2} = \frac{\ln 2}{\lambda} = \frac{0,6931}{4,05 \cdot 10^{-2}} \; h = 17,11 \; h = 6,16 \cdot 10^4 \; s \; .$$

234. Aufgabe

Für die Reichweite von α-Teilchen in Luft wird die Formel $d = K \, W^{3/2} = 0,97 \cdot 10^{-21} \, v^3$ angegeben, wobei d in cm, die Energie W in eV und die Teilchengeschwindigkeit v in m s^{-1} einzusetzen ist. Welcher Wert ergibt sich für die Konstante K und welche Reichweite haben Teilchen von 10 MeV?

Lösung

10 MeV sind 10^7 eV ;
$$1 \text{ eV} = 1,602 \cdot 10^{-19} \text{ C} \cdot 1 \text{ V} = 1,602 \cdot 10^{-19} \text{ Ws} \; ,$$

und daher sind 10^7 eV = $1,602 \cdot 10^{-12}$ Ws (Nm). Da in der Gleichung

$$K \; W^{3/2} = 0,97 \cdot 10^{-21} \; v^3$$

W in eV gemessen wird, ist für W in Nm mit 1 Nm = $6,242 \cdot 10^{18}$ eV

$$W = \frac{m \; v^2}{2} \cdot 6,242 \cdot 10^{18} = m \; v^2 \cdot 3,121 \cdot 10^{18} \text{ eV}$$

einzusetzen. Für die Masse des α-Teilchens gilt

$$m_\alpha = \frac{4 \text{ kg}}{6,022 \cdot 10^{26}} = 6,6423 \cdot 10^{-27} \text{ kg } .$$

Somit erhält man die Beziehung

$$K \; (6,6423 \cdot 10^{-27} \cdot 3,121 \cdot 10^{18} \cdot v^2)^{3/2} = 0,97 \cdot 10^{-21} \; v^3$$

oder

$$K \; (2,073 \cdot 10^{-8})^{3/2} \; v^3 = 0,97 \cdot 10^{-21} \; v^3$$

und

$$K = \frac{0,97 \cdot 10^{-21}}{2,073^{3/2} \cdot 10^{-12}} = \frac{0,97}{2,985} \cdot 10^{-9} = 3,25 \cdot 10^{-10} \; .$$

Nun gilt $K \; W^{3/2} = d$ mit d in cm gemessen und W in eV. Eingesetzt erhält man

$$d = 3,25 \cdot 10^{-10} \cdot (10^7)^{3/2} \text{ cm} = 3,25 \cdot 10^{-10} \cdot 10^{3/2} \cdot 10^9 \text{ cm} =$$

$$= 3,25 \cdot 31,623 \cdot 10^{-1} \text{ cm} = 10,28 \text{ cm } .$$

Die Konstante ist $K = 3,25 \cdot 10^{-10}$; die Reichweite der 10 MeV α-Teilchen beträgt 10,28 cm.

Die Güte der Formel wird für die α-Strahler RaC und RaC' getestet. RaC hat die Energie 5,5 MeV und RaC' hat die α-Energie 7,68 MeV; damit wird

$$d_{RaC} = 3,25 \cdot 10^{-10} \; (5,5 \cdot 10^6)^{3/2} = 4,19 \text{ cm}$$

verglichen mit dem gemessenen Wert $d_{RaC} = 4,04$ cm.

$$d_{RaC'} = 3,25 \cdot 10^{-10} \; (7,68 \cdot 10^6)^{3/2} = 6,92 \text{ cm}$$

verglichen mit dem gemessenen Wert von $d_{RaC'} = 6,91$ cm.

235. Aufgabe

Die Dosisleistung eines punktförmigen γ-Strahlers beträgt im Abstand von 0,6 m vom Präparat 100 mR/h. In welchem Abstand beträgt die Dosisleistung nur noch die Toleranzdosisleistung für Beschäftigte in Strahlenbetrieben von 7 mR/h?

Lösung

Das Abstandsgesetz hat die Form $I = I_o/a^2$. Eine punktförmige Strahlungsquelle strahlt in den Raumwinkel 4 π. Die Strahlung durchsetzt dabei die Oberfläche einer Kugel mit dem Radius a von 4 π a^2; daher ist die Intensität

$$I_o = \frac{I \cdot 4\,\pi\,a^2}{4\,\pi}$$

und somit

$$I = \frac{I_o}{a^2}\;.$$

Eingesetzt erhält man

$$\frac{100 \text{ mR h}^{-1}}{7 \text{ mR h}^{-1}} = \frac{x^2 \text{ m}^2}{(o,6)^2 \text{ m}^2}$$

$$x = 0,6 \left(\frac{100}{7}\right)^{1/2} \text{ m} = 2,268 \text{ m}\;.$$

Die Toleranzdosisleistung ist in 2,268 m Entfernung vom Präparat gegeben.

236. Aufgabe

Auf das erste Feld eines Schachbrettes soll 1 Al-Atom gesetzt werden, auf das zweite Feld 2 Atome und auf jedes weitere Feld doppelt so viele wie auf das vorhergehende. Wieviel Gramm Aluminium sind auf das letzte Feld zu setzen?

Lösung

Ein Schachbrett hat 8 x 8 = 64 Felder. Es ist gefordert, daß die Felder folgendermaßen besetzt werden: 1,2,4,8,16 ... bis 2^{n-1} mit n = 64. Auf das 64. Feld müssen 2^{63} Al-Atome kommen, das sind $2^{63} = 9{,}2234 \cdot 10^{18}$ Al-Atome.

$$\frac{27 \text{ kg Al}}{6{,}022 \cdot 10^{26}} = m_{Al} = \text{die Masse eines Al-Atoms.}$$

$$m_{Al} = 4{,}4836 \cdot 10^{-26} \text{ kg .}$$

Auf das 64. Feld sind

$$9{,}2234 \cdot 10^{18} \cdot 4{,}4836 \cdot 10^{-26} \text{ kg} = 4{,}1354 \cdot 10^{-7} \text{ kg} =$$

$$= 0{,}41354 \text{ mg Aluminium}$$
======================

zu setzen.

237. Aufgabe

8 α-Zerfälle und 6 β-Übergänge sind notwendig, bevor das ^{238}U-Isotop in ein stabiles Element übergeht. Wie lauten die Kernladungszahl, die Massenzahl und der chemische Name des stabilen Endproduktes?

Lösung

Das Ausgangsprodukt Uran-238 hat die Kernladungszahl 92. Man schreibt das Isotop in der Form $^{238}_{92}$U. Ein α-Partikel hat die Masse 4 und die Kernladungszahl 2, da es sich um $^{4}_{2}$He-Kerne handelt.

8 α-Zerfälle reduzieren die Masse um 32 Einheiten und die Kernladungszahl um 16; weil aber auch 6 β-Zerfälle in der Kette vorkommen, die wohl die Massenzahl nicht ändern, aber die Kernladungszahl um 6 anheben, ist der Nettoeffekt $238 - 32 = 206$ und $92 - 16 + 6 = 82$.

Das stabile Endprodukt heißt $^{206}_{82}$Pb.

238. Aufgabe

Wieviele Zerfallsakte finden je Sekunde in 10 g Radiokobalt ^{60}Co statt?

Lösung

Die Halbwertszeit von ^{60}Co, das für medizinische γ-Bestrahlungen Verwendung findet, ist $T_{1/2} = 5,3$ a. Die Gleichung des radioaktiven Zerfalls lautet

$$N = N_o \, e^{-\lambda t}$$

mit

$$\lambda = \frac{\ln 2}{T_{1/2}} = \frac{0,6931}{5,3 \cdot 365,25 \cdot 24 \cdot 3600 \, s} = 4,144 \cdot 10^{-9} \, s^{-1} \; .$$

10 g ^{60}Co sind

$$N_o = \frac{6,022 \cdot 10^{23} \; 10 \; g}{60 \; g} = 1,0037 \cdot 10^{23} \; ^{60}\text{Co-Atome} \; .$$

Bei 10^{23} radioaktiven ^{60}Co-Atomen sind, wegen der kleinen Zerfallskonstante α, vergleichsweise wenige Atome zerfallen; es empfiehlt sich daher, die Zerfallsgleichung umzuformen. Es gilt für $x \ll 1$

$$e^{-x} = 1 - \frac{x}{1!} + \frac{x^2}{2!} - \frac{x^3}{3!} + \ldots .$$

Im vorliegenden Problem genügt es, die ersten zwei Glieder der Exponentialreihe zu berücksichtigen, und man bekommt aus

$$N = N_o \, e^{-\lambda t} = N_o \, (1 - \lambda t) \; .$$

Daraus wird $N - N_o = - N_o \cdot \lambda \cdot t$ oder

$$N_o - N = N_o \, \lambda \, t = 1,0037 \cdot 10^{23} \cdot 4,144 \cdot 10^{-9} \, s^{-1} \cdot 1 \, s =$$

$$= 4,1593 \cdot 10^{14} \; ^{60}\text{Co-Atome} \; .$$

Jede Sekunde zerfallen daher $4,1593 \cdot 10^{14}$ ^{60}Co-Atome.

239. Aufgabe

^{24}Na ist ein harter γ-Strahler. Innerhalb welcher Zeit
klingt die Aktivität dieses Isotopes auf 10 % beziehungsweise auf 1 % des Anfangswertes ab?

Lösung

^{24}Na ist ein harter γ-Strahler und ein β-Strahler. Die Halbwertszeit beträgt 14,8 h. Die Herstellung von ^{24}Na erfolgt durch Be-
strahlung von Kochsalz im Reaktor, wo durch Neutroneneinfang ^{24}Na
gebildet wird. Das aktive Natrium wird unter anderem zur Dichte-
prüfung von Rohrleitungen eingesetzt. Ist beispielsweise die
Dichtigkeit eines im Boden verlegten Zentralheizungsrohrsystems
zu prüfen, wird das aktivierte Kochsalz in Wasser aufgelöst in
das zu untersuchende Rohrsystem eingepreßt. Die radioaktive Lösung tritt an der undichten Stelle aus und, nach Spülung der Leitung mit Wasser, ist die Aktivität wieder aus dem Leitungssystem
entfernt mit Ausnahme der Aktivität, die an der undichten Stelle
ausgetreten ist. Geht man mit einem Strahlungsmeßdetektor ent-
lang der Leitung, so wird der Detektor an der undichten Leckstel-
le einen Ausschlag anzeigen; die Sanierung ist somit lokal möglich.

Zur Lösung der Aufgabe benützt man $N = N_o\, e^{-\lambda t}$ mit
$T_{1/2} = 14,8$ h $= 5,328 \cdot 10^4$ s.

$$\lambda = \frac{\ln 2}{T_{1/2}} = \frac{0,6931}{5,328 \cdot 10^4 \text{ s}} = 1,301 \cdot 10^{-5} \text{ s}^{-1} \;.$$

Für $N = N_o/10$ erhält man

$$\ln 10 = 1,301 \cdot 10^{-5} \text{ s}^{-1} \cdot t$$

und

$$t = \frac{\ln 10 \cdot 10^5 \text{ s}}{1,301} = 1,7699 \cdot 10^5 \text{ s} = 49,16 \text{ h} \;.$$

Für $N = N_o/100$ gilt

$$t = \frac{\ln 100 \cdot 10^5 \text{ s}}{1,301} = 3,5397 \cdot 10^5 \text{ s} = 98,33 \text{ h} \;.$$

Als Faustregel gilt: Die Aktivität nimmt auf 0,1 % ab, falls 10 Halbwertszeiten zugewartet wird. Nach der vorher dargelegten Überlegung gilt für $N = N_o/1000$

$$\frac{N_o}{1000} = n_o \, e^{-\lambda t}$$

$$\ln 1000 = \lambda t$$

oder

$$t = \frac{\ln 1000 \cdot 10^5 \text{ s}}{1,301} = \frac{6,9078 \cdot 10^5 \text{ s}}{1,301} = 5,3096 \cdot 10^5 \text{ s} = 147,49 \text{ h} .$$

Wenn für ^{24}Na $T_{1/2} = 14,8$ h ist, dann sind 10 $T_{1/2} = 148$ h, was sehr gut dem berechneten Wert von 147,49 h entspricht.

240. Aufgabe

Wieviele Lichtquanten pro Sekunde sendet eine Na-Dampflampe bei einem Lichtstrom von 3 W aus?

Lösung

Ein Lichtquant hat die Energie $h \cdot f$ und N Quanten haben daher $N \cdot h \cdot f$. Die Wellenlänge des Na-Dampflichtes beträgt $\lambda =$ = 589,3 nm. Wegen $c = \lambda \cdot f$ ist $f = c/\lambda$. Die Gleichung bekommt dadurch die Form

$$\frac{N \cdot hc}{\lambda} = 3 \text{ W} \cdot 1 \text{ s}$$

oder

$$N = \frac{3 \text{ W} \cdot 1 \text{ s} \cdot \lambda}{h \cdot c} =$$

$$= \frac{3 \text{ Ws} \cdot 589,3 \cdot 10^{-9} \text{ m}}{6,63 \cdot 10^{-34} \text{ Ws}^2 \cdot 3 \cdot 10^8 \text{ m s}^{-1}} = 8,888 \cdot 10^{18} .$$

Der Lichtstrom erzeugt $8,888 \cdot 10^{18}$ Quanten pro Sekunde.

241. Aufgabe

Wie groß ist die mittlere Bindungsenergie pro Nukleon in $^{4}_{2}He$, $^{59}_{27}Co$ und $^{238}_{92}U$ in MeV, wenn die massenspektroskopisch ermittelten Atommassen die Werte $m_H = 1,007825$, $m_{He} = 4,00260$, $m_{Co} = 58,93319$ und $m_{Uran} = 238,0508$ haben?

Lösung

Nach der Einsteinschen Massen-Energie-Äquivalenz muß die Summe der Protonen- und Neutronenmasse minus Bindungsenergie die jeweilige Atommasse ausmachen. Da im vorliegenden Problem nur relative Massen gegeben sind, müssen diese zur Absolutmassenbestimmung mit der Einheitsmasse $m_u = 1/12\ ^{12}C\text{-Atom} = 1,66055 \cdot 10^{-27}$ kg multipliziert werden. Die relative Neutronenmasse ist $m_n = 1,008665$.

Für Helium, das aus 2 Wasserstoffatomen + 2 Neutronen aufgebaut ist, ergibt sich die Bindungsenergie aus $^{4}_{2}He$

$$m_{He} = 2\ m_H + 2\ m_n - \Delta M$$

und eingesetzt

$$4,00260 \cdot m_u = (2 \cdot 1,007825 + 2 \cdot 1,008665)\ m_u + B.E$$

oder

$$\Delta M = (-4,00260 + 4,03298)\ m_u = 0,0304\ m_u =$$

$$= 0,0304 \cdot 1,66055 \cdot 10^{-27}\ kg = 5,05 \cdot 10^{-29}\ kg\ .$$

Wegen $m\ c^2 = E$ wird die Bindungsenergie

$$\Delta E = \Delta M\ c^2 = 5,05 \cdot 10^{-29} \cdot 9 \cdot 10^{16}\ m^2\ s^{-2} =$$

$$= 4,545 \cdot 10^{-12}\ Ws = 2,8371 \cdot 10^7\ eV = 28,371\ MeV\ .$$

Da die Bindungsenergie pro Nukleon gefragt ist, muß durch die vier Nukleonen des He-Atoms dividiert werden und man erhält

$$\frac{28,371\ MeV}{4\ Nukleonen} = 7,093\ MeV/Nukleon\ .$$

Für Kobalt $^{59}_{27}$Co gilt

$$(27 \cdot 1{,}007825 + 32 \cdot 1{,}008665)\, m_u = 59{,}4886\, m_u$$

$$\Delta M = (59{,}4886 - 58{,}93319)\, m_u =$$
$$= 0{,}5554 \cdot 1{,}66055 \cdot 10^{-27}\, kg = 9{,}222 \cdot 10^{-28}\, kg\ .$$

Für die Bindungsenergie wird

$$\Delta E = 9{,}222 \cdot 10^{-28}\, kg \cdot 9 \cdot 10^{16}\, m^2\, s^{-2} =$$
$$= 8{,}2998 \cdot 10^{-11}\, Ws = 5{,}1809 \cdot 10^{8}\, eV = 518{,}09\ MeV\ .$$

Pro Nukleon erhält man

$$\frac{518{,}09\ MeV}{59} = 8{,}78\ MeV/Nukleon\ .$$

Schließlich gilt für Uran $^{238}_{92}$U

$$(92 \cdot 1{,}007825 + 146 \cdot 1{,}008665)\, m_u = 239{,}985\, m_u$$

$$\Delta M = (239{,}985 - 238{,}0508)\, m_u =$$
$$= 1{,}9342 \cdot 1{,}66055 \cdot 10^{-27}\, kg = 3{,}2118 \cdot 10^{-27}\, kg\ .$$

$$\Delta E = 3{,}2118 \cdot 10^{-27}\, kg \cdot 9 \cdot 10^{16}\, m^2\, s^{-2} =$$
$$= 2{,}8906 \cdot 10^{-10}\, Ws = 1{,}8044 \cdot 10^{9}\, eV = 1804{,}4\ MeV\ .$$

Die Bindungsenergie pro Nukleon für $^{238}_{92}$U ist

$$\frac{1804{,}4\ MeV}{238} = 7{,}58\ MeV/Nukleon\ .$$

242. Aufgabe

Langsame Neutronen werden mit dem Borzähler nachgewiesen, in welchem die exotherme Kernreaktion $^{1}_{0}n + ^{10}_{5}B = ^{7}_{3}Li + ^{4}_{2}He + 2{,}79\ MeV$ abläuft. Mit welcher α-Energie muß Lithium beschossen werden, um Neutronen zu produzieren?

Lösung

Falls thermische Neutronen mit $v_n \simeq 0$ auf $^{10}_{5}B$ auftreffen, tritt die Kernreaktion $^{7}_{3}Li + ^{4}_{2}He$ ein und beide Bruchstücke aus der (n,B) Reaktion fliegen mit einer kinetischen Energie von 2,79 MeV auseinander.

Wird die umgekehrte Reaktion eingeleitet, muß man beachten, daß die Lithiumkerne in Ruhe ($v_{Li} = 0$) sind, auf die die α-Teilchen geschossen werden. Man muß die Schwerpunktsenergie ermitteln. Es gelten der Energie- und der Impulserhaltungssatz $E_\alpha = Q + E_S$ sowie

$$m_\alpha \cdot v_\alpha + m_{Li} \cdot 0 = (m_\alpha + m_{Li}) \, v_S \ ,$$

wobei v_S und E_S die Geschwindigkeit und die Energie im Schwerpunktsystem sind. Damit wird

$$E_S = \frac{m_\alpha + m_{Li}}{2} \cdot v_S^2 = \frac{m_\alpha \cdot m_\alpha}{2(m_\alpha + m_{Li})} \cdot v_\alpha^2 = \frac{m_\alpha}{m_\alpha + m_{Li}} \cdot E_\alpha \ ;$$

weil $E_S = E_\alpha - Q$ ist, gilt schließlich

$$E_\alpha - Q = \frac{m_\alpha}{m_\alpha + m_{Li}} \cdot E_\alpha$$

und

$$E_\alpha = \frac{Q}{1 - \dfrac{m_\alpha}{m_\alpha + m_{Li}}} = \frac{Q \, (m_\alpha + m_{Li})}{m_{Li}} = 2,79 \text{ MeV} \cdot \frac{(4+7)}{7} =$$

$$= 4,384 \text{ MeV} \ .$$

α-Teilchen müssen eine Mindestenergie von 4,384 MeV haben, um bei Beschuß von $^{7}_{3}Li$ thermische Neutronen erzeugen zu können.

243. Aufgabe

Der Kaliumanteil an der Gesamtmasse eines erwachsenen Menschen beträgt 0,35 %. Welche Radioaktivität ^{40}K sind in einem 80 kp schweren Menschen vorhanden?

Lösung

Es gibt drei natürliche Kaliumisotope der relativen Häufigkeiten $^{39}_{19}$K mit 93,10 %, $^{40}_{19}$K mit 0,012 % und $^{41}_{19}$K mit 6,88 %. $^{40}_{19}$K ist ein radioaktiver β-Strahler mit $T_{1/2}$ =1,28$\cdot 10^9$ a. Ein 80 kp schwerer Mensch hat eine Masse von 80 kg; 0,35 % davon ist Kalium, also 80 kg $\cdot$ 3,5$\cdot 10^{-3}$ = 2,8$\cdot 10^{-1}$ kg. Nun hat das radioaktive ^{40}K eine relative Häufigkeit von nur 0,012 %, das heißt, nur 2,8$\cdot 10^{-1}$ kg $\cdot$ $\cdot$ 1,2$\cdot 10^{-4}$ = 3,36$\cdot 10^{-5}$ kg ^{40}K ist in dem 80 kp schweren Menschen vorhanden. Um die Curies oder Becquerels zu ermitteln, muß die Zerfallskonstante berechnet werden. Es gilt

$$T_{1/2} =1,28 \cdot 365,25 \cdot 24 \cdot 3600\cdot 10^9 \text{s} = 4,039\cdot 10^{16} \text{ s} = \frac{\ln 2}{\lambda}$$

und

$$\lambda = \frac{0,6931}{4,039\cdot 10^{16}\text{ s}} = 1,716\cdot 10^{-17}\text{ s}^{-1} .$$

Ein mol ^{40}K bedeutet, 40 g ^{40}K sind 6,022$\cdot 10^{23}$ Atome; daher sind 3,36$\cdot 10^{-5}$ kg = 3,36$\cdot 10^{-2}$ g

$$\frac{6,022\cdot 10^{23} \cdot 3,36\cdot 10^{-2}\text{ g}}{40\text{ g}} = 5,058\cdot 10^{20}\ ^{40}\text{K-Atome} .$$

Die Aktivität ist

$$\frac{\Delta N}{\Delta t} = N \cdot \lambda = 5,058\cdot 10^{20} \cdot 1,716\cdot 10^{-17}\text{ s}^{-1} =$$

$$= 8,68\cdot 10^3\text{ Bq} = 0,2346\ \mu\text{Ci} .$$

244. Aufgabe

Aluminium wird mit Neutronen beschossen. Welches radioaktive Isotop entsteht und wie lautet das stabile Endprodukt daraus?

Lösung

Aluminium hat nur ein Isotop, nämlich $^{27}_{13}$Al, das daher 100 % Häufigkeit hat. Die Reaktion $^{27}_{13}$Al + $^{1}_{0}$n führt durch Neutroneneinfang zu $^{28}_{13}$Al. Dieses Isotop ist ein β-Strahler mit $T_{1/2}$ = = 2,3 min = 138 s. Die Zerfallskonstante ist daher λ = 5$\cdot 10^{-3}$ s^{-1}.

Die β-Energie des $^{28}_{13}$Al beträgt 2,9 MeV. Weil ein Elektron aus dem Kern ausgestoßen wird, ändert sich die Kernladungszahl von 13 auf 14. Diese Kernladungszahl hat das Element Silizium.

Es entsteht somit als Endprodukt das stabile Isotop $^{28}_{14}$Si. Natürliches Silizium hat drei Isotope mit den Häufigkeiten $^{28}_{14}$Si mit 92,2 %, $^{29}_{14}$Si mit 4,7 % und $^{30}_{14}$Si mit 3,1 %. Es ist beachtenswert, daß das natürliche Isotopenverhältnis von Silizium bei Neutronenbeschuß von Aluminium in Anwesenheit von Silizium geändert wird.

245. Aufgabe

Radiumstrahlung durch 0,5 mm Al reduziert die Zählrate während 5 Sekunden Zähldauer auf 5832 Impulse, während bei einem 1 mm Absorber 3600 Impulse registriert werden. Wie groß ist der Absorptionskoeffizient?

Lösung

Das Absorptionsgesetz lautet

$$I = I_o \, e^{-\mu x} \; ;$$

eingesetzt erhält man

$$5832 = I_o \, e^{-\mu \cdot 0,5 \text{ mm}}$$

und

$$3600 = I_o \, e^{-\mu \cdot 1 \text{mm}} \; ;$$

dividiert man beide Gleichungen, wird daraus

$$\frac{5832}{3600} = e^{\mu \cdot 1\text{mm} \, - \, \mu \cdot 0,5 \text{ mm}} = e^{\mu \cdot 0,5 \text{ mm}}$$

oder

$$\ln 1,62 = \mu \cdot 0,5 \text{ mm}$$

und

$$\mu = 0,965 \text{ mm}^{-1} \; .$$

246. Aufgabe

Welche Menge ^{235}U wird benötigt, um eine Kernenergieanlage von 728 MW$_e$ einen Tag lang zu versorgen, falls der Wirkungsgrad 30 % beträgt?

Lösung

Die Energietönung pro Spaltprodukt ist durchschnittlich 198 MeV. Diese Energie verteilt sich auf die kinetische Energie der Spaltprodukte, die Energie der Spaltneutronen und die Energie der beim Spaltprozeß und in der Folge auftretenden β- und γ-Strahlung. Es ist

$$1 \text{ MeV} = 1{,}602 \cdot 10^{-13} \text{ Ws}$$

und

$$\frac{728 \text{ MW}_{elektrisch}}{0{,}3} = 2426{,}7 \text{ MW}_{thermisch} \; .$$

Da diese Leistung in $24 \cdot 3600$ s aufgebracht werden muß, ist die Energie

$$2{,}4267 \cdot 10^{9} \text{ W} \cdot 8{,}64 \cdot 10^{4} \text{ s} = 2{,}1 \cdot 10^{14} \text{ Ws} \; .$$

Ein $^{235}_{92}$U-Atom gibt eine Spaltenergie von

$$1{,}602 \cdot 10^{-13} \cdot 198 \text{ Ws} = 3{,}172 \cdot 10^{-11} \text{ Ws}$$

und daher benötigt man

$$\frac{2{,}1 \cdot 10^{14} \text{ Ws}}{3{,}172 \cdot 10^{-11} \text{ Ws}} = 6{,}62 \cdot 10^{24} \text{ U-Atome} \; .$$

$6{,}022 \cdot 10^{23}$ ^{235}U-Atome haben eine Masse von 235 g und daher haben $6{,}62 \cdot 10^{24}$ ^{235}U-Atome eine Masse von

$$\frac{6{,}62 \cdot 10^{24} \cdot 235 \text{ g}}{6{,}022 \cdot 10^{23}} = 2{,}583 \text{ kg} \; .$$

Der 728 MW$_e$-Reaktor benötigt täglich 2,583 kg $^{235}_{92}$U.

247. Aufgabe

Wie groß ist die Sättigungsaktivität einer 0,1 mm dicken Aluminium-Folie von 3,5 cm^2 Fläche, wenn sie in einem Reaktor thermischen Neutronen von 10^{13} N cm^{-2} s^{-1} ausgesetzt ist?

Lösung

Durch Neutroneneinfang von $^{27}_{13}$Al entsteht der β-Strahler $^{28}_{13}$Al. Die Zunahme der radioaktiven Kerne lautet

$$\frac{\Delta N}{\Delta t} = V \cdot \Sigma_a \cdot \Phi - \lambda N \ ,$$

wobei V das Volumen in cm^3, Σ_a den makroskopischen Absorptionsquerschnitt und Φ den Neutronenfluß (Neutronen cm^{-2} s^{-1}) bedeutet. λ ist die Zerfallskonstante von $^{28}_{13}$Al und N sind die $^{28}_{13}$Al-Kerne. Die Lösung der Differentialgleichung führt zu

$$N = \frac{V \cdot \Sigma_a \cdot \Phi}{\lambda} \ (1 - e^{-\lambda t}) \ .$$

$\lambda_{Al} = 5 \cdot 10^{-3}$ s^{-1}; falls t sehr groß gewählt wird, so daß $e^{-\lambda t} \ll 1$ ist, dann gilt für die Sättigungsaktivität

$$A = N\lambda = V \cdot \Sigma_a \cdot \Phi.$$

Der Zusammenhang zwischen makroskopischem Wirkungsquerschnitt und mikroskopischem Wirkungsquerschnitt lautet

$$\Sigma_a = N' \cdot \sigma$$

mit σ in barn (10^{-24} cm^2) und N' der Zahl der Kerne pro cm^3. $\sigma_{Al} = 2,3 \cdot 10^{-25}$ cm^2 und N' = 6,022$\cdot 10^{22}$. Die Dichte von Aluminium ist $\rho = 2,7$ g cm^{-3} und 27 g Al haben 6,022$\cdot 10^{23}$ Atome. Für Σ_a erhält man

$$\Sigma_a = 6,022 \cdot 10^{22} \ \text{cm}^{-3} \cdot 2,3 \cdot 10^{-25} \ \text{cm}^2 = 1,385 \cdot 10^{-2} \ \text{cm}^{-1} \ .$$

Damit wird die Aktivität

$$A = 10^{-2} \ \text{cm} \cdot 3,5 \ \text{cm}^2 \cdot 1,385 \cdot 10^{-2} \ \text{cm}^{-1} \cdot 10^{13} \ \text{N cm}^{-2} \ \text{s}^{-1} =$$

$$= 4,848 \cdot 10^9 \ \text{Bq} = 0,131 \ \text{Ci} \ .$$

248. Aufgabe

Welche Energie muß ein γ-Quant haben, um ein Elektron-Positron-Paar zu erzeugen?

Lösung

Die Ruhmasse des Elektrons ist $m_e = 9{,}11 \cdot 10^{-31}$ kg. Weil das Positron dieselbe Ruhmasse besitzt, muß die Quantenmindest-energie lauten

$$E_\gamma = 2\, m_e \cdot c^2$$
$$E_\gamma \geq 2 \cdot 9{,}11 \cdot 10^{-31}\ \text{kg} \cdot 9 \cdot 10^{16}\ \text{m}^2\ \text{s}^{-2} =$$
$$= 1{,}6398 \cdot 10^{-13}\ \text{Ws} = 1{,}024\ \text{MeV} \ .$$

249. Aufgabe

Röntgenstrahlen mit $\lambda = 1{,}5 \cdot 10^{-11}$ m durchsetzen ein Eisen-blech von 0,3 mm. Welche Intensitätsschwächung tritt dabei auf, wenn der Massenabsorptionskoeffizient des Eisens für $\lambda = 1{,}5 \cdot 10^{-11}$ m den Wert $1{,}2$ m^2 kg^{-1} hat?

Lösung

Das Absorptionsgesetz hat die Form $I = I_o\, e^{-\mu x}$ mit μ dem linea-ren Absorptionskoeffizienten. Der Massenabsorptionskoeffizient $\mu_m = \mu/\rho$ oder $\mu = \mu_m \cdot \rho$. Mit $\rho_{Fe} = 7{,}87 \cdot 10^3$ kg m^{-3} wird

$$\mu = 1{,}2\ \text{m}^2\ \text{kg}^{-1} \cdot 7{,}87 \cdot 10^3\ \text{kg}\ \text{m}^{-3} = 9{,}444 \cdot 10^3\ \text{m}^{-1}$$

$$\frac{I_o}{I} = e^{\mu x} = e^{9{,}444 \cdot 10^3 \cdot 3 \cdot 10^{-4}\ \text{m}} = e^{2{,}833} = 17 \ .$$

$I = I_o/17$ bedeutet eine Schwächung der Strahlung auf 1/17.

250. Aufgabe

Die Neutronen der Höhenstrahlung bewirken in der Atmosphäre (n,p)-Prozesse am Stickstoff. Welches Isotop mit welcher Halbwertszeit entsteht daraus?

Lösung

Die Reaktion hat folgendes Aussehen

$$ {}^{1}_{0}n + {}^{14}_{7}N \rightarrow X + {}^{1}_{1}H \, , $$

damit ist $X = {}^{14}_{6}C$.

${}^{14}_{6}C$ ist ein radioaktiver β-Strahler mit einer Halbwertszeit $T_{1/2} = 5730$ a. Weil das Isotop ${}^{14}_{6}C$ in der Atmosphäre vorkommt, wird es sowohl von der lebenden Pflanze wie auch von den Tieren und den Menschen mit dem Kohlenstoff der Luft aufgenommen.

Die Messung von biologischen Proben hinsichtlich des ${}^{14}_{6}C$ Gehaltes kann Aufschluß über das Absterbedatum der Probe geben. Gut meßbar sind Zeiten zwischen 1000 und 10000 Jahren.

Wellen und geometrische Optik

Ein kubisches Kristallmodell wird aus 120 Alu-Kugeln gebildet, die in einem Styroporkörper mit einem gegenseitigen Abstand von 3,7 cm untergebracht sind. Mit Hilfe eines Kly-
stronsenders von 9,375 GHz und einem Empfänger ist der
kleinste Winkel zwischen Sender und Empfänger zu ermitteln,
bei dem Reflexion an einer Kristallebene erfolgt.

Lösung

Nach der Beziehung $c = \lambda \cdot f$ ist

$$\lambda = \frac{c}{f} = \frac{3 \cdot 10^8 \ m \ s^{-1}}{9,375 \cdot 10^9 \ s^{-1}} = 3,2 \cdot 10^{-2} \ m = 3,2 \ cm \ .$$

Die Reflexionsbedingung nach Bragg lautet

$$n \cdot \lambda = 2 \ d \ \sin \Theta \qquad \text{und} \qquad \sin \Theta = \frac{n \ \lambda}{2 \ d} \ ;$$

mit $n = 1$ erhält man

$$\sin \Theta = \frac{3,2 \ cm}{2 \cdot 3,7 \ cm} = 0,4324$$

und

$$\Theta = 25,62^{\circ} \ .$$

W. Bragg zeigte, daß die Netzebenen eines Kristalls als eine
Vielzahl von Spiegeln aufgefaßt werden können, an denen die
elektromagnetische Strahlung reflektiert wird. In einer perio-

dischen Anordnung wie den Aluminiumkugeln findet man viele Ebenen verschiedener Richtung und nicht nur solche, die horizontale oder vertikale Ebenen bilden. Die Interferenzen an zwei Netzebenen sind analog der Interferenz des Lichtes an einer planparallelen Platte.

252. *Aufgabe*

Wie groß ist die Fluchtgeschwindigkeit eines Spiralnebels, dessen He-Linie von 587,56 nm eine Rotverschiebung auf 617,70 nm erfährt?

Lösung

Die Rotverschiebung der He-Spektrallinie wird durch den Doppler-Effekt bedingt. Der Beobachter mit seinem Fernrohr ist in Ruhe, während sich die Lichtquelle mit der Geschwindigkeit v vom Beobachter wegbewegt. Es gilt

$$\lambda' = \frac{c + v}{f} = \frac{(c + v)\,\lambda}{c} \qquad \text{oder} \qquad c\,\lambda' - c\,\lambda = v\,\lambda$$

und

$$v = \frac{c(\lambda' - \lambda)}{\lambda} = \frac{3 \cdot 10^8 \text{ m s}^{-1} \cdot (617,70 - 587,56)\,\text{nm}}{587,56 \text{ nm}} =$$

$$= 1,539 \cdot 10^7 \text{ m s}^{-1} \, .$$

Der Spiralnebel bewegt sich mit $v = 1,539 \cdot 10^7$ m s^{-1} vom Beobachter weg. Würde sich der Nebel auf den Beobachter hinbewegen, wäre eine Blauverschiebung der Spektrallinie die Folge. Aus der Beziehung $c = \lambda \cdot f$ ersieht man, daß eine Änderung von λ eine Änderung der Geschwindigkeit zur Folge hat, weil kein Grund einsichtig ist, warum f beim Durchgang durch ein anderes Medium geändert werden sollte.

253. *Aufgabe*

Welche Wellenlängen haben Elektronen von 50 keV und welches theoretische Auflösungsvermögen erreicht man damit in einem Elektronenmikroskop mit der numerischen Apertur von $5 \cdot 10^{-3}$ rad?

Lösung

Bewegte Materieteilchen haben sowohl Korpuskular- wie auch Wellencharakter.

Für die Wellenlänge der Elektronen gilt

$$\lambda_e = \frac{h}{p}$$

mit h dem Planckschen Wirkungsquantum und p dem Elektronenimpuls. Weil Elektronen ab 50 keV Geschwindigkeiten haben, bei denen sich bereits relativistische Effekte bemerkbar machen, ist es zweckmäßig, die relativistische Energiebeziehung zu benützen

$$p^2 c^2 = E^2 \left(1 + 2 \, \frac{m \, c^2}{E}\right) \; ;$$

mit $m \, c^2 = 511$ keV erhält man für die Elektronenwellenlänge

$$\lambda_e = \frac{h \cdot c}{p \cdot c} = \frac{h \, c}{E \sqrt{1 + 2 \, \frac{511 \text{ keV}}{E}}} =$$

$$= \frac{6{,}626 \cdot 10^{-34} \text{ W s}^2 \cdot 3 \cdot 10^8 \text{ m s}^{-1}}{E \sqrt{1 + 2 \, \frac{511 \text{ keV}}{50 \text{ keV}}}} =$$

$$= \frac{1{,}241 \cdot 10^{-9} \text{ keV} \cdot \text{m}}{50 \text{ keV} \sqrt{1 + 20{,}44}} = \frac{1{,}241 \cdot 10^{-9} \text{m}}{50 \cdot 4{,}63} = \underline{\underline{5{,}36 \cdot 10^{-12} \text{ m}}} \; .$$

Das Auflösungsvermögen lautet

$$d = \frac{\lambda}{2 \, n \, \sin \Theta} \; ,$$

wobei

$$n \, \sin \Theta = 5 \cdot 10^{-3} \text{ rad}$$

ist. Eingesetzt erhält man

$$d = \frac{5{,}36 \cdot 10^{-12} \text{ m}}{2 \cdot 5 \cdot 10^{-3}} = \underline{\underline{5{,}36 \cdot 10^{-10} \text{ m}}} \; .$$

254. *Aufgabe*

Wie groß ist die höchst-erreichbare Ordnung der Na-Linie
bei einer Gitterkonstante von 1,5 µm?

Lösung

Es gilt für die Gitterkonstante $g = k \cdot \lambda / \sin \Theta$ mit k der Ordnungs-
zahl 1,2,3 ... usw. Die Wellenlänge der Na-Linie beträgt $\lambda_{Na} =$
= 589 nm. Der maximal denkbare Beugungswinkel ist $\pi/2$: damit
wird $g = k \cdot \lambda$ und

$$k = \frac{g}{\lambda} = \frac{1{,}5 \cdot 10^{-6}\ m}{5{,}89 \cdot 10^{-7}\ m} = 2{,}55\ .$$

Da k = 3 nicht erreicht wird, ist die maximal erreichbare Ordnung k = 2.

255. *Aufgabe*

Wie groß ist die Masse eines Photons von rotem und wie groß
von blauem Licht?

Lösung

Die Energie eines Lichtquants ist $h \cdot f$ mit $h = 6{,}626 \cdot 10^{-34}\ Ws^2$.
Für rotes Licht setzt man $\lambda_{rot} = 7 \cdot 10^{-7}$ m und für blaues Licht
$\lambda_{blau} = 4 \cdot 10^{-7}$ m an. Es gilt weiter $m\,c^2 = h \cdot f$ und $f = c/\lambda$;
somit ist die Masse

$$m = \frac{h \cdot c}{\lambda \cdot c^2} = \frac{h}{\lambda \cdot c}$$

und

$$m_{rot} = \frac{6{,}626 \cdot 10^{-34}\ Ws^2}{7 \cdot 10^{-7}\ m \cdot 3 \cdot 10^8\ m\ s^{-1}} = 3{,}155 \cdot 10^{-36}\ kg$$

$$m_{blau} = \frac{6{,}626 \cdot 10^{-34}\ Ws^2}{4 \cdot 10^{-7}\ m \cdot 3 \cdot 10^8\ m\ s^{-1}} = 5{,}522 \cdot 10^{-36}\ kg\ .$$

256. Aufgabe

Ein Strichgitter von 3000 Linien/cm wird senkrecht in den Strahlengang von weißem Licht eingebracht. Welche Divergenz hat das sichtbare Spektrum 1. Ordnung?

Lösung

Für den Beugungswinkel gilt bei senkrechtem Einfall des Lichtes $\sin\Theta = k\cdot\lambda/d$; mit $k = 1$ wird $\sin\Theta = \lambda/d$. Für d gilt

$$d = \frac{1\text{ cm}}{3000} = 3{,}333\cdot 10^{-6}\ \text{m}\ .$$

Weißes Licht ist die Summe aller Farben zwischen Blauviolett und Rot und erstreckt sich von $\lambda = 400$ nm bis $\lambda = 700$ nm. Damit erhält man

$$\sin\Theta_1 = \frac{4\cdot 10^{-7}\ \text{m}}{3{,}333\cdot 10^{-6}\ \text{m}} = 0{,}12 \qquad \text{und} \qquad \Theta_1 = 6{,}89\ ^{\circ}$$

sowie

$$\sin\Theta_2 = \frac{7\cdot 10^{-7}\ \text{m}}{3{,}333\cdot 10^{-6}\ \text{m}} = 0{,}21 \qquad \text{und} \qquad \Theta_2 = 12{,}12\ ^{\circ}.$$

Die Divergenz ist

$$\Delta\Theta = \Theta_2 - \Theta_1 = 12{,}12\ ^{\circ} - 6{,}89\ ^{\circ} = 5{,}23\ ^{\circ}\ .$$

257. Aufgabe

Welche elektrische Feldstärke ist erforderlich, um in einer Kerr-Zelle mit Nitrobenzol bei 589 nm die gleichen Doppelbrechungseigenschaften wie bei Quarz zu erreichen?

Lösung

Doppelbrechung ist vorwiegend ein Phänomen anisotroper Kristalle, aber auch in Flüssigkeiten mit bestimmten langgestreckten Molekülen kann bei Anlegung eines dipolausrichtenden elektrischen Feldes optische Anisotropie erreicht werden. Es gilt für die Brechzahlen des ordentlichen und außerordentlichen Strahls

$$n_{ao} - n_o = B\cdot\lambda\cdot E^2$$

mit der Kerr-Konstante für Benzol

$$B = 4{,}3 \cdot 10^{-12} \text{ m V}^{-2} \; .$$

Für Quarz ist bei $\lambda = 589$ nm

$$n_{ao} - n_o = 1{,}553 - 1{,}544 = 0{,}009 \; .$$

Für die elektrische Feldstärke erhält man aus

$$E^2 = \frac{9 \cdot 10^{-3}}{B \cdot \lambda} = \frac{9 \cdot 10^{-3} \text{ V}^2}{4{,}3 \cdot 10^{-12} \text{ m} \cdot 5{,}89 \cdot 10^{-7} \text{ m}} =$$

$$= 3{,}554 \cdot 10^{15} \text{ V}^2 \text{ m}^{-2}$$

schließlich

$$E = 5{,}96 \cdot 10^7 \text{ V m}^{-1} \; .$$

$$\overline{\underline{}}$$

258. Aufgabe

Was muß getan werden, um mit einem Lichtmikroskop eine Auflösung von 3000 Å zu erreichen?

Lösung

Das Auflösungsvermögen eines Mikroskopes hängt direkt von der Wellenlänge des verwendeten Lichts ab und ist der numerischen Apertur verkehrt proportional. Bei schräger Beleuchtung läßt sich das Auflösungsvermögen auf die Hälfte reduzieren. Es ist

$$g = \frac{\lambda}{2 \, n \, \sin \alpha}$$

und bei $\lambda = 400$ nm (Blaulicht) wird

$$2 \, n \, \sin \alpha = \frac{4 \cdot 10^{-7} \text{ m}}{3 \cdot 10^{-7} \text{ m}} = 1{,}333$$

oder $n \sin \alpha = 0{,}667$.

Da die numerische Apertur $n \sin \alpha \stackrel{\sim}{=} 1{,}6$ erreichbar ist, könnte auch längerwelliges Licht die geforderte Auflösung bringen.

259. Aufgabe

Bei der Photosynthese werden neun Photonen benötigt, um aus dem CO_2-Molekül O_2 abzuspalten. Wieviel Energie entspricht das für Licht von 680 nm?

Lösung

Es gilt allgemein für die Energie des Photons

$$E = h \cdot f = \frac{h \cdot c}{\lambda} \ .$$

9 Photonen haben die Energie

$$E' = \frac{9 \cdot h \cdot c}{\lambda} = \frac{9 \cdot 6,626 \cdot 10^{-34} \ Ws^2 \cdot 3 \cdot 10^8 \ m \ s^{-1}}{6,8 \cdot 10^{-7} \ m} =$$

$$= 2,63 \cdot 10^{-18} \ Ws = 16,4 \ eV \ .$$

260. Aufgabe

Das optische Drehvermögen von Insulin beträgt $-5,9 \cdot 10^{-3}$ rad m^2 kg^{-1}. Wie groß ist die Insulinkonzentration einer Lösung, wenn auf 20 cm Länge eine Linksdrehung der optischen Achse um 30° erfolgt?

Lösung

Die Drehung der Polarisationsebene durch Flüssigkeiten wird Saccharimetrie genannt. Die experimentelle Einrichtung besteht aus einem Polarisationsapparat mit Polarisator und Analysator. Zwischen Polarisator und Analysator wird die drehende Substanz eingebracht und durch Verdrehung des Analysators das ursprüngliche Minimum wieder hergestellt. Der Verdrehungswinkel ist leicht ablesbar. Ein Minuszeichen bei α deutet Linksdrehung an, während ein Pluszeichen für Rechtsdrehung steht. α ist temperatur- und wellenlängenabhängig. Es gilt für den Verdrehungswinkel
$\Phi = \alpha \cdot \ell \cdot C$; mit $\alpha = -5,9 \cdot 10^{-3}$ rad m^2 kg^{-1} und $\ell = 0,2$ m sowie $\Phi = 30^\circ = 0,524$ rad wird

$$C = \frac{0,524 \ rad}{5,9 \cdot 10^{-3} \ rad \ m^2 \ kg^{-1} \cdot 0,2 \ m} = 444 \ kg \ m^{-3} \ .$$

261. Aufgabe

Der Schwächungskoeffizient für Hämoglobin bei λ = 656 nm beträgt μ = 1 cm^{-1} und für Oxyhämoglobin beträgt er μ'= 10 cm^{-1}. Wie groß ist die Extinktion in einer Küvette mit einer Flüssigkeitsschichtdicke von x = 1 cm?

Lösung

Extinktionsmessungen werden in der medizinischen Diagnostik häufig verwendet. Licht einer bestimmten Wellenlänge durchsetzt eine Küvette, in der sich die zu untersuchende flüssige Substanz einer bestimmten Dicke befindet. Man mißt die Schwächung der Lichtintensität beim Durchgang. Bei Kenntnis des Schwächungskoeffizienten ist die Lichtintensitätsänderung ermittelbar. Nun ist μ aber sehr stark wellenlängenabhängig, so daß $\mu = f\,(\lambda)$ kontinuierlich bekannt sein müßte, was im allgemeinen nicht der Fall ist. Man mißt daher günstiger die Extinktion mittels eines Photometers. Es ist

$$I = I_o \, s^{-\mu x} \qquad \text{oder} \qquad \frac{I}{I_o} = e^{-\mu x} \ .$$

Bezeichnet $\log \dfrac{I}{I_o} = -E$ die Extinktion, dann erhält man

$$\log \frac{I}{I_o} = - \mu \, x \log e = - 0{,}4343 \ \mu \ x$$

oder

$$\log \frac{I_o}{I} = E = 0{,}4343 \ \mu \ x \ ;$$

für x = 1 cm erhält man

$$E_{\text{Hämoglobin}} = 0{,}4343 \cdot 1 \ \text{cm}^{-1} \cdot 1 \ \text{cm} = \underline{\underline{0{,}4343}}$$

und

$$E_{\text{Oxyhämoglobin}} = 0{,}4343 \cdot 10 \ \text{cm}^{-1} \cdot 1 \ \text{cm} = \underline{\underline{4{,}343}} \ .$$

Sucht man die Absorption des Lichtes, dann gilt

$$A = \frac{I_o - I}{I_o} = 1 - \frac{I}{I_o}$$

und weil $- E = \log \dfrac{I}{I_o}$ ist, folgt $\dfrac{I}{I_o} = 10^{-E}$;

daher ist A = 1 - 10^{-E}. Für Hämoglobin ist die Lichtabsorption

$$A = 1 - 10^{-0,4343} = 1 - 0,3679 = \underline{\underline{63,21 \%}} \; ;$$

für Oxyhämoglobin beträgt die Lichtabsorption

$$A = 1 - 10^{-4,343} = 1 - 0,00005 = \underline{\underline{99,995 \%}} \; .$$

<u>*262. Aufgabe*</u>

Ein Lichtstrahl fällt unter 60° auf eine planparallele Glasplatte von 2 cm Dicke. Die Brechzahl des Glases beträgt n' = 1,5. Wie groß ist die Parallelverschiebung?

<u>*Lösung*</u>

Nach dem Snelliusschen Brechungsgesetz gilt

$$\frac{\sin \alpha}{\sin \beta} = n'$$

oder

$$\sin \beta = \frac{\sin \alpha}{n'} = \frac{\sin 60^{\circ}}{1,5} = 0,577$$

$$\underline{\underline{\beta = 35,3^{\circ}}} \; .$$

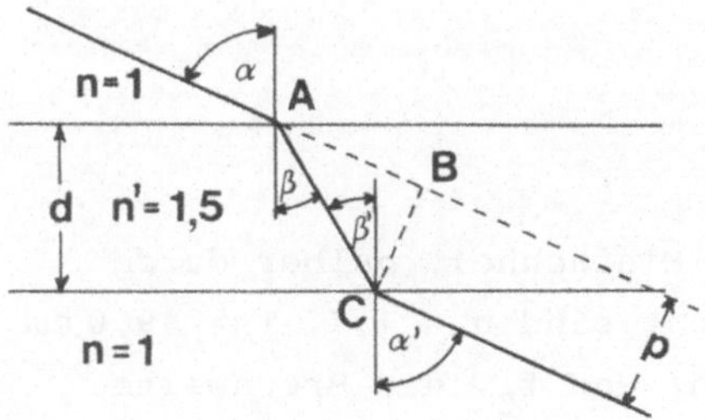

Weil der Strahl nur parallel verschoben wird, ist β' = β und der Winkel nach Verlassen der Glasplatte ist α' = α . Der Zeichnung ist zu entnehmen, daß die Strecke $\overline{AC} = \frac{d}{\cos \beta}$ ist. Der Winkel bei A des Dreiecks ABC ist α - β, und daher ist der Abstand $\overline{CB} = p = \sin (\alpha - \beta) \frac{d}{\cos \beta}$. Eingesetzt erhält man für die Parallelverschiebung

$$p = \frac{\sin(60^{\circ} - 35,3^{\circ})}{\cos 35,3^{\circ}} \cdot 2 \text{ cm} = \frac{\sin 24,7^{\circ}}{\cos 35,3^{\circ}} \cdot 2 \text{ cm} =$$

$$= 1,024 \text{ cm}.$$

263. Aufgabe

Eine achromatische Linse besteht aus einer bikonvexen Sammellinse aus Flintglas mit n = 1,7 und einer angekitteten bikonkaven Zerstreuungslinse einer anderen Glassorte. Die Gesamtbrennweite des Achromats beträgt 24,5 cm. Die Krümmungsradien der Linsen sind 19,6 cm. Welche Brechkraft und welchen Brechungsindex hat die Zerstreuungslinse?

Lösung

Der Achromat hat die Aufgabe, den Farbfehler zu minimieren.

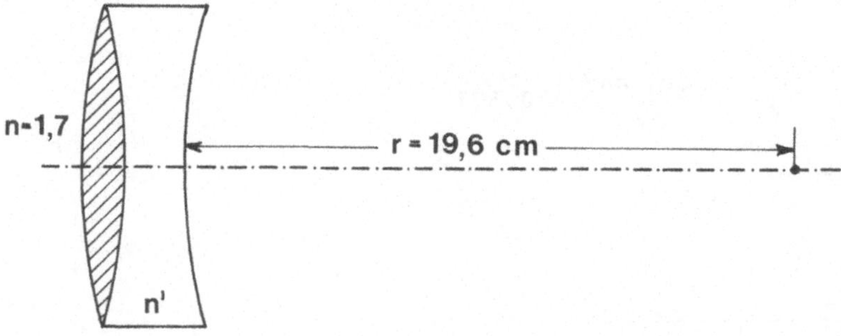

Die beiden dünnen Linsen werden der Einfachheit halber durch eine Hauptebene repräsentiert. Bekannt sind n = 1,7, r = 19,6 cm und f_{ges} = 24,5 cm. Unbekannt sind n' und f_Z, die Brennweite der Zerstreuungslinse.

Die Linsengleichung für die Sammellinse mit n = 1,7 hat die Form

$$\frac{1}{f_S} = (n - 1)\frac{2}{r} = \frac{0,7 \cdot 2}{19,6 \text{ cm}}$$

oder

$$f_S = 14 \text{ cm} = 0,14 \text{ m}.$$

Für die Brennweite zweier dünner Linsen gilt

$$\frac{1}{f_S} + \frac{1}{f_Z} = \frac{1}{f_{ges}}$$

oder

$$\frac{1}{f_S} - \frac{1}{f_{ges}} = - \frac{1}{f_Z}$$

mit

$$- f_Z = \frac{f_S \cdot f_{ges}}{f_{ges} - f_S} = \frac{0,14 \text{ m} \cdot 0,245 \text{ m}}{0,105 \text{ m}} = 0,3267 \text{ m}$$

oder

$$f_Z = - 0,3267 \text{ m} \quad .$$

Die Brechkraft

$$D = \frac{1}{f_Z} = - 3,06 \text{ m}^{-1} \quad .$$

Für die Brechzahl n' erhält man aus

$$\frac{1}{f_Z} = (n' - 1) \frac{2}{r}$$

$$n' - 1 = \frac{r}{2 f_Z} \quad ;$$

mit r = - 0,196 m und f_Z = 0,3267 m gilt schließlich

$$n' = 1 + \frac{0,196 \text{ m}}{0,6534} = 1,3 \quad .$$

264. Aufgabe

Ein Belichtungsmesser ergibt für eine Belichtungszeit von 1/100 s eine Blendeneinstellung von f/16. Welche Blendeneinstellung ist bei 1/250 s Belichtungszeit zu wählen?

Lösung

Eine Verkürzung der Belichtungszeit von 1/100 s auf 1/250 s bedeutet, daß bei der verkürzten Belichtungszeit die für die gleiche Belichtung nötige Lichtmenge um das 2,5fache erhöht werden muß. Eine Vergrößerung der Blendenöffnungsfläche um das 2,5fache

bedeutet, daß der Radius um $\sqrt{2,5}$ vergrößert werden muß.
$\sqrt{2,5}$ = 1,58; daher muß statt f/16 die Blende 1,58 f/16 = f/10
gewählt werden.

165. Aufgabe

In welcher Höhe muß ein Spiegel angebracht werden und wie
groß muß der Spiegel sein, damit sich ein 170 cm großer
Mensch voll darin sehen kann?

Lösung

Das Reflexionsgesetz besagt: Der Winkel des einfallenden Strahls
ist gleich dem Winkel des reflektierten Strahls und einfallender
Strahl, reflektierter Strahl und Lot liegen in einer Ebene. Der
Planspiegel hat den Krümmungsradius r = ∞; daher wird von einem
Planspiegel ein virtuelles aufrechtes Bild erzeugt.

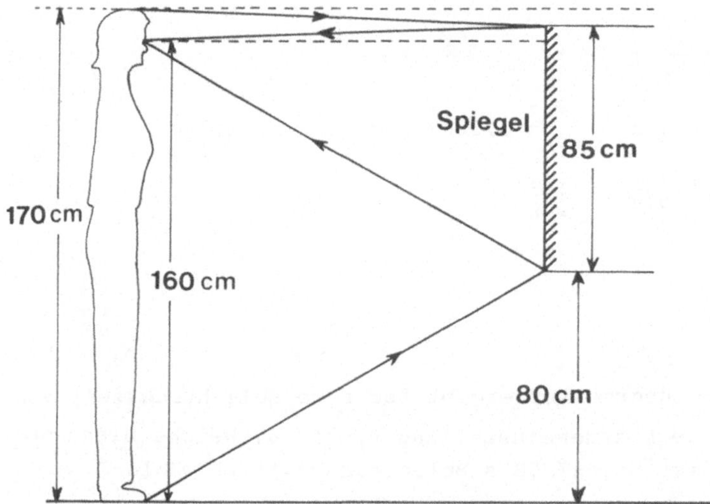

Aus der Zeichnung ist zu entnehmen, daß die Spiegelunterkante in
80 cm Höhe liegt und der Spiegel selbst 85 cm oder die Hälfte
der Größe der Person haben muß. Weil das Abbildungsverhältnis
Bildgröße zu Gegenstandsgröße B/G = 1 ist, sieht sich die Person immer vollständig, unabhängig von der Entfernung zum Spiegel.

266. Aufgabe

Zur Untersuchung der Zähne wird ein Hohlspiegel mit r = 16 cm eingesetzt. In welcher Entfernung vom Zahn muß der Spiegel gehalten werden, um ein virtuelles aufrechtes Bild von der Größe 5/4 des Zahnes zu erhalten?

Lösung

Um mit einem Hohlspiegel ein virtuelles Bild zu erhalten, muß sich der Gegenstand innerhalb der Brennweite befinden. Für die Konstruktion der Abbildung kann man vier Strahlen heranziehen: den Parallelstrahl, den Brennstrahl, den Scheitelpunktstrahl und den Mittelpunktstrahl. Zwei dieser vier Strahlen sind für eine Abbildungskonstruktion ausreichend.

Zur Lösung des vorliegenden Problems werden der Parallelstrahl und der Scheitelpunkstrahl verwendet.

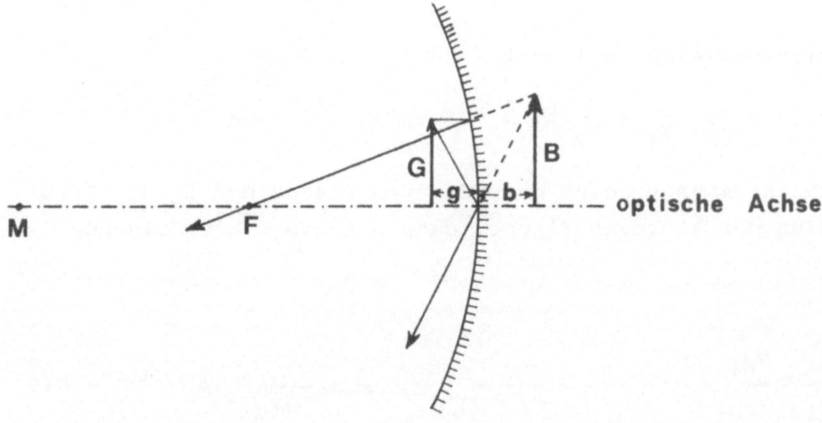

Die Abbildungsgleichung lautet $\frac{1}{g} + \frac{1}{b} = \frac{1}{f}$ mit $f = \frac{r}{2}$. Für die Bildgröße erhält man aus Gegenstandsweite g durch Bildweite b ist gleich Gegenstandsgröße G durch Bildgröße B

$$B = - \frac{G \cdot b}{g} \quad .$$

Da $B = -\frac{5}{4} G$ ist oder $b = -\frac{5}{4} g$, erhält die Abbildungsgleichung die Form

$$\frac{1}{g} - \frac{4}{5\,g} = \frac{1}{f} = \frac{1}{5\,g} \qquad\qquad \text{bzw.} \qquad\qquad g = \frac{1}{5} f = \frac{r}{10} \quad .$$

Eingesetzt erhält man

$$g = \frac{16 \text{ cm}}{10} = 1,6 \text{ cm} \ .$$

Für die Bildweite würde gelten

$$\frac{1}{b} = \frac{1}{8 \text{ cm}} - \frac{1}{1,6 \text{ cm}} = 0,125 \text{ cm}^{-1} - 0,625 \text{ cm}^{-1} = -0,5 \text{ cm}^{-1}$$

und

$$b = -2 \text{ cm} \ .$$

267. Aufgabe

Eine konvex-konkave Glasbrille soll 4 Dioptrien haben. Der konvexe Krümmungsradius ist mit 10 cm vorgegeben. Wie groß muß der konkave Radius werden?

Lösung

Die Glaslinsengleichung lautet

$$\frac{1}{f} = (n - 1)\left(\frac{1}{R_1} - \frac{1}{R_2} \right) \ .$$

Ist R_1 der Krümmungsradius der konvexen Fläche und R_2 der Krümmungsradius der konkaven Fläche, dann hat die Linse folgende Form:

Weil M_1 auf derselben Seite wie M_2 liegt, ist $R_1 > 0$ und $R_2 > 0$ und die Linsengleichung bekommt die Form

$$\Phi = \frac{1}{f} = (n - 1)\left(\frac{1}{R_1} - \frac{1}{R_2} \right) \ ;$$

mit $n = 1,5$ für Glas und $\Phi = 4$ dpt gilt schließlich

$$4 \text{ m}^{-1} = (1,5 - 1)\left(\frac{1}{0,1 \text{ m}} - \frac{1}{R_2}\right)$$

oder

$$8 \text{ m}^{-1} = 10 \text{ m}^{-1} - \frac{1}{R_2}$$

und

$$R_2 = 0,5 \text{ m} \;.$$

R_1 ist kleiner als R_2.

Brillensammellinsen sind am Rand dünner als in der Mitte, während Zerstreuungslinsen am Rand dicker als in der Mitte sind. Ganz allgemein gilt für Sammellinsen der Art bikonvex $R_1 > 0$ und $R_2 < 0$, für konvex-konkav $R_1 > 0$ und $R_2 > 0$ mit $R_1 < R_2$ und für konvex-plan $R_1 > 0$ und $R_2 = \infty$.

Zerstreuungslinsen unterliegen den Bedingungen konkav-plan $R_1 < 0$ und $R_2 = \infty$, konkav-konvex $R_1 < 0$ und $R_2 < 0$ mit $R_1 < R_2$ und bikonkav $R_1 < 0$ und $R_2 > 0$.

268. Aufgabe

Der Nahepunkt eines fehlsichtigen Auges liegt 1,20 m vor dem Auge. Welche Linse wird für die Korrektur benötigt? Welche Konsequenzen müssen gezogen werden, falls der Nahepunkt Fernpunkt wäre?

Lösung

Wenn der Nahepunkt des fehlsichtigen Auges bei 1,20 m liegt, dann handelt es sich um Weitsichtigkeit (Hyperopie); zur Korrektur muß eine Sammellinse verwendet werden. Es gilt

$$\frac{1}{f} = \frac{1}{g} + \frac{1}{b}$$

mit g = 0,25 m und b = - 1,20 m. Eingesetzt erhält man

$$\frac{1}{f} = \frac{1}{0,25 \text{ m}} - \frac{1}{1,2 \text{ m}} = (4 - 0,833) \text{ m}^{-1} = 3,167 \text{ m}^{-1} \;.$$

Die Brechkraft der Sammellinse muß 3,167 dpt sein und die Brennweite f = 0,316 m.

Für den Fall, daß der Nahepunkt Fernpunkt ist, gilt $g = \infty$ und

$$\frac{1}{f} = \frac{1}{b} \; ;$$

mit b = - 1,2 m wird f = - 1,2 m, was eine Zerstreuungslinse bedeutet. In diesem Fall liegt Kurzsichtigkeit (Myopie) vor.

269. Aufgabe

Welcher Spiegel ist erforderlich, um ein Bild von einer Lam-
penwendel in 4 m Entfernung zu erzeugen, falls sich die Wen-
del 12 cm vor dem Spiegel befindet? Ist das Bild kleiner
oder größer als der Gegenstand?

Lösung

Es gilt $\frac{1}{g} + \frac{1}{b} = \frac{2}{r}$. Mit g = 0,12 m und b = 4 m wird aus

$$\frac{1}{0,12 \text{ m}} + \frac{1}{4 \text{ m}} = \frac{2}{r} = 8,583 \text{ m}^{-1}$$

und

$$r = 0,233 \text{ m} .$$

Für die Abbildung ist ein Hohlspiegel mit r = 0,233 m oder
f = 0,1165 m erforderlich.

Für die Vergrößerung gilt

$$\frac{B}{G} = \frac{b}{g} = \frac{4 \text{ m}}{0,12 \text{ m}} = 33,33 .$$

Weil beim Hohlspiegel Gegenstandsweite und Bildweite auf der
gleichen Seite des Spiegels liegen, ist das Bild verkehrt abgebildet.

270. Aufgabe

Eine Lupe soll bis zum 10fachen vergrößern. Es steht ein Glas mit der Brechzahl von 1,6 zur Verfügung. Welche Anweisungen sind dem Glasschleifer zu geben?

Lösung

Wenn der Gegenstand bei normaler Sehweite 10fach vergrößert erscheinen soll, so bedeutet das

$$V = 1 + \frac{s}{f} = 10 \; ;$$

mit $s = 0,25$ m der normalen Sehweite wird

$$\frac{s}{f} = 9 \qquad \text{und} \qquad f = \frac{0,25 \text{ m}}{9} = 0,028 \text{ m} \; .$$

Weil die Bildweite $b = -0,25$ m ist, erhält man für die Gegenstandsweite g

$$\frac{1}{f} = \frac{1}{g} + \frac{1}{b}$$

$$\frac{1}{g} = \frac{1}{f} - \frac{1}{b} = 36 + 4 = 40$$

und $g = 0,025$ m. Diese Überlegungen zeigen, daß es erforderlich ist, den Gegenstand innerhalb der einfachen Brennweite der Lupe zu plazieren und möglichst nahe an den Brennpunkt heranzugehen. Aufgabe des Glasschleifers ist es, eine bikonvexe Linse zu schleifen, wobei

$$\frac{1}{f} = (n - 1) \, \frac{2}{r}$$

ist.

Es ist daher

$$r = 0,6 \cdot 2 \cdot 0,028 \text{ m} = 0,034 \text{ m} \; .$$

271. Aufgabe

Unter welchem Winkel müssen Sonnenstrahlen auf die Oberfläche eines Sees auftreffen, damit die reflektierten Strahlen
optimal polarisiert sind?

Lösung

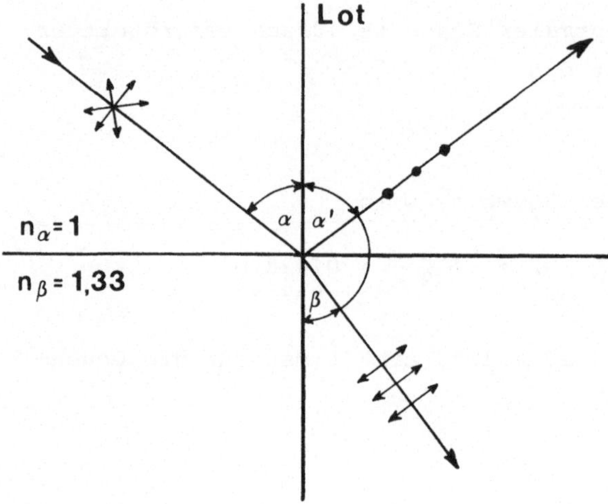

Licht aller Schwingungsrichtungen fällt unter dem Winkel α auf
die Oberfläche des Sees. Nach dem Reflexionsgesetz ist der reflektierte Strahl $\alpha' = \alpha$. Aufgrund des Brechungsgesetzes gilt

$$\frac{\sin \alpha}{\sin \beta} = \frac{n_\beta}{n_\alpha} = \frac{c_\alpha}{c_\beta} \quad ;$$

falls $\alpha + \beta = \alpha' + \beta = 90^\circ$ ist, dann gilt

$$\frac{\sin \alpha}{\sin(90^\circ - \alpha)} = \frac{n_\beta}{1}$$

oder

$$\frac{\sin \alpha}{\cos \alpha} = n_\beta = \mathrm{tg}\ \alpha \ .$$

α wird in diesem Fall der Brewster-Winkel genannt, und sowohl
der gebrochene Strahl wie der reflektierte Strahl sind linear
polarisiert. Die Polarisationsebenen der beiden Strahlen stehen
senkrecht aufeinander. Die Lösung lautet

$$\mathrm{tg}\ \alpha = n_\beta = 1,33 \qquad \text{und} \qquad \alpha = 53,06^\circ \ .$$

272. Aufgabe

Weißes Licht fällt unter einem Winkel von 45° auf eine Seifenlamelle. Bei welcher minimalen Dicke haben die reflektierten Strahlen eine gelbe Farbe von $\lambda = 6000$ Å?

Lösung

Hier liegt das Prinzip des Inteferenzfilters vor. Die Interferenz kommt dadurch zustande, daß ein Teil des einfallendes Lichtes an der obersten Schicht der Seifenlamelle reflektiert wird, während ein anderer Teil nach Brechung in die Lamelle eintritt und an der Rückwand der Seifenlamelle reflektiert wird. Da innerhalb der Lamellenhaut auch Mehrfachreflexionen vorkommen, führen die entsprechenden Gangunterschiede des Lichtes zu Verstärkungen oder Schwächungen.

Gehorcht die Wellenlänge des eingestrahlten Lichtes der Bedingung

$$2\,n\,d\,\cos\beta = \frac{2\,k+1}{2}\,\lambda' \ ,$$

so werden die reflektierten Strahlen geschwächt, während für

$$2\,n\,d\,\cos\beta = k\,\lambda$$

maximale Verstärkung für die reflektierten Strahlen vorliegt.

β ist der Einfallswinkel des Lichtes, $n = 1,33$ ist die Brechzahl der Seifenlamelle und d ist die Lamellendicke, während $k = 0,1,2$ .. die Ordnung angibt. λ' ist die Wellenlänge, die optimal durchgelassen wird und λ ist die Wellenlänge, die reflektiert wird. Mit $k = 1$ wird

$$d = \frac{\lambda}{2\,n\,\cos\beta} = \frac{6\cdot 10^{-7}\,\text{m}}{2\cdot 1,33\cdot 0,7071} = 3,19\cdot 10^{-7}\,\text{m} \ .$$

273. Aufgabe

Die Dissoziationsenergie von HJ beträgt 70 kcal/gmol. Welche Wellenlänge hat das Licht, dessen Quantenenergie zur Spaltung des Jodwasserstoffs genügt?

Lösung

1 kcal sind 4,1865 J. Die Quantenenergie des Lichtes lautet

$$E = h\, f = \frac{h\, c}{\lambda}$$

und daraus folgt

$$\lambda = \frac{h\, c}{E} \; .$$

Für die Energie, die für ein gmol, das sind $6{,}022 \cdot 10^{23}$ Moleküle, aufzubringen ist, gilt

$$E = 7 \cdot 10^4 \; \cdot \; 4{,}1865 \cdot Ws = 2{,}931 \cdot 10^5 \; Ws \; .$$

Die Energie zur Spaltung eines Moleküls HJ beträgt

$$E_{HJ} = \frac{2{,}931 \cdot 10^5 \; Ws}{6{,}022 \cdot 10^{23}} = 4{,}867 \cdot 10^{-19} \; Ws = 3{,}04 \; eV \; .$$

Die benötigte Lichtwellenlänge findet man aus

$$\lambda = \frac{h\, c}{E} = \frac{6{,}626 \cdot 10^{-34} \; Ws^2 \; \cdot \; 3 \cdot 10^8 \; m\, s^{-1}}{4{,}867 \cdot 10^{-19} \; Ws} =$$

$$= 4{,}084 \cdot 10^{-7} \; m = 408{,}4 \; nm \; .$$

274. Aufgabe

Ein rechtsverwachsener Quarz von 5 cm Länge dreht die Polarisationsebene von linear polarisiertem Na-Licht von $\lambda =$ = 589 nm um $108{,}5^{\circ}$. Man kann diese Drehung als Geschwindigkeitsunterschied von links- und rechtszirkularpolarisierten Wellen auffassen. Wie groß ist der Unterschied der Brechungsindizes für links- und rechtszirkularpolarisiertes Licht?

Lösung

Die Zahl der Umläufe für rechtspolarisiertes Licht ist

$$Z_R = \frac{\ell}{\lambda_R} = \frac{\ell}{\lambda_O}\, n_R$$

mit ℓ der Kristallänge, λ_R der Wellenlänge im rechtsdrehenden Material und λ_O der Vakuumwellenlänge. Für die Zahl der Umläufe des linkszirkularpolarisierten Lichtes gilt

$$Z_L = \frac{\ell}{\lambda_L} = \frac{\ell}{\lambda_O}\, n_L \; .$$

$$2\,\theta = \theta_R - \theta_L = 2\,\pi\,(Z_R - Z_L) = \frac{2\,\pi\,\ell}{\lambda_O}\,(n_R - n_L)$$

und daraus errechnet man

$$(n_R - n_L) = \frac{\theta \cdot \lambda_O}{\pi \cdot \ell} \; ;$$

mit $\theta = 108,5^{O} = 1,8937$ rad wird

$$n_R - n_L = \frac{1,8937 \cdot 5,89 \cdot 10^{-7}\ \text{m}}{\pi \cdot 5 \cdot 10^{-2}\ \text{m}} = \underline{\underline{7,1 \cdot 10^{-6}}} \; .$$

275. Aufgabe

Wieviele Lichtquanten des Na-Lichtes mit $\lambda = 589$ nm sind notwendig, um auf einen idealen Spiegel den Druck von 1 Pa auszuüben?

Lösung

Druck ist Kraft pro Fläche (N m^{-2}) und Kraft ist Impuls pro Zeit

$$p = \frac{K}{F} = \frac{K\,\Delta t}{F\,\Delta t} \; .$$

Weil $E = m\,c^2$ ist und $m\,c = \frac{E}{c} = \frac{h\,f}{c} = \frac{h}{\lambda}$, wird

$$p = \frac{h}{F\,\lambda\,\Delta t} \; .$$

Dieser Druck gilt für ein Lichtquant pro Sekunde. Bei Reflexion

wird der Impuls, der auf den Spiegel wirkt, verdoppelt und es
gilt für n Quanten/s

$$p = \frac{2 \, n \, h}{F \; \lambda \; \Delta t}$$

und daraus

$$\frac{n}{1 \, s} = \frac{1 \, Pa \, \cdot \, 1 \, m^2 \cdot \lambda}{2 \, h} = \frac{1 \, N \, \cdot \, 5,89 \cdot 10^{-7} \, m}{2 \cdot 6,626 \cdot 10^{-34} \, Ws^2} =$$

$$= 4,445 \cdot 10^{26} \; \text{Photonen/sec.}$$

276. Aufgabe

Wie groß ist der Durchmesser des ersten Beugungsminimums
bei der Abbildung einer punktförmigen Lichtquelle im Auge?

Lösung

Die Brennweite des Auges ist f = 22,8 mm, die mittlere Brechzahl
n = 1,34 und die Pupillenöffnung d = 4 mm. Weil die Beugung wellenlängenabhängig ist, wird ein mittleres λ von 400 - 800 nm mit
λ = 600 nm angenommen. Die Beugungsstruktur ist eine Folge kon-
zentrischer Maxima und Minima. Die Beugung setzt den optischen
Geräten Grenzen in der Leistungsfähigkeit und der Auflösung.
Nach dem Babinetschen Theorem sind die Beugungsfiguren eines
Scheibchens identisch mit denen einer Lochblende.

Im Brennpunkt des Auges liegt das Hauptmaximum. Für die Minima
gilt

$$r_{min} = \frac{0,61 \; \lambda \, \cdot \, f}{\frac{n \, \cdot \, d}{2}} \quad , \quad \frac{1,16 \; \lambda \, \cdot \, f}{\frac{n \, \cdot \, d}{2}} \quad , \quad \frac{1,169 \; \lambda \, \cdot \, f}{\frac{n \, \cdot \, d}{2}} \quad .$$

Das erste Minimum ist bei

$$r_{min} = \frac{1,22 \; \lambda \, \cdot \, f}{n \, \cdot \, d} = \frac{1,22 \, \cdot \, 6 \cdot 10^{-7} \, m \, \cdot \, 2,28 \cdot 10^{-2} \, m}{1,34 \, \cdot \, 4 \cdot 10^{-3} \, m} =$$

$$= 3,114 \cdot 10^{-6} \, m \quad .$$

277. Aufgabe

Wie groß ist der Abstand zweier Punkte auf dem Mond, die bei λ = 4000 $\overset{o}{A}$ mit einem Spiegelteleskop von 5 cm Durchmesser gerade noch getrennt gesehen werden?

Lösung

Der Abstand des Mondes von der Erde beträgt a = $3,844 \cdot 10^8$ m. Mit d = 5 cm erhält man

$$\frac{x}{a} \overset{\geq}{} \phi = \frac{1,22 \cdot \lambda}{d}$$

oder

$$x \overset{\geq}{} \frac{1,22 \cdot 4 \cdot 10^{-7} \text{ m} \cdot 3,844 \cdot 10^8 \text{ m}}{5 \cdot 10^{-2} \text{ m}} = 3,752 \cdot 10^3 \text{ m} = \underline{\underline{3752 \text{ m}}} .$$

Mit λ = 600 nm würde x* $\overset{\geq}{}$ 5628 m sein müssen, um mit dem Spiegelteleskop gerade noch getrennt gesehen werden zu können.

278. Aufgabe

Der Winkel, unter dem die Objektivlinse eines Mikroskops vom Objekt aus erscheint, ist 2 u = 120°. Wie groß ist das Auflösungsvermögen im gelben Na-Licht?

Lösung

Für das Auflösungsvermögen des Mikroskops sind die Wellenlänge des verwendeten Lichtes und die numerische Apertur n · sin u maßgebend. Es gilt

$$d = \frac{\lambda}{n \sin u} .$$

Handelt es sich um ein Beugungsscheibchen, dann ist

$$d_{\text{min Objektiv}} = \frac{0,61 \cdot \lambda}{n \sin u} .$$

Für die Immersionsflüssigkeit wird n = 1,65 angenommen.

$$n \sin u = 1,65 \cdot \sin 60^0 = \underline{\underline{1,43}} .$$

Eingesetzt erhält man für das Auflösungsvermögen

$$d_{min} = \frac{0,61 \cdot 5,89 \cdot 10^{-7} \text{ m}}{1,43} = 2,51 \cdot 10^{-7} \text{ m} \; .$$

279. *Aufgabe*

Der Nahepunkt des alternden Menschen verschiebt sich kontinuierlich nach größeren Weiten (presbyopia). Ein 60jähriger Mensch benötigt eine Korrekturlinse der Stärke von + 3,5 dpt. Wo liegt sein Nahepunkt ohne Brille?

Lösung

$\Phi = 3,5$ dpt bedeutet $\frac{1}{f} = 3,5$ m^{-1} und $f = 0,286$ m. Es muß gelten

$$\frac{1}{f} = \frac{1}{0,25 \text{ m}} - \frac{1}{x} \; .$$

Daraus wird

$$\frac{1}{x} = \frac{1}{0,25 \text{ m}} - \frac{1}{0,286 \text{ m}}$$

und

$$\frac{1}{x} = 4 \text{ m}^{-1} - 3,5 \text{ m}^{-1} = 0,5 \text{ m}^{-1} \; .$$

Somit ist der Nahepunkt x = 2 m.

280. *Aufgabe*

Eine plankonkave Linse mit R = 5 cm und eine symmetrische bikonvexe Linse mit R' = 30 cm bilden eng aufeinandergelegt eine Linsenkombination. Wie groß ist die Brennweite bei n = 1,5?

Lösung

Für dünne Linsen, die übereinanderliegen, gilt

$$\frac{1}{f^{\star}} = \frac{1}{f_1} + \frac{1}{f_2}$$

oder, die Brechkraft des Linsensystems ist die Summe der Brech-
kräfte der Einzellinsen. Für die plankonkave Linse gilt wegen

$$\frac{1}{f} = (n - 1) \left(\frac{1}{R_1} - \frac{1}{R_2} \right)$$

$$\frac{1}{f_1} = (1,5 - 1) \left(\frac{1}{\infty} - \frac{1}{0,05 \ m} \right) = \underline{\underline{- 10 \ m^{-1}}} \ .$$

Für die bikonvexe Linse erhält man

$$\frac{1}{f_2} = (1,5 - 1) \left(\frac{1}{0,3 \ m} + \frac{1}{0,3 \ m} \right) = \underline{\underline{\frac{10}{3} \ m^{-1}}} .$$

Wegen $\dfrac{1}{f^*} = \dfrac{1}{f_1} + \dfrac{1}{f_2}$ erhält man

$$\frac{1}{f^*} = - 10 \ m^{-1} + \frac{10}{3} \ m^{-1} = - \frac{20}{3} \ m^{-1}$$

und

$$f^* = - \frac{3}{20} \ m = \underline{\underline{- 0,15 \ m}} \ .$$

Das Linsensystem wirkt zerstreuend mit einer Brennweite von
$f^* = - 0,15$ m.

281. Aufgabe

Zwei dünne Sammellinsen gleicher Brechkraft sollen in ein
Linsensystem so eingesetzt werden, daß die kombinierte
Brennweite mit der jeweiligen Einzelbrennweite identisch
ist. Welche Distanz müssen die beiden Linsen von einander
haben?

Lösung

Die Brechkraft zweier im Abstand d befindlicher Linsen lautet

$$\frac{1}{f} = \frac{1}{f_1} + \frac{1}{f_2} - \frac{d}{f_1 \ f_2} \ ;$$

da $f_1 = f_2 = f$ sein soll, bekommt die Gleichung die Form

$$\frac{1}{f} = \frac{2}{f} - \frac{d}{f^2}$$

oder

$$1 = 2 - \frac{d}{f}$$

und

$$d = f \ .$$
=====

282. *Aufgabe*

Auf ein Prisma mit einem brechenden Winkel von 40° fällt senkrecht zur ersten Fläche ein Lichtbündel ein und wird um 35° abgelenkt. Welchen Wert hat die Brechzahl des Prismas?

Lösung

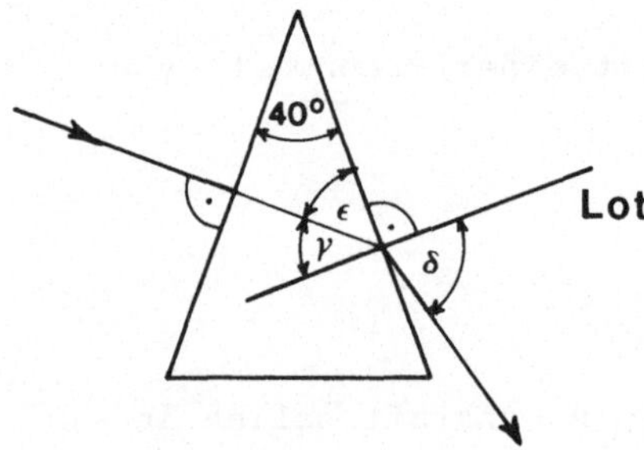

Aus der Zeichnung ist ersichtlich $\varepsilon = 90^O - 40^O = 50^O$ und $\varepsilon + \gamma = 90^O$; daher ist $\gamma = 40^O$ und $\delta = \gamma + 35^O = 75^O$. Das Brechungsgesetz hat die Form

$$\frac{\sin \delta}{\sin \gamma} = n = \frac{\sin 75^O}{\sin 40^O} = 1,5 \ .$$
===

Die Brechzahl des Prismas ist $n = 1,5$.

Ein Mikroskop hat eine Objektivbrennweite von 5 mm und eine Okularbrennweite von 15 mm. Die beiden Linsen sind im Abstand von 165 mm montiert. Wie groß sind die Vergrößerung des Mikroskopes und die Okularvergrößerung bzw. die Objektivvergrößerung?

Lösung

Das Mikroskop besitzt zwei kurzbrennweitige Sammellinsen. Eine dieser Linsen befindet sich nahe dem Objekt und heißt daher Objektiv; die zweite Linse befindet sich in Augennähe und heißt daher Okular. Der abzubildende Gegenstand G liegt in der Nähe aber etwas außerhalb der Objektivbrennweite; es wird daher ein reelles, verkehrtes und vergrößertes Zwischenbild B_Z entworfen, das durch das als Lupe wirkende Okular virtuell noch vergrößert wird. Die Tubuslänge t_ℓ ist die Entfernung zwischen Okularlinse und Objektivlinse. Unter optischer Distanz Δ versteht man die Distanz zwischen dem Objektivbrennpunkt und dem Okularbrennpunkt.

$$\Delta = t_\ell - f_{Ob} - f_{Ok} \ .$$

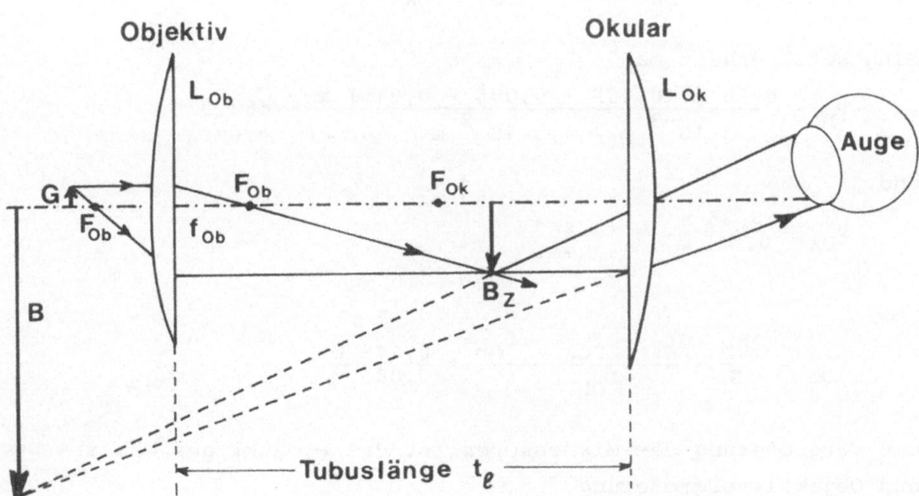

Für die Vergrößerung der Objektivlinse findet man

$$\frac{B_Z}{G} = \frac{b_Z}{g} \qquad \text{mit } b_Z = \Delta + f_{Ob} = t_\ell - f_{Ok} \;.$$

Aus

$$\frac{1}{f_{Ob}} = \frac{1}{g} + \frac{1}{b_Z}$$

folgt

$$\frac{1}{g} = \frac{1}{f_{Ob}} - \frac{1}{t_\ell - f_{Ok}} = \frac{t_\ell - f_{Ok} - f_{Ob}}{f_{Ob}\,(t_\ell - f_{Ok})}$$

$$\frac{B_Z}{G} = \frac{(t_\ell - f_{Ok})\,(t_\ell - f_{ok} - f_{Ob})}{f_{Ob}\,(t_\ell - f_{Ok})} = \frac{t_\ell - f_{Ok} - f_{Ob}}{f_{Ob}} \;.$$

Das Zwischenbild wird innerhalb der Brennweite des Okulars gebildet und dieses erzeugt als Lupe ein vergrößertes virtuelles
Bild B. Die Vergrößerung der Lupe (Okular) ist

$$V_{Ok} = \frac{s}{f_{Ok}} = \frac{0,25 \text{ m}}{f_{Ok}} \;,$$

falls der Gegenstand im Brennpunkt ist. Die Gesamtvergrößerung
des Mikroskops ist

$$V_M = \frac{s \cdot \Delta}{f_{Ob} \cdot f_{Ok}} = \frac{s\,(t_\ell - f_{Ob} - f_{Ok})}{f_{Ob} \cdot f_{Ok}} \;.$$

Eingesetzt erhält man

$$V_M = \frac{0,25 \text{ m}\,(0,165 - 0,005 - 0,015)\text{ m}}{5 \cdot 10^{-3}\text{ m} \cdot 1,5 \cdot 10^{-2}\text{ m}} = \underline{\underline{483,3}}$$

und

$$V_{Ok} = \frac{0,25 \text{ m}}{0,015 \text{ m}} = \underline{\underline{16,667}}$$

sowie

$$V_{Ob} = \frac{B_Z}{G} = \frac{t_\ell - f_{Ok} - f_{Ob}}{f_{Ob}} = \frac{0,145 \text{ m}}{0,005 \text{ m}} = \underline{\underline{29}} \;.$$

Die Vergrößerung des Mikroskopes ist das Produkt aus Okular-
und Objektivvergrößerung

$$V_M = V_{Ok} \cdot V_{Ob} = 16,667 \cdot 29 = \underline{\underline{483,3}} \;.$$

284. Aufgabe

Licht der Stärke I_o = 60 cd trifft auf einen Polarisationsapparat, dessen Analysator um 40° gegen den Polarisator verdreht ist. Welche Lichtstärke wird nach Passieren des Polarisators und Analysators gemessen?

Lösung

Die Strahlungsleistungsdichte wird in $W\ m^{-2}$ gemessen; sie wird auch Energiestromdichte genannt. Unter der Lichstromdichte E versteht man das Verhältnis Lichtstrom Φ zu Fläche A.

$$E = \frac{\Delta \Phi}{\Delta A}\ .$$

Die Dimension von [E] = 1 lx (Lux). Die Einheit von $[\Phi]$ = 1 lm (Lumen) und für die Lichtstärke gilt [I] = 1 lx $\cdot\ m^2$ = 1 cd (Candela).

Lumen, Candela und Lux sind physiologische Lichtgrößen; sie entsprechen den physikalischen Strahlungseinheiten Watt, $W \cdot sr^{-1}$ und $W\ m^{-2}$.

Beim Polarisationsvorgang wird $I = I_o/2$; beim Durchgang durch den Analysator gilt

$$I' = I_{max} \cdot \cos^2 \theta\ ,$$

wie aus der Zeichnung ersichtlich.

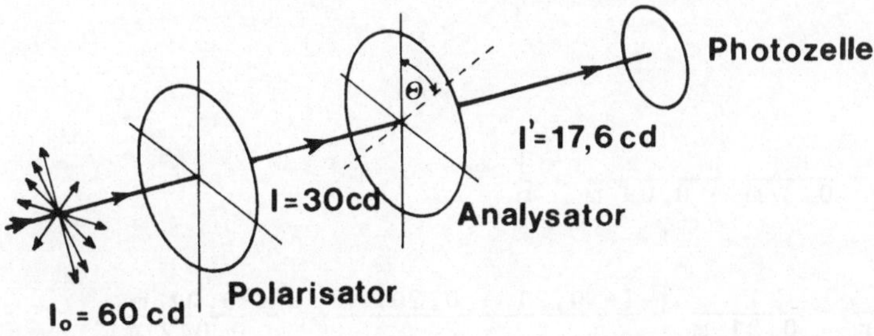

Schließlich erhält man

$$I' = \frac{I_o}{2} \cdot \cos^2 \Theta = \frac{I_o}{2} \cos^2 40^o =$$

$$= 30 \text{ cd} \cdot 0{,}587 = 17{,}6 \text{ cd} .$$

285. Aufgabe

Ein Opernglas hat eine Objektivlinse mit $f = 30$ cm und eine Okularlinse im Abstand von 9 cm mit $f' = - 20$ cm. Wo entsteht für einen weit entfernten Gegenstand das Bild und wie groß ist die Vergrößerung?

Lösung

Für die Gesamtbrennweite der beiden Linsen gilt

$$\frac{1}{f^*} = \frac{1}{f} + \frac{1}{f'} - \frac{d}{f \cdot f'}$$

und

$$f^* = \frac{f \cdot f'}{f + f' - d} .$$

Eingesetzt erhält man

$$f^* = \frac{- 0{,}3 \cdot 0{,}2 \text{ m}^2}{0{,}3 \text{ m} - 0{,}2 \text{ m} - 0{,}09 \text{ m}} = - 6 \text{ m} .$$

Da die Objektivlinse das ferne Objekt im Brennpunkt $f = 0{,}3$ m abbildet und dieses Bild Gegenstand der Zerstreuungslinse $f = - 0{,}2$ m ist, wird aus

$$\frac{1}{f} = \frac{1}{g} + \frac{1}{b}$$

$$\frac{1}{- 0{,}2 \text{ m}} = - \frac{1}{0{,}3 \text{ m} - 0{,}09 \text{ m}} + \frac{1}{b}$$

oder

$$\frac{1}{b} = - \frac{1}{0{,}2 \text{ m}} + \frac{1}{0{,}21 \text{ m}} = \frac{(- 0{,}21 + 0{,}20) \text{ m}}{0{,}042 \text{ m}^2} = - \frac{0{,}01 \text{ m}}{0{,}042 \text{ m}} .$$

$$b = - 4{,}2 \text{ m} .$$

Das Bild ist virtuell aufrecht und entsteht 4,2 m vor dem Opernglas. Für die Vergrößerung gilt

$$V = \frac{f^*}{b} = \frac{-6 \text{ m}}{-4,2 \text{ m}} = \underline{\underline{1,43}} \ .$$

286. Aufgabe

Wie groß ist der Durchmesser des Kreises, durch den ein
11 m unter der Wasseroberfläche befindlicher Taucher den
Himmel sehen kann?

Lösung

Die Brechzahl von Wasser n_{H_2O} ist 1,33. Die Brechzahl von Luft
ist rund 1.

Beim Übergang vom dichteren zum dünneren Medium wird ein Lichtstrahl vom Lot gebrochen. Wenn der Lichtstrahl vom Wasser nicht
mehr in die Luft gelangt, liegt der Grenzwinkel der Totalreflexion vor und es ist nach dem Brechungsgesetz

$$\frac{\sin \alpha_{H_2O}}{\sin \beta_{Luft}} = \frac{n_{Luft}}{n_{H_2O}} \ .$$

Für $\alpha_{Grenzwinkel}$ ist $\beta_{Luft} = 90^\circ$ und man erhält

$$\sin \alpha_{Gr} = \frac{1}{1,33} = 0,752$$

$$\alpha_{Gr} = \underline{\underline{48,75^\circ}} \ .$$

Für den Taucher gilt: r der Radius des Kreises an der Wasseroberfläche ist wegen

$$\text{tg } \alpha_{Gr} = \frac{r}{t}$$

mit t = 11 m der Wassertiefe

$$r = t \cdot \text{tg } \alpha_{Gr} = 11 \text{ m} \cdot \text{tg } 48,75^\circ = \underline{\underline{11 \text{ m} \cdot 1,14 = 12,54 \text{ m}}}$$

und somit ist der Kreisdurchmesser d = $\underline{\underline{25,08 \text{ m}}}$.

287. Aufgabe

Welche Lichtstärke hat eine 1,1 m lange und 6 cm dicke
Leuchtstoffröhre, deren Leuchtdichte 0,2 sb beträgt?

Lösung

Die Leuchtdichte B hat die Dimension Candela pro m^2. Vor Einführung des SI-Systems galt als Einheit das Stilb (sb) mit
1 sb = cd cm^{-2}.

Nach der Angabe hat die Leuchtstoffröhre eine Leuchtdichte von
B = 0,2 sb und eine Zylindermantelfläche von

$$1,1 \ m \cdot 6 \cdot 10^{-2} \ m \cdot \pi = 2,073 \cdot 10^{-1} \ m^2 = 2073 \ cm^2 \ .$$

Die Lichtstärke ist

$$I = 0,2 \ cd \ cm^{-2} \cdot 2073 \ cm^2 = 414,6 \ cd \ .$$

288. Aufgabe

Welche Brennweite muß das Objektiv einer Kamera haben,
wenn ein in 50 cm Entfernung befindlicher Gegenstand in
natürlicher Größe abgebildet werden soll?

Lösung

Das Objektiv einer Kamera erzeugt ein reelles verkehrtes Bild
auf dem lichtempfindlichen Film. Wegen

$$g = 0{,}5 \ m \qquad und \qquad \frac{B}{G} = 1 \qquad sowie \qquad \frac{B}{G} = \frac{b}{g}$$

wird die Bildweite b = 0,5 m.

Die Gleichung für die Brennweite erhält man aus

$$\frac{1}{f} = \frac{1}{g} + \frac{1}{b} = \frac{1}{0,5 \ m} + \frac{1}{0,5 \ m} = \frac{2}{0,5 \ m} \ ;$$

die Brennweite ist somit f = 0,25 m .

289. Aufgabe

Wieviel km^2 Erdoberfläche werden von einer Luftbildkamera der Brennweite f = 50 cm bei einem Bildformat von 18 cm x x 18 cm aus 4000 m Höhe abgebildet?

Lösung

Die Gegenstandsgröße ergibt sich aus

$$\frac{B}{G} = \frac{b}{g} \qquad \text{und} \qquad G = \frac{B \cdot g}{b} \; .$$

Weil das Format quadratisch ist, genügt es, eine Seite des Bildes einer beliebigen Seite des Gegenstandes (Erdoberfläche) gegenüberzustellen. Weil der abzubildende Gegenstand praktisch unendlich weit weg ist, gilt wegen

$$\frac{1}{g} + \frac{1}{b} = \frac{1}{f}$$

$$\underline{\underline{b \simeq f}} \; .$$

Eingesetzt erhält man

$$G = \frac{0,18 \text{ m} \cdot 4000 \text{ m}}{0,50 \text{ m}} = 1,44 \cdot 10^3 \text{ m} \; .$$

Die abgebildete Fläche hat den Wert

$$(1,44 \cdot 10^3 \text{ m})^2 = 2,0736 \cdot 10^6 \text{ m}^2 = \underline{\underline{2,0736 \text{ km}^2}} \; .$$

Um eine größere Fläche abzubilden, muß man aus größerer Höhe aufnehmen oder eine kürzere Objektivbrennweite benützen.

290. Aufgabe

Der Paraffinfleck auf einem Photometerschirm verschwindet für das Auge, wenn er einerseits von einer Lampe der Lichtstärke 2,5 cd aus 65 cm Entfernung, andererseits von einer Lampe einer anderen Lichtstärke aus 1,56 m Entfernung beleuchtet wird. Wie groß ist die Lichtstärke dieser Quelle?

Lösung

Die Einheit des Lichstroms ist das Lumen (lm); die Einheit der
Lichtstärke ist das Candela (cd).

$$1 \text{ cd} = \frac{1 \text{ lm}}{\text{sr}} \ .$$

Am Photometerschirm erfolgt ein Leuchtdichtevergleich, wobei
die Leuchtdichte

$$L = \frac{\text{cd}}{\text{m}^2} = \frac{\text{lm}}{\text{sr} \cdot \text{m}^2}$$

ist. Es gilt

$$\frac{I_1}{r_1^2} = \frac{I_2}{r_2^2}$$

oder

$$I_2 = \frac{I_1 \, r_2^2}{r_1^2} = \frac{2,5 \text{ cd } (1,56 \text{ m})^2}{(0,65 \text{ m})^2} = \underline{\underline{14,4 \text{ cd}}} \ .$$

291. Aufgabe

Vier gleichartige zusammengesetzte Prismen von je 6° bewirken für Rotlicht von 0,65 µm eine Gesamtablenkung von
$12,5^\circ$. Aus welchem Material sind die Prismen gefertigt?

Lösung

Zur Ermittlung der Brechzahl eines Prismas bedient man sich der
Gleichung

$$\frac{\sin \frac{\phi + \gamma}{2}}{\sin \frac{\phi}{2}} = n \ ,$$

wobei ϕ der Prismenwinkel und γ der Ablenkwinkel des Lichtstrahls
beim Durchgang durch das Prisma ist. Da vier 6°-Prismen im Strahlengang sind, ist $\phi = 24^\circ$. Die Strahlablenkung γ wurde mit $12,5^\circ$
ermittelt.

Daher ist

$$n = \frac{\sin \dfrac{24^{\circ} + 12{,}5^{\circ}}{2}}{\sin 12^{\circ}} = \frac{0{,}313}{0{,}208} = 1{,}505 \ .$$

Für Kronglas gilt bei $\lambda = 0{,}65 \ \mu m$

$$n = 1{,}51 \ .$$

Bei den vier Prismen handelt es sich um Gläser der Brechzahl von Kronglas.

292. Aufgabe

Ein astronomisches Fernrohr hat eine Objektivlinse mit $f_1 = 140$ cm und eine Okularlinse mit $f_2 = 7$ cm. Wie lange ist das Fernrohr und unter welchem Winkel sieht das Okular den Monddurchmesser, wenn er dem unbewaffneten Auge unter 32' erscheint?

Lösung

Das astronomische Fernrohr oder Keplerfernrohr ist so aufgebaut, daß der Brennpunkt des Objektivs mit dem Brennpunkt des Okulars zusammenfällt. Die Brennweite des Objektivs ist meistens wesentlich größer als die des Okulars. Für die Länge des Fernrohrs gilt $\ell = f_1 + f_2$ und für die Vergrößerung gilt

$$V = \frac{f_1}{f_2} = \frac{w}{w_o} \ .$$

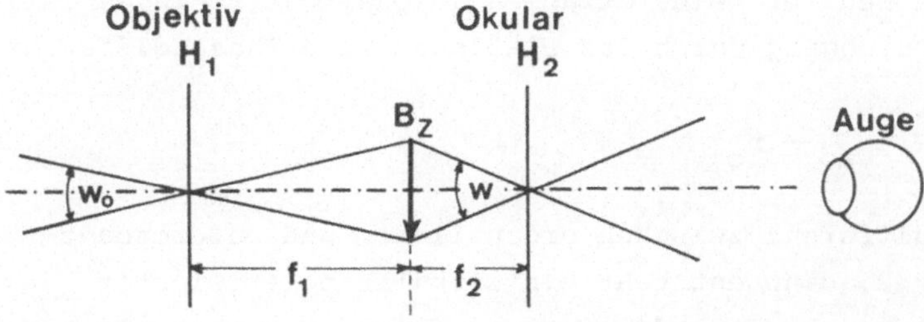

Eingesetzt erhält man für die Fernrohrlänge

$$\ell = 140 \text{ cm} + 7 \text{ cm} = 147 \text{ cm} .$$

Der Monddurchmesser wird unter dem Winkel

$$w = \frac{f_1}{f_2} \, w_o = \frac{140 \text{ cm}}{7 \text{ cm}} \cdot 32' = 640' = 10{,}67^{\circ}$$

gesehen.

293. Aufgabe

Welche Dicke muß ein Quarzplättchen haben, damit bei Licht von 5500 Å aus linear polarisiertem Licht zirkular polarisiertes Licht wird?

Lösung

Ein Polarisator erlaubt nur Licht einer bestimmten Schwingungsebene den Durchgang und dies sowohl für den ordentlichen wie auch für den außerordentlichen Strahl. Ordentlicher und außerordentlicher Strahl sind linear polarisiert und stehen senkrecht aufeinander. Wird ein Quarzplättchen der Dicke d, das parallel zur optischen Achse geschnitten ist, in den Strahlengang eingebracht, dann hat der außerordentliche Strahl, der parallel zur optischen Achse polarisiert ist, die Geschwindigkeit v_{ao} und der senkrecht zur optischen Achse linear polarisierte Strahl die Geschwindigkeit v_o. Die Brechzahlen für beide Anteile lauten $n_{ao} = 1{,}553$ und $n_o = 1{,}544$.

Da der optische Weg für beide Strahlen in Quarz verschieden ist, entsteht nach Durchgang durch das Plättchen eine Phasendifferenz

$$\Delta \Phi = \frac{2 \, \pi \, d}{\lambda} \, (n_{ao} - n_o) .$$

Ist die Phasendifferenz zwischen ordentlichem und außerordentlichem Strahl $\pi/2$, dann entsteht ein zirkular polarisierter Strahl. Die entsprechende Bedingung aus obiger Gleichung lautet

$$\frac{\pi}{2} = \frac{2\,\pi\,d}{\lambda}\,(n_{ao} - n_o)$$

oder

$$d = \frac{\lambda}{4\,(n_{ao} - n_o)} = \frac{0,55\ \mu m}{4\,(1,553 - 1,544)} =$$

$$= \frac{5,5 \cdot 10^{-7}\ m}{4\,\cdot\,9 \cdot 10^{-3}} = 1,528 \cdot 10^{-5}\ m\ .$$

Das $\lambda/4$ Quarzplättchen hat eine Dicke von $1,528 \cdot 10^{-5}$ m. Damit kann man aus linear polarisiertem Licht zirkular polarisiertes Licht machen und umgekehrt aus zirkular polarisiertem Licht durch weiteres Einfügen von $\lambda/4$-Plättchen wieder linear polarisiertes Licht.

294. Aufgabe

Ein Glaszylinder von 5 cm Durchmesser und der Brechzahl n = 1,55 ist an einem Ende halbkugelförmig abgeschmolzen. 100 mm vor dem Glasstab befindet sich eine Punktlichtquelle auf der optischen Achse. Wo entsteht im Glasstab das Bild dieser Quelle?

Lösung

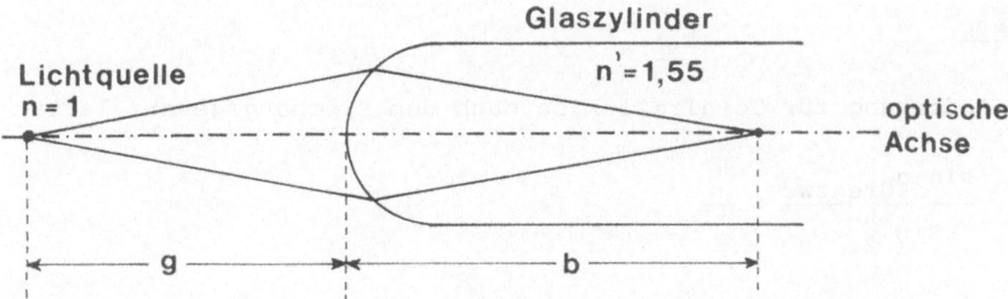

Unter Berücksichtigung der verschiedenen Brechzahlen im Gegenstands- und Bildraum lautet die Linsengleichung

$$\frac{n}{g} + \frac{n'}{b} = \frac{1}{f} = (n' - 1)\, \frac{1}{R}$$

oder

$$\frac{1}{f} = (1,55 - 1)\, \frac{1}{2,5 \cdot 10^{-2}\ \text{m}}$$

und

$$f = \frac{2,5 \cdot 10^{-2}\ \text{m}}{0,55} = 4,5455 \cdot 10^{-2}\ \text{m}\ .$$

Wegen

$$\frac{n}{g} + \frac{n'}{b} = 22\ \text{m}^{-1}$$

wird

$$\frac{n'}{b} = 22\ \text{m}^{-1} - 10\ \text{m}^{-1} = 12\ \text{m}^{-1}$$

und

$$b = \frac{1,55}{12}\ \text{m} = 0,129\ \text{m}\ .$$

Das Bild entsteht 12,9 cm innerhalb des Glasstabes.

295. Aufgabe

Für einen Lichtleiter aus Glasfasern zur Inspektion der
Innenwand des Magens wird ein kritischer Winkel von 42°
nicht unterschritten. Welches Glasmaterial ist zu wählen?

Lösung

Die Bedingung für Totalreflexion nach dem Brechungsgesetz lautet

$$\frac{\sin \alpha_{\text{Grenzw.}}}{\sin \frac{\pi}{2}} = \frac{n}{n'}$$

und mit $n = 1$ für Luft erhält man

$$\sin \alpha_{\text{Grenzw.}} = \frac{1}{n'}$$

oder

$$n' = \frac{1}{\sin \alpha_{\text{Grenzw.}}} = \frac{1}{\sin 42^{\circ}} = \frac{1}{0,669} = 1,495\ .$$

Es würden Kronglasfasern genügen, weil bei Kronglas gilt

$$\text{für } \lambda = 0,65 \ \mu\text{m} \quad \text{ist} \quad n = 1,507,$$
$$\text{für } \lambda = 0,58 \ \mu\text{m} \quad \text{ist} \quad n = 1,51$$
$$\text{und für } \lambda = 0,44 \ \mu\text{m} \quad \text{ist} \quad n = 1,52.$$

296. Aufgabe

Unter welchem Winkel verläuft beim Diamanten der gebrochene Strahl polarisiert?

Lösung

Nach dem Brewsterschen Gesetz ist beim Übergang von einem Medium in ein anderes der gebrochene Strahl dann linear polarisiert, wenn zwischen reflektiertem Strahl und gebrochenem Strahl ein rechter Winkel vorliegt.

Für Diamant ist $n = 2,4$.

Das Reflexionsgesetz hat die Form $\alpha = \alpha'$ und das Brechungsgesetz folgt der Beziehung

$$\frac{\sin \alpha}{\sin \beta} = \frac{n_\beta}{n_\alpha} \ .$$

Weil nach der Brewster-Bedingung $\beta = 90^\circ - \alpha$ ist, erhält man

$$\sin \beta = \sin (90^\circ - \alpha) = \cos \alpha$$

oder

$$\frac{\sin \alpha}{\cos \alpha} = \text{tg } \alpha = n_\beta = 2,4$$

mit $\alpha = 67,38^\circ$; daher ist

$$\beta = 90^\circ - 67,38^\circ = 22,62^\circ \ .$$

Beim Diamant ist der gebrochene Strahl bei $\beta = 22,62^\circ$ linear polarisiert.

297. Aufgabe

Zur Ermittlung der Schlitzweite eines engen Schlitzes wird
das Licht eines He-Ne Lasers senkrecht auf den Schlitz gerichtet. In vier Meter Entfernung befindet sich ein Schirm,
auf dem neben dem zentralen Maximum im Abstand von 24 mm
das erste Minimum gemessen wird. Welche Spaltbreite liegt
vor?

Lösung

Für das erste Beugungsminimum gilt

$$y = \frac{n \; \ell \; \lambda}{d}$$

mit n = 1 und ℓ dem Abstand zwischen Spalt und Schirm. Der Spalt-
abstand d ist gefragt; es muß also obige Gleichung nach d aufgelöst werden, wobei zu beachten ist, daß λ des He-Ne Lasers λ =
= 0,633 µm ist. Es wird eingesetzt

$$d = \frac{4 \; m \cdot 6,33 \cdot 10^{-7} \; m}{2,4 \cdot 10^{-2} \; m} = 1,055 \cdot 10^{-4} \; m \; .$$

298. Aufgabe

Das Augenlinsensystem eines Menschen hat eine Brennweite
von 22,8 mm und eine mittlere Brechzahl von n' = 1,34. Wie
groß ist die Brechkraft des Linsensystems und wie groß ist
die vordere Brennweite bei n = 1?

Lösung

Die Brechkraft einer Lupe oder eines Linsensystems ist der Kehr-
wert der Brennweite. Die Brennweiten in den zwei verschiedenen
Medien Luft und Augenkammer mit Linse lauten

$$\frac{n}{f} = \frac{n'}{f'} \; .$$

Eingesetzt erhält man

$$\frac{1}{f} = \frac{n'}{f'} = \frac{1,34}{2,28 \cdot 10^{-2} \; m}$$

und

$$f = \frac{2,28 \cdot 10^{-2} \text{ m}}{1,34} = 1,7 \cdot 10^{-2} \text{ m } .$$

Für die Brechkraft gilt

$$\Phi = \frac{1}{f} = \frac{1}{1,7 \cdot 10^{-2} \text{ m}} = 58,8 \text{ m}^{-1} = 58,8 \text{ dpt } .$$

Wird bei einer Staroperation die Augenlinse, die in entspanntem Zustand 19,1 dpt hat, entfernt, dann muß eine Starbrille mit entsprechender Brechkraft getragen werden, um ein weit entferntes Objekt auf der Retina korrekt abzubilden. Eine zusätzliche Brille mit 4 dpt ist zum Lesen im Abstand von 0,25 m erforderlich. Mit der zusätzlichen Lesebrille wird ein weit entfernter Gegenstand nicht nach $2,28 \cdot 10^{-2}$ m auf der Retina abgebildet, sondern mit

$$f' = \frac{1,34}{(58,8 + 4) \text{ m}^{-1}} = 2,13 \cdot 10^{-2} \text{ m}$$

$$2,28 \cdot 10^{-2} \text{ m} - 2,13 \cdot 10^{-2} \text{ m} = 1,5 \cdot 10^{-3} \text{ m} \quad \text{vor der Retina.}$$

299. Aufgabe

Welche Brennweite und welche Brechkraft haben die drei nahe beisammen liegenden Linsen f_1 = 30 cm, f_2 = -50 cm und f_3 = 20 cm?

Lösung

Es gilt für ein System von Linsen

$$\frac{1}{f} = \frac{1}{f_1} + \frac{1}{f_2} + \frac{1}{f_3} = \Phi_1 + \Phi_2 + \Phi_3$$

$$\frac{1}{f} = \frac{1}{0,3 \text{ m}} - \frac{1}{0,5 \text{ m}} + \frac{1}{0,2 \text{ m}} = 6,333$$

und

$$f = 0,16 \text{ m } .$$

Die Brechkraft Φ ist die Summe der Einzelbrechkräfte.

$$\Phi_1 = 3,333 \ m^{-1}$$
$$\Phi_2 = - \ 2 \ m^{-1}$$
$$\Phi_3 = 5 \ m^{-1} \ .$$

Damit wird $\Phi = 6,333 \ m^{-1} = 6,333$ dpt.

300. Aufgabe

Um Newtonsche Ringe zu erzeugen, legt man eine plankonvexe Glaslinse auf eine Glasplatte. Wird dieses System von oben beleuchtet, dann treten Interferenzringe auf, die durch Reflexion an der Glaslinse einerseits und der Glasplatte andererseits entstehen. Wie groß ist der Luftspalt beim vierten dunklen Ring, falls mit Licht von $\lambda = 0,546$ µm beleuchtet wird?

Lösung

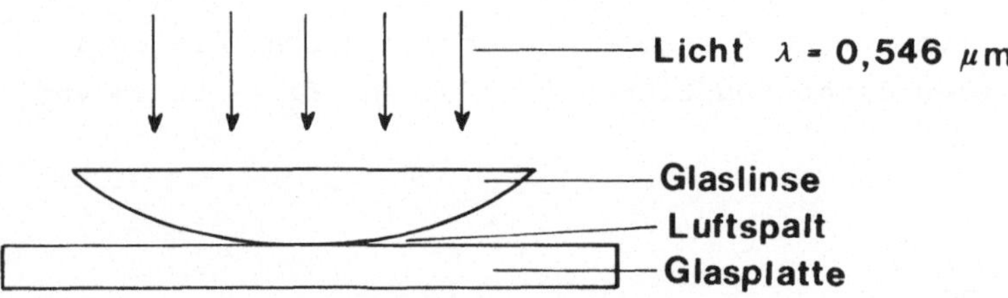

An der Stelle, wo die Linse auf der Glasplatte aufliegt, ist der zentrale dunkle Punkt. Das Licht durchsetzt Linse und Glasplatte offenbar nicht ohne Reflexion. Der erste dunkle Ring entsteht, wenn ein Strahl einerseits von der Linse und andererseits von der Glasplatte reflektiert wird und der Gangunterschied λ beträgt. Dies bedeutet, daß der Luftspalt $\lambda/2$ sein muß. Es ist zu beachten, daß bei Reflexion ein Phasensprung um π auftritt. Dies ist auch der Grund, warum bei Interferenz nullter Ordnung Dunkelheit vorliegt.

Diese Überlegungen gelten auch für die weiteren Ringe, so daß schließlich für den vierten dunklen Ring gilt

$$d_{Luftspalt} = \frac{4 \cdot \lambda}{2} = 2 \lambda = 2 \cdot 0,546 \ \mu m = 1,092 \cdot 10^{-6} \ m \ .$$

Der Luftspalt zwischen Linse und Glasplatte ist $1,092 \cdot 10^{-6}$ m. Es handelt sich um eine Linse mit großem Krümmungsradius. Bezeichnet man den Krümmungsradius der Linse mit R und den Luftspalt mit d sowie n = 0, 1, 2 .... die Ordnung der Interferenzerscheinung, dann erhält man für den Abstand der dunklen Ringe von der Mitte aus gemessen

$$a_n = \sqrt{2 \ R \ d}$$

und wegen $d = \dfrac{n \ \lambda}{2}$

$$a_n = \sqrt{n \ R \ \lambda} \ ;$$

im vorliegenden Fall wird

$$a_4 = \sqrt{4 \ R \cdot 0,546 \cdot 10^{-6} \ m^2} \ .$$

Ist etwa R = 0,5 m, dann entsteht der vierte dunkle Ring im Abstand von

$$a_4 = 1,045 \cdot 10^{-3} \ m \ .$$

Ausgewählte, unterstützende Literatur

AITCHISON, G.J.: General Physics, London, Chapman and Hall 1970.

ATKINS, K.R.: Physik, Berlin, de Gruyter 1974.

ARYA, A.P.: Introductory College Physics, New York, Macmillan 1979.

BALIFF, J.R., DIBBLE, W.E.: Anschauliche Physik, Berlin New York, de Gruyter 1973.

BERGMANN, L., SCHAEFFER, C.: Lehrbuch der Experimentalphysik I, II, III, IV, Berlin New York, de Gruyter 1974, 1975, 1978.

BRANDT, S., DAHMEN, H.D.: Physik - Eine Einführung in Experiment und Theorie, Berlin Heidelberg New York, Springer 1980.

BRUHN, J.: Physik in Stichworten (4 Bände), Kiel, F. Hirtl 1965.

BURNS, D.M., MacDONALD, S.G.G.: Physics for Biology and Premedical Students, London, Addison-Wesley 1970.

CROMER, A.: Physics in Science and Industry, New York, McGraw-Hill 1980.

DEUBNER, A., HEISE, R.: Anleitung zum Physikalischen Praktikum für Mediziner, Biologen und Pharmazeuten, Stuttgart, B.G. Teubner 1962.

DOBRINSKI, P., KRAKAU, G., VOGEL, A.: Physik für Ingenieure, Stuttgart, B.G. Teubner 1971.

FEYNMAN, R.P.: The Feynman Lectures on Physics, New York, Addison Wesley 1970.

FLEISCHMANN, R.: Einführung in die Physik, Weinheim, Verlag Chemie 1973.

FLEMING, P.J.: Physics, New York, Addison-Wesley 1978.

FRANCON, M.: Physik für Biologen, Chemiker und Geologen I,II, Stuttgart, B.G. Teubner 1972.

GERTHSEN, C., KNESER, H.O., VOGEL, H.: Physik, Berlin Heidelberg New York, Springer 1982.

GIANCOLI, D.C.: Physics, Englewood Cliffs, Prentice-Hall 1980.

GRIMSEHL, E.: Lehrbuch der Physik I, II, Stuttgart, B.G. Teubner
1971.

HELLENTHAL, W.: Physik für Pharmazeuten, Stuttgart, G. Thieme
1977.

HIGATSBERGER, M.J.: Physik in 700 Experimenten, Frankfurt/Main,
Blick in die Welt 1977.

HIGATSBERGER, M.J.: Physics in 700 Experiments, Frankfurt/Main,
Blick in die Welt 1981.

HINZPETER, A.: Physik als Hilfswissenschaft (6 Bände), Göttingen,
UTB, 1971, 1973, 1974, 1975.

HOPPE, W., LOHMANN, W., MARKL, H., ZIEGLER, H.: Biophysik, Berlin Heidelberg, Springer 1977.

HORVATH, H.: Rechenmethoden und ihre Anwendung in Physik und
Chemie, Mannheim, B.I.Hochschultaschenbuch 78, 1977.

ILBERG, W.: Physikalisches Praktikum für Anfänger, Stuttgart,
B.G. Teubner 1971.

JAHRREISS, H.: Einführung in die Physik für Studenten der Medi-
zin und der Naturwissenschaften, Köln, Deutscher Ärzte-
Verlag 1977.

KAMKE, D., WALCHER, W.: Physik für Mediziner, Stuttgart, B.G.
Teubner 1982.

KITTEL, C., KNIGHT, W.D., RUDERMAN, M.A.: Berkeley Physics
Course, New York, McGraw-Hill 1965.

KNEUBÜHL, F.: Repetitorium der Physik, Stuttgart, B.G. Teubner,
1975.

KOHLRAUSCH, F.: Praktische Physik I, II, III, Stuttgart, B.G.
Teubner 1968.

LECHER, E.: Lehrbuch der Physik für Mediziner und Biologen,
Leipzig, B.G. Teubner 1973.

LINDNER, H.: Physik für Ingenieure, Braunschweig, Vieweg 1969.

LÜSCHER, E.: Experimentalphysik I, II, III, Mannheim, B.I. Hoch-
schultaschenbuch 1967.

MEINERS, H.F.: Physics Demonstration Experiments I, II, New York,
Ronald Press 1970.

MERKEN, M.: Physical Science with Modern Applications, Phila-
delphia, W.B.Saunders 1976.

NEUERT, H.: Experimentalphysik für Mediziner, Pharmazeuten und
    Biologen, Mannheim, B.I. Hochschultaschenbuch 1969.

POHL, R.W.: Einführung in die Physik I, II, III, Berlin Heidel-
    berg New York, Springer 1967.

SCHALLREUTER, W.: Einführung in die Physik I,II, Leipzig, VEB
    Fachbuchverlag 1968.

SEARS, F.W., ZEMANSKY, M.W., YOUNG, H.D.: College Physics,
    New York, Addison-Wesley 1980.

STOCKHAUSEN, M.: Physik für Mediziner und Pharmazeuten, Berlin,
    Göschen 1974.

STUART, H.A., KLAGES, G.: Kurzes Lehrbuch der Physik, Berlin
    Heidelberg New York, Springer 1970.

TRAUTWEIN, A., KREIBIG, U., OBERHAUSEN, E.: Physik für Medizi-
    ner, Biologen, Pharmazeuten, Berlin, de Gruyter 1978.

WALCHER, W.: Praktikum der Physik, Stuttgart, B.G. Teubner 1979.

WEIZEL, W.: Einführung in die Physik I, II, III, Mannheim, B.I.
    Hochschultaschenbuch 1959.

WELLER, W., WINKLER, H.: Grundkurs Klassische Physik I, II, III,
    IV, Leipzig, B.G. Teubner 1974.

WESTPHAL, W.H.: Kleines Lehrbuch der Physik, Berlin Heidelberg
    New York, Springer 1970.

WESTPHAL, W.H.: Physik, Berlin Heidelberg New York, Springer
    1970.

R. U. Sexl
H. K. Urbantke

Relativität Gruppen Teilchen

Spezielle Relativitätstheorie als Grundlage der Feld- und Teilchenphysik

Zweite, erweiterte Auflage.
1982. 57 Abbildungen. IX, 328 Seiten.
Geheftet DM 69,—, S 496,—
ISBN 3-211-81680-1
Preisänderungen vorbehalten

Dieses Lehrbuch schließt eine fühlbare Lücke: Die Quantenfeldtheorie benötigt sowohl auf dem Gebiet der speziellen Relativitätstheorie als auch in der Gruppentheorie Voraussetzungen, die normalerweise in einem Grundkurs der theoretischen Physik nicht gegeben werden können. Es liegt hier das gelungene Experiment vor, diese beiden Gebiete didaktisch zu verbinden, indem gruppentheoretische Konzepte an Hand der Drehgruppe bzw. der Lorentzgruppe erläutert werden. Interessant sind die Ergänzungen zur speziellen Relativitätstheorie, wie die effektive Nichtbeobachtbarkeit der Lorentzkontraktion bei geometrischen Figuren, das Auftreten scheinbarer Überlichtgeschwindigkeiten, aber auch der prägnante Überblick über die historische Entwicklung.
Die vorliegende zweite, erweiterte Auflage wurde durch Anhänge ergänzt, in denen vor allem die relativistische Invarianz im Formalismus der Zweiten Quantisierung an einfachen Beispielen demonstriert werden soll.

Springer-Verlag
Wien New York